元素記号	H	C	N	O	Na	Mg	Al	Si	S	Cl	K	Ca	Fe	Cu	Zn	Ag	I	Pb
原子量の概数	1.0	12	14	16	23	24	27	28	32	35.5	39	40	56	63.5	65	108	127	207

金属元素　非金属元素

							18
							$_2$He ヘリウム helium 4.003

		13	14	15	16	17	
		$_5$B ホウ素 boron 10.81	$_6$C 炭素 carbon 12.01	$_7$N 窒素 nitrogen 14.01	$_8$O 酸素 oxygen 16.00	$_9$F フッ素 fluorine 19.00	$_{10}$Ne ネオン neon 20.18
10	11	12					
$_{13}$Al アルミニウム aluminium 26.98	$_{14}$Si ケイ素 silicon 28.09	$_{15}$P リン phosphorus 30.97	$_{16}$S 硫黄 sulfur 32.07	$_{17}$Cl 塩素 chlorine 35.45	$_{18}$Ar アルゴン argon 39.95		

10	11	12	13	14	15	16	17	18
$_{28}$Ni ニッケル nickel 58.69	$_{29}$Cu 銅 copper 63.55	$_{30}$Zn 亜鉛 zinc 65.38	$_{31}$Ga ガリウム gallium 69.72	$_{32}$Ge ゲルマニウム germanium 72.63	$_{33}$As ヒ素 arsenic 74.92	$_{34}$Se セレン selenium 78.97	$_{35}$Br 臭素 bromine 79.90	$_{36}$Kr クリプトン krypton 83.80
$_{46}$Pd パラジウム palladium 106.4	$_{47}$Ag 銀 silver 107.9	$_{48}$Cd カドミウム cadmium 112.4	$_{49}$In インジウム indium 114.8	$_{50}$Sn スズ tin 118.7	$_{51}$Sb アンチモン antimony 121.8	$_{52}$Te テルル tellurium 127.6	$_{53}$I ヨウ素 iodine 126.9	$_{54}$Xe キセノン xenon 131.3
$_{78}$Pt 白金 platinum 195.1	$_{79}$Au 金 gold 197.0	$_{80}$Hg 水銀 mercury 200.6	$_{81}$Tl タリウム thallium 204.4	$_{82}$Pb 鉛 lead 207.2	$_{83}$Bi ビスマス bismuth 209.0	$_{84}$Po ポロニウム polonium [210]	$_{85}$At アスタチン astatine [210]	$_{86}$Rn ラドン radon [222]
$_{110}$Ds ダームスタチウム darmstadtium [281]	$_{111}$Rg レントゲニウム roentgenium [280]	$_{112}$Cn コペルニシウム copernicium [285]	$_{113}$Nh ニホニウム nihonium [278]	$_{114}$Fl フレロビウム flerovium [289]	$_{115}$Mc モスコビウム moscovium [289]	$_{116}$Lv リバモリウム livermorium [293]	$_{117}$Ts テネシン tennessine [293]	$_{118}$Og オガネソン oganesson [294]

典型元素

$_{63}$Eu ユウロピウム europium 152.0	$_{64}$Gd ガドリニウム gadolinium 157.3	$_{65}$Tb テルビウム terbium 158.9	$_{66}$Dy ジスプロシウム dysprosium 162.5	$_{67}$Ho ホルミウム holmium 164.9	$_{68}$Er エルビウム erbium 167.3	$_{69}$Tm ツリウム thulium 168.9	$_{70}$Yb イッテルビウム ytterbium 173.0	$_{71}$Lu ルテチウム lutetium 175.0
$_{95}$Am アメリシウム americium [243]	$_{96}$Cm キュリウム curium [247]	$_{97}$Bk バークリウム berkelium [247]	$_{98}$Cf カリホルニウム californium [252]	$_{99}$Es アインスタイニウム einsteinium [252]	$_{100}$Fm フェルミウム fermium [257]	$_{101}$Md メンデレビウム mendelevium [258]	$_{102}$No ノーベリウム nobelium [259]	$_{103}$Lr ローレンシウム lawrencium [262]

遷移元素

Professional Engineer Library

物理化学

PEL 編集委員会　［監修］
福地賢治　［編著］

実教出版

はじめに

　「Professional Engineer Library（PEL）：自ら学び自ら考え自ら高めるシリーズ」は，高等専門学校（高専）・大学・大学院の学生が主体的に学ぶことによって，卒業・修了後も修得した能力・スキル等を公衆の健康・環境・安全への考慮，持続的成長と豊かな社会の実現などの場面で，総合的に活用できるエンジニアとなることを目的に刊行しました。ABET，JABEE，IEA の GA（Graduate Attributes）などの対応を含め，国際通用性を担保した"エンジニア"育成のため，統一した思想*のもとに編集するものです。

▶本シリーズの特徴は，以下のとおりです。
❶……学習者（以下，学生と表記）が主体となり，能動的に学べるような，学習支援の工夫があります。学生が，必ず授業前に自学自習できる「予習」を設け，1 つの章は，「導入 ⇒ 予習 ⇒ 授業 ⇒ 振り返り」というサイクルで構成しています。
❷……自ら課題を発見し解決できる"技術者"育成を想定し，各章で，学生の知的欲求をくすぐる，実社会と工学（科学）を結び付ける分野横断の問いを用意しています。
❸……シリーズを通じて内容の重複を避け，効率的に編集しています。発展的な内容や最新のトピックスなどは，Web と連携することで，柔軟に対応しています。
❹……能力別の領域や到達レベルを網羅した分野別の学習到達目標に対応しています。これにより，国際通用性を担保し，学生および教員がラーニングアウトカム（学習成果）を評価できるしくみになっています。
❺……社会で活躍できる人材育成の観点から，教育界（高専，大学など）と産業界（企業など）の第一線で活躍している方に執筆をお願いしています。

　本シリーズは，高度化・複雑化する科学・技術分野で，課題を発見し解決できる人材および国際的に先導できる人材の養成に応えるものと確信しております。幅広い教養教育と高度の専門教育の結合に活用していただければ幸いです。
　最後に執筆を快く引き受けていただきました執筆者各位と企画・編集に献身的なお世話をいただいた実教出版株式会社に衷心より御礼申し上げます。

2015 年 3 月
PEL 編集委員会一同

＊文部科学省平成 22, 23 年度先導的大学改革推進委託事業「技術者教育に関する分野別の到達目標の設定に関する調査研究報告書」準拠，国立高等専門学校機構「モデルコアカリキュラム（試案）」準拠

本シリーズの使い方

　高専や大学，大学院では，単に知識をつけ，よい点数や単位を取ればよいというものではなく，複雑で多様な地球規模の問題を認識してその課題を発見し解決できる，知識・理解を基礎に応用や分析，創造できる能力・スキルといった，幅広い教養と高度な専門力の結合が問われます。その力を身につけるためには，学習者が能動的に学ぶことが大切です。主体的に学ぶことにより，複雑で多様な問題を解決できるようになります。

　本シリーズは，学生が主体となって学ぶために，次のように活用していただければより効果的です。

❶……学生は，必ず授業前に各章の到達目標（学ぶ内容・レベル）を確認してください。その際，学ぶ内容の"社会とのつながり"をイメージしてください。また，その章の内容を事前に学習したり，関連科目や前章までに学んだ知識・理解度を確認してください。⇒ **授業の前にやっておこう!!**

❷……学習するとき，ページ横のスペース・欄に注目し活用してください。執筆者からの大切なメッセージが記載してあります。⇒ **Web に Link，プラスアルファ，Don't Forget!!，工学ナビ，ヒント**

　また，空いたスペースには，学習の際気づいたことなどを積極的に書き込みましょう。

❸……例題，演習問題に主体的，積極的に取り組んでください。本シリーズのねらいは，将来技術者として知識・理解を応用・分析，創造できるようになることにあります。⇒ **例題・演習を制覇!!**

❹……章の終わりの「あなたがここで学んだこと」で，必ず"振り返り"学習成果を確認しましょう。
　⇒ **この章であなたが到達したレベルは？**

❺……わからないところ，よくできなかったところは，早めに解決・到達しましょう。⇒ **仲間などわかっている人，先生に Help**（※わかっている人は他者に教えることで，より効果的な学習となります。教える人，教えられる人，ともにメリットに！）

❻……現状に満足せず，さらなる高みにいくために，さらに問題に挑戦しよう。⇒ **Let's TRY!!**

　以上のことを意識して学習していただけると，執筆者の熱い思いが伝わると思います。

Web に Link	**+α プラスアルファ**	**Let's TRY!!**
本書に書ききれなかった解説や解釈（写真や動画），問題の解答や補充問題などを Web に記載。	本文のちょっとした用語解説や補足・注意など。「Web に Link」にするほどの文字量ではないもの。	おもに発展的な問題など。
Don't Forget!!	**工学ナビ**	**ヒント**
忘れてはいけない知識・理解（この関係はよく使うのでおぼえておこう！）。	関連する工学関連の知識などを記載。	文字通り，問題のヒント，学習のヒントなど。

※「Web に Link」，「問題解答」のデータは本書の書籍紹介ページよりご利用いただけます。下記URLのサイト内検索で「PEL物理化学」を検索してください。　https://www.jikkyo.co.jp/

まえがき

　物理化学（physical chemistry）とは，主として化学現象を物理学たとえば熱力学や量子力学の知識に基づいて原子・分子構造から本質的に理解し，また諸性質を定量的に表現しようとする学問の一分野である。ここで，物理化学がなぜ必要となるのかを考えてみる。我々の身のまわりをみても，衣食住に関連した製品としてプラスチック類，洗剤や医薬品など数々の製品から恩恵をこうむっている。その製造工程の一例は，次のようである。

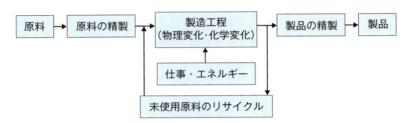

この工程図を見て，どのようなことに気づくであろうか。

(1) 与えられた条件（温度・圧力）下で，原料や製品は気・液・固のどの状態を示すのか。
(2) 取り扱いの対象となる原料や製品の性質たとえば熱容量，密度などはどの程度の値か。
(3) 化学反応を利用する場合，与えられた条件下で，どの程度の速さで進行し，収率はどの程度期待できるのか。
(4) この製品を得るためには，どれだけの仕事やエネルギーが必要とされるのか。
(5) 原料や製品の精製・リサイクルには，物質のどのような性質を利用すればよいか。

以上のように，ひとつの製品を得るためにも，数々の知見・知識（物質の状態と性質）が不可欠であることに気づく。また，それらの知識を十分に活かし，資源・エネルギーの効率的利用，環境保全に留意することはいうまでもない。

本書はこれらの要求に応える物理化学の基礎知識を身につけるためのテキストであり，学習内容のポイントは次のようになる。

(a) 物質の状態を正しく把握し，実在気体の性質も含めて，気体の性質を本質から理解する。
(b) 仕事・エネルギーに関する基礎的知識として，熱力学の基本法則を学ぶ。
(c) 電解質（イオン）溶液も含めて，溶液の特徴を把握するとともに，分散系のコロイド溶液や界面現象を理解する。
(d) 反応がどの程度の速さで進行するのか，また得られる理論的最大収率はいくらになるかを知る。
(e) 物質をミクロの視点から理解するための基礎として量子化学にもふれ，原子核反応と放射線についても学ぶ。

これらの学習のため15章を設けたが，各章の関連性は目次の末尾に示すとおりである。

　各章の学習にあたっては，まず「予習」問題に取り組み，それから本文の理解へ進み例題と章末の演習問題を解くことで実際問題への応用などを含めて理解を深める。最後に，この章の学習でどのようなことを習得できたか，チェックする。これらを通して，たんなる知識の吸収のみではなく，実用上の課題解決に貢献できることを実感する。また，本書の大きな特長は，各頁に付記された6種の側注である。これらを手がかりに，自発的な学習にもぜひ取り組んでいただきたい。

　例題と演習問題の解答例のチェックには松山清准教授（久留米高専）と西本真琴准教授（和歌山高専）のご協力をいただいた。また，この「PEL物理化学」全体に対して小林淳哉教授（函館高専）には，細部にわたり多大のご助言をいただいた。さらに出版に際しては，実教出版平沢健，行本公平および石田京子の各位にお世話いただいたことにお礼申し上げる。

著者を代表して
国立高専機構 宇部工業高等専門学校　福地賢治

目次

まえがき ——————————————— 4

1章 物理化学を学ぶための基礎知識

1節 物理化学の目的と役割 ——————— 14
2節 物質のとらえ方 ——————————— 15
3節 単位 ————————————————— 16
  1. 国際単位系（SI）
  2. SI 基本単位と SI 組立単位
4節 基礎的用語 ————————————— 17
  1. 熱力学特性値（状態量）
  2. 示量因子と示強因子
  3. 系・外界・境界
5節 温度と熱力学第零法則 ——————— 19
6節 圧力 ————————————————— 19
7節 熱と熱容量 ————————————— 20
8節 仕事 ————————————————— 21
9節 エネルギー ————————————— 22
  1. 運動エネルギー
  2. 位置エネルギー
  3. 内部エネルギー
  4. 流動エネルギー
◆演習問題 ——————————————— 25

2章 物質の状態

1節 物質の三態 ————————————— 28
2節 状態変化 —————————————— 29
  1. 純物質の状態図（p-T 線図）
  2. 臨界点
3節 気体 ————————————————— 31
  1. 気体の特徴
  2. 理想気体と実在気体
4節 液体 ————————————————— 33
  1. 液体の特徴
  2. 蒸発と凝縮
  3. 凝固と融解
5節 固体 ————————————————— 35
  1. 固体の特徴
  2. 結晶と非晶
  3. 結晶構造
6節 中間相〜液晶と柔粘性結晶〜 ——— 38
  1. 液晶とその種類
  2. 柔粘性結晶
◆演習問題 ——————————————— 39

3章 理想気体

- 1節 理想気体の性質 ──── 42
  1. 理想気体の諸法則
  2. 理想気体の状態方程式
- 2節 混合気体の性質 ──── 44
  1. 混合気体の圧力とドルトンの法則
  2. 混合気体の熱容量
- 3節 気体分子運動論 ──── 45
  1. 気体の圧力
  2. 内部エネルギーと熱容量
  3. 多原子分子の運動エネルギーと熱容量
- 4節 分子速度の分布 ──── 50
  1. 分子のエネルギー分布
  2. 気体分子の平均速度
  3. 衝突頻度と平均自由行程
- ◆演習問題 ──── 53

4章 実在気体

- 1節 理想気体からの偏倚 ──── 56
  1. 分子の大きさと引力
  2. 分子間ポテンシャル
  3. 臨界点
- 2節 状態方程式 ──── 58
  1. ファン・デル・ワールス式
  2. ビリアル状態方程式
- 3節 対応状態原理 ──── 63
  1. 対応状態原理
  2. 一般化線図
- 4節 混合物への適用 ──── 67
  1. ファン・デル・ワールス式の適用
  2. ビリアル状態方程式の適用
  3. 対応状態原理の適用
- ◆演習問題 ──── 70

5章 熱力学第一法則

- 1節 過程 ──── 74
  1. 準静的過程
  2. 可逆過程と不可逆過程
- 2節 熱力学第一法則 ──── 77
  1. 熱力学第一法則
  2. 各種変化
- 3節 反応熱 ──── 82
  1. 反応熱
  2. 標準反応熱
  3. 反応熱の温度依存性
- ◆演習問題 ──── 85

6章 熱力学第二法則・第三法則

1節 熱力学第二法則 ──────── 88
　1. 熱力学第一法則では説明できない現象（自然に起きる不可逆的な現象）
　2. カルノーサイクル
　3. エントロピー
　4. エントロピーの計算

2節 熱力学第三法則 ──────── 96
　1. 熱力学第三法則
　2. 第三法則エントロピーと標準エントロピー
　3. 化学反応のエントロピー変化

3節 自由エネルギーと変化の方向 ──── 98
　1. 等温・定圧変化
　2. 等温・定積変化

4節 熱力学の関係式 ──────── 99
　1. マクスウェルの関係式
　2. ギブス−ヘルムホルツの式

5節 化学ポテンシャル ─────── 101
◆演習問題 ─────────── 102

7章 相平衡と溶液

1節 相転移と相律 ───────── 106
　1. 相転移と相平衡
　2. 相平衡の条件
　3. 相律と自由度

2節 純物質の相平衡 ──────── 107
　1. 純物質の状態図
　2. クラウジウス−クラペイロンの式

3節 2成分系の気相−液相平衡条件と溶液の性質 ── 110
　1. 2成分系の平衡条件
　2. ラウールの法則と理想溶液
　3. ヘンリーの法則と理想希薄溶液
　4. 溶液の活量

4節 2成分系の気相−液相状態図 ──── 114
　1. 2成分系の気相−液相状態図と蒸留
　2. 実在溶液の気相−液相状態図と共沸混合物
　3. 水蒸気蒸留

5節 束一的性質 ────────── 117
　1. 蒸気圧降下
　2. 沸点上昇
　3. 凝固点降下
　4. 浸透圧

◆演習問題 ─────────── 120

8章 電解質溶液

- 1節 電解質の電離 ―― 124
- 2節 電解質溶液の電気伝導性 ―― 125
  1. 抵抗率と電気伝導率
  2. モル伝導率
  3. 弱電解質と強電解質
  4. イオン独立移動の法則
- 3節 イオン移動度と輸率 ―― 127
  1. イオンの移動速度
  2. 輸率
- 4節 アレニウスの電離説 ―― 128
  1. アレニウスの電離説
  2. オストワルドの希釈律
- 5節 電解質の活量とイオン強度 ―― 130
  1. 電解質の活量
  2. イオン強度
  3. 強電解質の理論
- 6節 酸と塩基の電離平衡 ―― 132
  1. 水の電離平衡とpH
  2. 弱酸, 弱塩基の電離平衡
  3. 加水分解
  4. 緩衝溶液
  5. 溶解度積
- ◆演習問題 ―― 135

9章 化学平衡

- 1節 化学平衡 ―― 138
  1. 質量作用の法則
  2. ルシャトリエの原理
- 2節 平衡組成の計算 ―― 140
  1. 平衡定数
  2. 平衡定数とギブスエネルギーとの関係
  3. 平衡組成の計算
- 3節 化学平衡への諸条件の影響 ―― 143
  1. 圧力の影響
  2. 温度の影響
- 4節 不均一反応 ―― 145
  1. 固相がかかわる反応の取り扱い
  2. 固相がかかわる反応の化学平衡
- ◆演習問題 ―― 147

10章 反応速度

- 1節 反応速度の表し方と速度式 ―― 150
  1. 反応速度の表し方
  2. 反応速度式
  3. 反応次数の実験的決定法

2節　基本反応の速度式——————155
　　　　1. 1次反応の速度式
　　　　2. 2次反応の速度式
　　　　3. 高次反応の速度式
　　　　4. 半減期
　　　◆演習問題——————159

11章
反応解析

　　　1節　複合反応の速度式——————162
　　　　1. 逐次反応
　　　　2. 可逆反応
　　　　3. 併発反応
　　　2節　反応機構と速度式——————167
　　　　1. 定常状態近似法
　　　　2. 律速段階近似法
　　　3節　化学反応とエネルギー——————169
　　　　1. 活性化エネルギー
　　　　2. 反応速度の温度依存性
　　　　3. 触媒作用
　　　◆演習問題——————172

12章
電池と電気分解

　　　1節　電池の基礎——————176
　　　　1. 電池
　　　　2. 電池の起電力
　　　　3. 半電池の種類
　　　　4. 電極電位と標準電極電位
　　　2節　電池の熱力学——————178
　　　　1. ギブスエネルギー変化と起電力
　　　　2. 電池の起電力と熱力学量
　　　　3. 難溶性塩の溶解度積の算出
　　　　4. 電池の起電力・平衡定数の求め方
　　　3節　実用電池——————180
　　　　1. 化学電池の種類
　　　　2. リチウムイオン二次電池
　　　　3. 燃料電池
　　　　4. 色素増感太陽電池
　　　　5. 有機薄膜太陽電池
　　　　6. バイオ電池
　　　4節　電気分解とその応用——————183
　　　　1. 電気分解と電極
　　　　2. ファラデーの法則
　　　　3. 電量計と電流効率
　　　　4. 塩化ナトリウム水溶液の電気分解
　　　　5. 銅の電解製錬

6. 電気めっき
◆ 演習問題―――――――――――186

13章 コロイド・界面化学

1節　コロイドと界面――――――――――190
　1. コロイドと界面
　2. 比表面積

2節　コロイド分散系――――――――――191
　1. コロイド分散系の分類
　2. コロイド分散系の安定性
　3. コロイド粒子の運動

3節　気体／液体表面・液体／液体界面の特性――194
　1. 表面張力
　2. 界面張力
　3. 表面張力・界面張力の測定法
　4. 界面過剰量

4節　液体／固体界面の特性―――――――197
　1. 接触角
　2. 臨界表面張力

5節　吸着平衡―――――――――――――199
　1. 物理吸着と化学吸着
　2. 吸着等温線

6節　界面活性剤――――――――――――200
　1. 界面活性剤の分類
　2. 界面活性剤の特性
　3. 可溶化

◆ 演習問題―――――――――――――202

14章 量子化学の基礎

1節　量子論の誕生――――――――――206
　1. エネルギー量子仮説
　2. 光量子仮説
　3. ボーアの原子モデル

2節　シュレーディンガー方程式―――――211
　1. 波動関数
　2. シュレーディンガー方程式からわかること
　3. 1次元の箱の中の粒子

3節　原子軌道と分子軌道―――――――216
　1. 水素型原子とそのエネルギー
　2. 量子数
　3. 波動関数と電子雲
　4. 電子スピン
　5. 分子軌道

◆ 演習問題――――――――――――219

15章 原子核反応と放射線

- 1節　原子核と放射線 —— 222
  1. 原子核の構成
  2. 同位体
  3. 核反応式
- 2節　放射線とその性質 —— 224
  1. 放射能と放射線
  2. 放射性崩壊と崩壊系列
  3. 半減期
  4. 放射能と放射線の測定単位
  5. 放射能と放射線の検出器
- 3節　放射性物質と放射線の利用 —— 229
  1. 放射性物質の管理
  2. 放射線の利用
  3. 放射線障害とその防護
- 4節　核反応と核エネルギー —— 231
  1. 核反応
  2. 核エネルギー
  3. 核分裂
  4. 核融合
  5. 放射性廃棄物
- ◆演習問題 —— 232

付録 —— 235
参考文献 —— 241
問題解答 —— 242
索引 —— 247

※本書の各問題の「解答例」は，下記URLよりダウンロードすることができます。キーワード検索で「PEL物理化学」を検索してください。　https://www.jikkyo.co.jp/download/

■章の学習内容の関係図

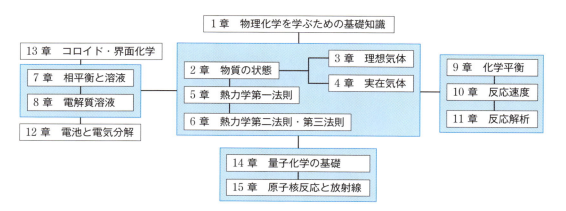

1章 物理化学を学ぶための基礎知識

ケルビン(Kelvin)：熱力学温度 [K]

パスカル(Pascal)：圧力 [Pa]　(PPS)

今日，我々の生活は科学・技術の発展に支えられ，大きな恩恵をこうむっている．ワットの蒸気機関の発明に関連して，カルノーによる熱効率の考察など，熱エネルギーの有効利用が関心を集めた．これによりエネルギー保存則，エントロピーの導入，さらに自由エネルギーの提案により熱力学が発展した．これを化学に応用したのが化学熱力学であり，平衡論を中心とし，状態変化の方向を明確にしている．一方，すべての物質は，原子あるいは分子から構成されている．アインシュタインによって提案された量子論に基づき，ボーアは原子モデルを提出し，物質の構造解明の端緒となった．なお化学で取り扱う現象は，以上の平衡論と構造論の2本柱だけでは理解できない．化学反応は電子の授受と原子の組み換えによって進むので，3つ目の柱として反応論が必要となる．本書では物質の本質を理解するために，これらの3本柱に基礎を置いた物理化学を，わかりやすく解説する．

● この章で学ぶことの概要

本章では，物理化学の目的と役割についてふれ，物理化学を学ぶうえでの重要な関連基礎事項を学習する．基本となる物理量の単位や基礎的用語について学び，取り扱う物質の状態や性質を知るための重要な因子である圧力，温度の概念を理解する．さらに，物質の本質を巨視的ならびに微視的な視点から正しく把握し，物質を分子集合体としてとらえ，それが有する種々のエネルギーの定量的求め方について考察する．

> **予習 授業の前にやっておこう!!**
>
> ・有効数字の概念（計算法）[*1]
>
> （1）加減算は大きな数に従う。
>
>   （例）124 kg + 13.10 kg + 1.981 kg = 139.081 kg → 139 kg
>
> （2）乗除算は小さな桁数に従う。
>
>   （例）10.124 m × 2.34 m = 23.69016 m^2 → 23.7 m^2
>
> ・数値計算における注意事項
>
> （1）有効数字を3桁以上必要とする場合，途中の計算は有効数字4桁以上で連続計算を行い，計算途中では四捨五入は行わず，最終結果のみ丸めを行うことに注意する。
>
>   （例）水素 33.0 g に含まれる分子数を3桁で求めよ。水素の原子量は前見返しの周期表より 1.008，アボガドロ定数は付表4より 6.022×10^{23} mol^{-1} である。
>
>   （誤）33.0 g ÷ 2.016 g·mol^{-1} = 16.37 mol，16.4 mol × 6.022×10^{23} mol^{-1} = 9.88×10^{24} 個
>
>   （正）(33.0 g ÷ 2.016 g·mol^{-1}) × 6.022×10^{23} mol^{-1} = 9.86×10^{24} 個
>
> （2）丸め処理は，1段階で行う（2段処理はしない）。
>
>   （例）11.46 を整数に丸める。 （正）11，（誤）11.46 → 11.5 → 12
>
> ---
>
> 1. 次の加減乗除を行い，有効数字を考慮して答えを求めよ。
>
>   （1）150 − 10.30 + 1.932 =
>
>   （2）101.44 ÷ 32.4 =
>
> 2. 連続計算での次の計算結果を有効数字3桁に丸めて求めよ。
>
>   （1）(20.0 ÷ 18.016) × 22.414 =　　（2）33.00 ÷ (1.55)^3 =

1　1　物理化学の目的と役割

[*1] **＋α プラスアルファ**
(1) 加減算では最大の数値の精度を基準にする。温度 θ[℃] から T[K] を得る場合は定義式 T[K] = θ[℃] + 273.15 を適用し，25℃は 298.15 K とする。25℃の数値に合わせて（小数点以下が表示されていない），298 K としない。
(2) 乗除算は，取り扱う数値のうち最も精度の劣る数値の桁数に支配される。

　化学工業をはじめとする各種工業では，我々の生活に必要な製品を製造している。たとえば衣食住に関連した製品や医薬品などであり，我々は大きな恩恵をこうむっている。これらの製品を得るためには，原料やエネルギーが必要であり，また適切な製造工程が必要とされる。そこでは物質の物理変化や化学変化が巧みに使われている。洗剤を例にとると，原料の加工や調合などの前処理と，製品の後処理として，粉末洗剤か液体洗剤にするか，多機能の添加剤を混合するかなどが具体的な問題となる。

　これらの製品の生産には資源（原料とエネルギー源）が不可欠となるが，地球上の資源は有限であることに留意しなければならない。また，

地球環境の保全と持続可能な社会[*2]の構築が今後の重要課題となっている。これらの課題に対応するためには広範囲の科学・技術が必要とされるが，まず取り扱いの対象となる物質の性質や状態変化（物理的および化学的変化）を正しく把握することが求められる。この正しい「物質理解」が，工学基礎としての物理化学の大きな役割である。すなわち，物理化学では，物質の性質，構造，反応性を追求することにより，物質の本質を学ぶことを目的としている。

[*2] **工学ナビ**
「持続可能な社会」とは，将来の世代にも健全で恵み豊かな環境が保全され，一人一人が幸せを実感できることである。このため，① 地球資源の節約，② 人間活動によって排出される汚染に対する処理能力の問題について考える必要がある。

1.2 物質のとらえ方

正しい物質理解の基本となるのが物質のとらえ方であるが，一般に**巨視的とらえ方**と**微視的とらえ方**がある。一定量の気体の体積変化におよぼす温度や圧力の影響を調べ，たとえば理想気体の法則を見出すことなどは巨視的とらえ方である。つまり対象物質をバルク（対象物質全体）でとらえ，その物質の特性を論ずるアプローチであり，古典的熱力学が有力になる。一方，気体は数多くの分子の集合体であると考え，その分子運動を解析することで気体の特性を求めるアプローチが微視的とらえ方である[*3]。

物質理解のためには，巨視的とらえ方および微視的とらえ方いずれも重要であるが，本質的理解のためには微視的とらえ方が役に立つ。今日進歩している分子シミュレーションの手法は後者の応用であり，物質の分子レベルからの理解を可能にしている。

[*3] **Let's TRY!!**
気体の温度が高いということはどういうことか，気体分子の運動を微視的に考えてみよう。

例題 1-1 容器内で気体と液体が共存して，平衡状態にある。この状態を液体の蒸気圧と気相の圧力の関係（巨視的な観点）および液体分子の蒸発と気体分子の凝縮の関係（微視的な観点）から説明せよ[*4]。

解答 液体は与えられた温度に対応した蒸気圧を示す。これが，気相の圧力と等しくなったときに両相がつり合い，平衡状態（圧平衡）となる。これが巨視的とらえ方である。また，蒸発エネルギーを得た液体分子は気相に飛び出すが，気相中の分子も凝縮エネルギーを放出し液相に戻ってくる。この両者の分子数が等しくなれば平衡（動的平衡）が成り立つ。これが微視的とらえ方である。

[*4] **+α プラスアルファ**
蒸気圧は，液体の重要な性質であり，標準沸点（101.3 kPa）が低い物質は同じ温度で蒸気圧が大きく，揮発性が高いことを意味している。（例）エタノールと水の場合，エタノールの蒸気圧が水より大きい。

1・3 単位

1-3-1 国際単位系（SI）

物理量は数値と単位の積で表され，単位に何を使うかは，きわめて重要である。可能なかぎり**国際単位系（SI）**を使うのが原則である。国際単位系は，1960年の国際度量衡総会で決定され，国際純正・応用化学連合（IUPAC）は，1967年にSIを全面的に採用した。日本でもJISに採用されている。実用に便利なために，SI単位は7つの基本単位とそれらの積または商で表される組立単位から構成されている。SI単位の導入により，使用する単位系が統一され，単位相互の換算や重力換算係数の必要がなくなった。

1-3-2 SI基本単位とSI組立単位

SI基本単位は，MKSA絶対単位系であり，7つの**SI基本物理量**から構成され，その一覧表を巻末の付表1に示す[*5]。これらのSI基本単位を用いて，固有の名称を持つ22種の**SI組立単位**を定義し，付表2に示す。ここで，付表3に示す10進数の20種の**SI接頭語**を1つ用いることができる。その他の基本物理定数（付表4）およびギリシャ文字（付表5）も巻末の付録に，また重要な4桁の原子量付き**周期表**を前見返しに掲載する。

単位の使用方法については，以下の注意が必要である。

(1) 物理量の記号はイタリック体（斜体）で表し，SI基本単位とSI接頭語の記号はローマン体（立体）で表す。
(2) SI接頭語のついた単位記号は，まとめて1つの記号として用いる。
(3) SI接頭語を重ねて，2つ以上使わない。
(4) 通常は，数値が0.1と1000の間に入るように選ぶ。

> *5
> **Don't Forget!!**
> 7個の基本単位は物理化学のみならずすべての工学分野で重要である。
> 体積について，本書ではL = dm³を用いる

例題 1-2 次の物理量を正しい接頭語をつけて表現せよ。
(1) 1.2×10^3 kg (2) 2.3×10^{-8} s（秒） (3) 3.45×10^{-7} m,
(4) 5670 Pa（パスカル） (5) 0.00789 A（アンペア）

解答 (1) 1.2 Mg（メガ），(2) 23 ns（ナノ），(3) 345 nm，(4) 5.670 kPa，
(5) 7.89 mA

例題 1-3 次の組立単位をSI基本単位で表現せよ。
(1) 力 [N]（ニュートン） (2) 圧力 [Pa] (3) エネルギー [J]（ジュール）
(4) 仕事率 [W]（ワット） (5) 電圧 [V]（ボルト） (6) 電気抵抗 [Ω]（オーム）

解答 (1) N = kg·m·s^{-2} (= J·m^{-1})

(2) $Pa = kg \cdot m^{-1} \cdot s^{-2} \; (= N \cdot m^{-2} = J \cdot m^{-3})$
(3) $J = kg \cdot m^2 \cdot s^{-2} \; (= N \cdot m = Pa \cdot m^3)$
(4) $W = kg \cdot m^2 \cdot s^{-3} \; (= J \cdot s^{-1})$
(5) $V = kg \cdot m^2 \cdot s^{-3} \cdot A^{-1} \; (= J \cdot C^{-1})$
(6) $\Omega = kg \cdot m^2 \cdot s^{-3} \cdot A^{-2} \; (= V \cdot A^{-1})$

実験結果を記録する際,測定量とともに単位を明示しなければならない。また,データブックや文献に示されている種々のデータの単位を,必要に応じて変換することがある。そこで,同一の物理量をいくつかの単位の組み合わせで表すことが必要となる。

例題 1-4 大気圧(1気圧:1 atm(アトム))を種々の圧力単位に換算せよ[*6]。

解答 $1 \text{ atm} = 1.01325 \times 10^5 \text{ Pa} = 760 \text{ mmHg} = 760 \text{ Torr}$(トル)
$= 1.01325 \text{ bar}$

例題 1-5 エネルギーの単位Jをerg(エルグ), cal, eV(エレクトロンボルト), kW·h, kgf·mに換算せよ[*7]。

解答 $1 \text{ J} = 1 \times 10^7 \text{ erg} = 0.2390 \text{ cal} = 6.242 \times 10^{18} \text{ eV}$
$= 2.778 \times 10^{-7} \text{ kW·h} = 0.1020 \text{ kgf·m}$

さらに,よく使う圧力およびエネルギーの相互の単位換算表を付表6および付表7(巻末の付録)に示す。

[*6] **ヒント**
圧力計にはいろいろな種類があるが,古くから使用されている液柱圧力計は,水銀柱 0.760 m の場合は,大気圧になる。圧力単位(mmHg, atm)をしばしばSI単位(Pa)に換算する必要がある。現在,天気予報ではhPaが用いられている。

[*7] **ヒント**
熱の仕事当量は 1 cal = 4.184 J であり,電子ボルト[eV]は,電子1個の電荷 1.602×10^{-19} C が,電位差1Vの2点間を加速されるときに得るエネルギーである。kW·h(電力量の単位)および kgf·m(重量キログラムメートル)は家庭や工場などで広く使われる。

1-4 基礎的用語

1-4-1 熱力学特性値(状態量)

圧力,温度,モル体積など物質の特性を表す因子を一般に**熱力学特性値**という。熱力学特性値は温度,圧力などの物質の置かれた状態に応じて定まる値となるので,**状態量**とも呼ばれる。その特性値のなかで,絶対値が測定できるものを**基準特性値**と呼び,ある状態からの差としてのみ得られるものを**エネルギー特性値**という。また,熱容量のように,いくつかの特性値から誘導されるものを**誘導特性値**と呼んでいる。

1-4-2 示量因子と示強因子

熱力学特性値には,物質の量に依存するものと依存しないものがある。取り扱いの対象となる熱力学特性値が,このいずれかを知ることは基礎事項として重要である。前者が加算的であり,後者は非加算的であるからである。そのため,物質の量に依存するものを**示量因子**(しりょういんし),依存しない

*8 工学ナビ
対象が示量因子（加算性）か示強因子（非加算性）なのか，常に考えよう。単位物質量当たりにすると，示量因子も示強因子になることも理解する。

ものを**示強因子**として区別している。たとえば，水 1 kg と 2 kg を合わせると 3 kg の水になるので，質量は示量因子である。一方，圧力 1 kPa と 2 kPa の気体を混合しても 3 kPa とならないので，圧力は示強因子である。また，密度が 1 kg·m^{-3} の物質と 2 kg·m^{-3} の物質を合わせても 3 kg·m^{-3} にはならず，密度は示強因子である*8。

例題 1-6 次の熱力学特性値は，それぞれ示量因子か示強因子のいずれになるかを述べよ。
(a) 容器中の水の体積，(b) 室内の大気圧，(c) 室内の温度，
(d) 金属棒の密度，(e) 燃料油のモル体積，
(f) 容器中の空気の熱量

解答 (a) 容器の体積 [m^3] に依存するので示量因子
(b) 室内の広さつまり空気の量とは関係ないので，圧力 [Pa] は示強因子
(c) 同様にして温度 [K] も示強因子
(d) 金属棒全体の質量 [kg] は示量因子であるが，単位体積当たりの質量である密度 [kg·m^{-3}] は示強因子
(e) 燃料油の全量 [m^3] は示量因子であるが，1 mol 当たりのモル体積 [m^3·mol^{-1}] は示強因子
(f) (a) と同様に容器の体積 [m^3] に依存する空気の熱量 [J] は示量因子

1-4-3 系・外界・境界

考察の対象（たとえばポットの中のお湯）を**系**と呼び，図 1-1 に示すように系以外を**外界**（ポットの周囲）と呼ぶ。この両者を区別するものを**境界**（ポットの容器）という。この系は，

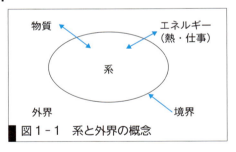

図 1-1 系と外界の概念

境界を通しての物質あるいはエネルギーの出入の有無で，3 種の系に分類できる。すべて出入りがないものを**孤立系**，すべて出入りがある場合を**開放系**（または流れ系），物質の出入りはないがエネルギー（熱や仕事）の出入りがある場合を**閉鎖系**（または非流れ系）と呼んでいる。目の前の現象を考察してみると，多くの系が開放系である。

例題 1-7 身のまわりの (1) 開放系, (2) 閉鎖系, (3) 孤立系の例を挙げよ。

解答 (1) ふたをされていないビーカー中の水
(2) アルコール温度計の中のアルコール
(3) 栓をした魔法瓶の中のお茶や,外界が存在しない宇宙全体

1・5 温度と熱力学第零法則

物質の**温度**の測定には温度計が用いられるが,温度の単位はSIでは[K]であり,[℃]の併用も認められている[*9]。温度はエネルギー

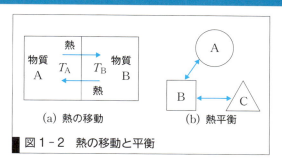

図1-2 熱の移動と平衡

(熱) の流れる方向を示す因子である。図1-2(a) に見られるように,物質AとBが接していて,その温度が $T_A > T_B$ ならば熱はA→Bへ流れ,$T_A < T_B$ であれば熱はB→Aと流れ,いずれ温度は等しくなる (**熱平衡**)[*10]。

いま,図1-2(b) に見られるように物体AとBが熱平衡にあり,BとCが熱平衡であるとする。この場合,AとCを接触させると,やはりAとCも熱平衡であることが観察される[*11]。このこと「AとBが熱平衡で,BとCが熱平衡であれば,AとCも熱平衡にある」を**熱力学第零法則**という。また熱平衡の状態にあることを知る尺度が温度である。

[*9] **Don't Forget!!**
両者の関係を覚えておこう。
$T[\text{K}] = \theta[℃] + 273.15$

[*10] **Let's TRY!**
高温物体から低温物体に熱が流れることを,微視的に考察してみよう。

[*11] **+α プラスアルファ**
このとき,Bが温度計とすれば,AとCは,同じ温度で熱平衡にある。

1・6 圧力

圧力 p [Pa] は,およぼす力 F を面積 A で割った値 $\left(p = \dfrac{F}{A}\right)$ と定義される。すなわち,圧力は単位面積当たりにおよぼされる力である。なお容器内の気体の示す圧力は,気体分子が容器内壁に衝突する際に生ずる力として検知される[*12]。後述の3章で詳しく述べるが,分子の数は無数に近く,その速度は驚くほど速いので衝突回数はきわめて多い。その結果,定常的な圧力として測定される。圧力の単位はSIでは[Pa]である。すなわち1 m² 当たりに作用する1 Nの力として表される ($1\,\text{Pa} = 1\,\text{N}\cdot\text{m}^{-2}$)。いま図1-3

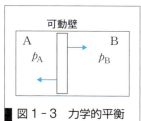

図1-3 力学的平衡

[*12] **Let's TRY!**
気体の圧力が気体分子の壁への衝突による力なら,圧力は何に比例するか。たとえば圧力を増加させるにはどうすればよいか,運動している分子をイメージして考えてみよう。

に示されるように，可動壁で仕切られる2種の気体AとBについて考える。気体Aの圧力がBより高い（$p_A > p_B$）とすると，可動壁は右へ移動する。また，$p_A < p_B$ とすると左へ動き，いずれ $p_A = p_B$ となった所で，可動壁は止まる。このつり合った状態を**力学的平衡（圧平衡）**と呼んでいる。すなわち，気体が力学的平衡にあることを知る尺度が圧力であることが理解できる。物理化学では熱平衡（T 一定）と圧平衡（p 一定）を理解することは重要である。

例題 1-8 体重 60.0 kg の男子がアイススケートを楽しんでいる。ナイフエッジ（氷面と接触している部分）の全表面積を 2.00 cm² とすると，氷面の圧力はいくらか。また，氷面での圧力がどう影響しているか。[*13]

解答 圧力 p は，$p = \dfrac{F(\text{力})}{A(\text{面積})}$ で求められる。ここで $F = m$（質量）$\times g$（重力加速度）$= (60.0 \text{ kg}) \times (9.807 \text{ m·s}^{-2}) = 5.884 \times 10^2$ N となる。また，$A = 2.00$ cm² なので，圧力は，$p = \dfrac{5.884 \times 10^2 \text{ N}}{2.00 \times 10^{-4} \text{ m}^2} = 2.94 \times 10^6$ Pa（2.94 MPa）と得られる。大気圧は約 0.1 MPa なので，氷面には約 30 倍の圧力がかかっていることになる。加圧により氷の融点は低下するので，ナイフエッジ周辺の氷は溶けて薄い水の膜になっている。このことにより，スケートはよくすべるようになり楽しむことができる。

[*13] **ヒント**
通常の固体は圧力とともに融点が上昇するが，氷は逆に，加圧されると融点が下がる。

1　7　熱と熱容量

高温物体と低温物体を接触させると，上述したように**熱** Q [J] の移動が起こり，高温物体の温度は下がり，低温物体の温度は上昇し，いずれ熱平衡に達して等温となる。質量 m [kg] の物体の温度を ΔT [K] だけ上昇させるために必要な熱は，次式で求めることができる。

$$Q = mc\Delta T \qquad 1\text{-}1$$

ここで，c [J·kg^{-1}·K^{-1}] を**比熱容量**（または**比熱**）という。なお，物質量 n [mol] を用いた場合には C [J·mol^{-1}·K^{-1}] を用いるが，これを**モル熱容量**と呼ぶ。このモル熱容量は，定圧下での値は**定圧モル熱容量** $C_{p,\text{m}}$ と表し，一定体積下での値は**定積モル熱容量** $C_{V,\text{m}}$ と表す。また，mc あるいは nC [J·K^{-1}] をその物体の**熱容量**という。比熱容量は物質の種類によって異なり，同じ物質でも温度に依存する。なお，温度変化が狭い場合には，比熱容量の値を一定として取り扱うことができる。代表的ないくつかの物質の定圧モル熱容量を巻末の付表8に示す[*14]。

熱は上述のように，温度差により系と外界との間を移動するエネルギ

[*14] **プラスアルファ**
代表的ないくつかの物質（無機化合物・有機化合物）の定圧モル熱容量 $C_{p,\text{m}}$ と，6章で必要となる標準生成エンタルピー $\Delta H_f°$，標準生成ギブスエネルギー $\Delta G_f°$，標準エントロピー $S°$ をまとめて付表8に示す。

ーであり，系の状態に依存する量ではない。したがって，熱は熱力学特性値（状態量）でないことに留意する[*15]。

+α プラスアルファ
[*15] 100℃のお湯と25℃の水を比べて，100℃のお湯の熱量が大きいとはいえない。温度と熱の違いを理解しよう。

例題 1-9 ガラス板で仕切られたA室とB室がある。両室の空気をヒータで温め，A室を75℃，B室を35℃とし，その後ヒータを切り，十分に時間が経過すると両室の気温はいくらか。ただし，AとB両室の広さは同じとし，いずれも断熱壁で囲まれていて，ガラス板を通して熱移動のみが起こるものとする。

解答 熱力学第零法則（熱平衡）より，いずれA，B両室の温度は等しくなる。その温度をθ［℃］として，両室間でやり取りされる熱量を式1-1で求める。

$$Q = m_A c_A (75 - \theta) = m_B c_B (\theta - 35)$$

ただし，A，B両室の広さは同じで，空気は同種なので$m_A = m_B$，$c_A = c_B$である。したがって，$\theta = 55$℃すなわち両室の気温は55℃となる。

1 8 仕事

仕事は，力とそれが作用した距離の積として定義される力学的なエネルギーである。いま，力Fにより作用点がs_1からs_2まで移動した場合の仕事量Wを求めると，力が一定の場合は次式となる。

$$W = \int_{s_1}^{s_2} F ds = F(s_2 - s_1) \qquad 1-2$$

仕事Wは力学的な量ではあるが，状態に依存する量ではないので，熱と同様に状態量ではないことに留意する。

化学プロセスでは，気体の圧縮や膨張をともなう操作が多く見られる。そこで，一例として気体の膨張にともなう仕事について考えてみる。図1-4に示されるように，シリンダー内の気体が膨張する場合である。

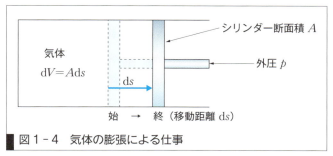

図1-4 気体の膨張による仕事

図に見られるように，シリンダーの断面積をAとすると外界の圧力がpなので，ピストンに作用する力は$F = pA$となる。この圧力にさからって，気体の膨張によりピストンがdsだけ移動する。シリンダー

内の気体が dV だけ膨張したとすると，$dV = Ads$ の関係にある。したがって，この体積膨張にともなう仕事 dW を，仕事 = 力 × 距離より求めると次式となる。

$$dW = -(pA)ds = -(pA)\left(\frac{dV}{A}\right) = -pdV \qquad 1-3$$

この膨張では，シリンダー内の気体（系）が外界へ仕事をする（系から見ると失う）ので式 1-3 は，負号（−）をつけている。逆に外界より系である気体が圧縮される場合は，系が仕事をされるので正（＋）である[*16]。

[*16]
Let's TRY!!
風船をふくらませた。口を開いた状態にすると，外界に対してどのような仕事をするかを考えてみよう。

例題 1-10 A（固体）と B（液体）をビーカー内で 25 ℃ にて反応させたところ，2.00 mol の気体が生成した。ビーカー上部は開放されているとして，反応系が大気になした仕事を求めよ。

解答 生成した気体は大気圧（p）とつり合うまで膨張するので，その体積変化は $\Delta V = V(終) - V(始) ≒ V(終) = \dfrac{2.00RT}{p}$ となる。生成する気体の体積 $V(終)$ は，初めの体積つまり反応系（固体 + 液体）の体積に比べて十分大きいので，体積変化 ΔV は $V(終)$ で近似できる。式 1-3 を $\Delta W = -p\Delta V$ と表して，題意を代入すると，次式となる。

$$\Delta W = -p\Delta V = -p \times \frac{2.00\,RT}{p}$$
$$= -2.00\,\text{mol} \times 8.314\,\text{J·mol}^{-1}\text{·K}^{-1} \times 298.15\,\text{K}$$
$$= -4.96 \times 10^3\,\text{J} = -4.96\,\text{kJ}$$

ここで，得られた仕事 ΔW に負号（−）がつくのは，系（反応物）が外界（大気）に仕事をしたことを意味する。

1 9 エネルギー

エネルギーは，基本的に仕事をする能力を意味し，「仕事をする能力を持つ物質はエネルギーを有する」と要約される。このエネルギーは次に示すように種々の形態のものがある。

1-9-1 運動エネルギー

質量 m の物体が速度 $\overline{u}$ で運動していれば，その物体の**運動エネルギー** E_k は，次式で与えられる。

$$E_k = \frac{1}{2}m\overline{u}^2 \qquad 1-4$$

式 1-4 は，質量 m の野球ボールにも適用できるし，質量が m の分子

にもあてはまる。この式 1-4 から得られる運動エネルギーは，物体の並進運動（直線運動）によるものである。身近な例として，サッカーボールやゴルフボールの運動があげられる。

1-9-2 位置エネルギー

質量 m の物体が基準面より Z の高さに位置していると，重力場に存在するので，次の**位置エネルギー**を持つことになる。

$$E_{\text{pot}} = mgZ \qquad 1-5$$

ここで，g は重力加速度 (9.807 m·s^{-2}) である。この位置エネルギーを利用する身近な例はダムである。高所にある水を落下させ，その位置エネルギーを電気エネルギーに変換しているのである。

例題 1-11 100 m の高所に貯水池があり，そこより水量 $2.00 \times 10^4 \text{ kg·s}^{-1}$ で流下させている。この場合，位置エネルギーがすべて電気エネルギーに変換されると電力 [kW] はいくらか。ただし，摩擦など他のすべてのエネルギー損失は考えなくてよいものとする。

解答 式 1-5 を用いると $E_{\text{pot}} = 2.00 \times 10^4 \text{ kg·s}^{-1} \times 100 \text{ m} \times 9.807 \text{ m·s}^{-2} = 1.96 \times 10^7 \text{ m}^2\text{·kg·s}^{-3} = 1.96 \times 10^4 \text{ kW}$ が得られる。すなわち，約 2 万 kW の電力が得られる[*17]。

1-9-3 内部エネルギー

ある温度，圧力で，着目する系である物体が有するエネルギーを**内部エネルギー** U という（上述した物体としての運動エネルギーや位置エネルギーは除く）。いま気体について考えてみると，気体は無数の分子の集合体である。分子に着目するとアルゴンなどの単原子分子（球形）であれば，式 1-4 より求められる**並進運動エネルギー** ε_{k} のみを考えればよいが，多原子から構成される複雑な分子については，このほかの運動エネルギーを考える必要がある。すなわち，分子の重心まわりの回転や原子と原子の結合間の伸縮にともなう**振動エネルギー**である。これらを**分子内運動エネルギー** ε_{int} と呼んでいる。さらに分子と分子の間には分子間相互作用に基づくエネルギー ε_{pot}（分子間距離に依存し，**分子間ポテンシャルエネルギー**という）が存在する[*18]。物体の運動エネルギーや位置エネルギーと区別するため，記号 ε を用いている。したがって，分子集合体の有する全エネルギーである内部エネルギーは，次式で表される。

$$U = \varepsilon_{\text{k}} + \varepsilon_{\text{int}} + \varepsilon_{\text{pot}} \qquad 1-6$$

さらに，質量 m の気体が基準面 Z の高さにあり，しかも速度 $\overline{u}$ で運動しているとすると，全エネルギー E_{T} は，次式のようになる。

[*17] **工学ナビ**
実際には，位置エネルギーがすべて電気エネルギーに変わることはない。一般に約 80% の変換効率であることが知られている。一方，火力発電では約 50%，原子力発電では約 30% である。このことから，エネルギー変換効率の観点からは水力発電が良好であることが示される。

[*18] **+α プラスアルファ**
分子と分子の間にも引力や斥力などの相互作用が働き，詳しくは 4 章で学ぶが，分子間ポテンシャルエネルギーは重要である。

$$E_T = \frac{1}{2}m\overline{u}^2 + mgZ + U \qquad 1-7$$

1-9-4 流動エネルギー

化学プロセスでは，流体（気体や液体）を連続的に流しながら，熱や仕事を交換することが多い．図1-5には，流体を系内へ供給し，熱交換器であたため，その後タービンを回して仕事（これを**軸仕事** W_s という）を外界へ取り出すシステムの略図を示す[*19]．

*19
+α プラスアルファ
体積変化による仕事すなわち式1-3で得られる仕事と区別するため，軸仕事 W_s と呼んでいる．

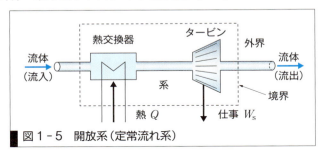

図1-5 開放系（定常流れ系）

このシステムを解析するうえで不可欠なのが，系内へ流入する流体と系外へ流出する流体の取り扱いである．いま，流入について考えると，図1-6のようになる．圧力 p の流体（体積 ＝ 比体積 v [m³·kg⁻¹] × m [kg] とする）が，断面積 A の配管を通して外界から系へ流入している．

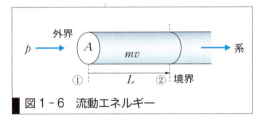

図1-6 流動エネルギー

流入にともなう移動距離 L は $\dfrac{mv}{A}$ となるので，次式で示される仕事が必要であると考えられる．この仕事を**流動エネルギー**という[*20]．

*20
+α プラスアルファ
移動距離を L とすると，体積 mv が流入する場合，仕事は力 × 移動距離で求められるので，これが流動エネルギーである．流動エネルギーの考え方は，わかりにくいが，工業上は連続操作（流れ系）が多いので，この考え方を身につけておこう．

$$W_{\text{flow}} = (pA) \times \left(\frac{mv}{A}\right) = mpv \qquad 1-8$$

これは，流入にともなう（持ち込む）仕事であり，系から外界への流出（持ち出し）もあるので，この定常流れ系の流動エネルギーは入・出の差 $m\Delta(pv)$ ［J］で与えられる．したがって図1-5に示される開放系（流れ系）では，流出口と流入口の内部エネルギー差 ΔU は次式となる．

$$\Delta U = \frac{1}{2}m\Delta \overline{u}^2 + mg\Delta Z + m\Delta(pv) + Q - W_s \qquad 1-9$$

これは開放系のエネルギー保存則であり，右辺第1項は運動エネルギー差，第2項は位置エネルギー差，第3項は流動エネルギー差を示す．

演習問題 A　基本の確認をしましょう

1-A1　エタン分子の分子内運動の形態を考えよ[*21]。

1-A2　理想気体 1 mol は，1013.25 hPa（1 atm），273.15 K（0 ℃）にて 22.414 dm³ であることが知られている。このことから，SI 単位で使われている $J \cdot mol^{-1} \cdot K^{-1}$ と，かつて用いられていた $L \cdot atm \cdot mol^{-1} \cdot K^{-1}$ で気体定数 R を求めよ。

1-A3　次の対象系は，どのような系（開放系・閉鎖系・孤立系）に分類されるか，理由をつけて説明せよ。
(1) 断熱材でできた容器内での気体の混合あるいは反応
(2) エアコンによる閉め切った部屋の暖房
(3) 沸騰しているやかんの中のお湯

1-A4　体重 60.0 kg の A 君が，地球表面におよぼす力 [N] と，両足の靴底の総面積が 400 cm² の場合の圧力 [kPa] を求めよ。また，それは大気圧（101.325 kPa）と比べると，何倍になるか示せ。

1-A5　エネルギー収支の一般式 1-9 を誘導せよ[*22]。

演習問題 B　もっと使えるようになりましょう

1-B1　500 g の物体 A（定圧比熱容量 $0.700\ J \cdot kg^{-1} \cdot K^{-1}$）と 1.00 kg の物体 B（定圧比熱容量 $0.400\ J \cdot kg^{-1} \cdot K^{-1}$）がある。いま，70 ℃ の物体 A と 25 ℃ の物体 B を大気圧下で接触させ，周囲を断熱材で覆ったとする。充分時間がたったあとの A と B の温度を求めよ。ただし，定圧比熱容量の温度変化は無視してよい。

1-B2　深さ 1.00 m の水槽に大量の水が貯えられている。いま，水面より 0.500 m 下の側壁に小さな穴を開けたとすると水が流出する。このときの流速を求めよ。水は大量なので水面の低下はないものとして，水と槽壁との摩擦や流出にともなう流動エネルギーなどはすべて無視してよい[*23]。

[*21] **ヒント**
単原子分子（Ar など）の運動の自由度は並進のみであるが，多原子分子（2 原子以上）になると分子内での回転や振動の自由度が加わる。

[*22] **ヒント**
流入口を 1，流出口を 2 として，そこでの流体のエネルギーを式 1-7 および式 1-8 より求める。定常状態では，系のエネルギーの増減がないことに留意する。

[*23] **ヒント**
式 1-9 を着目する 2 点（水面と側壁の穴）にあてはめる。そこでの温度および圧力が同じであれば，状態量は等しく（$U_1 = U_2$, $p_1 v_1 = p_2 v_2$）なる。さらに，$Q = 0$ および $W_s = 0$ とすればよい。

あなたがここで学んだこと

この章であなたが到達したのは
- □ 物理量とそれにともなう単位（SI 基本単位，SI 組立単位）を説明できる
- □ 物理化学の基礎的用語を理解し，正しく使用できる
- □ 種々のエネルギーを知り，エネルギー保存則により計算ができる

　温度・圧力・熱・仕事をやかんによる湯沸かしや車のエンジンなどの例として身近に理解できる。さらにいろいろな形態のエネルギーについて定量的に把握できるようになった。これら物理化学の基礎知識は，将来たとえば，新しい新規物質の製造で，対象とする物質の状態と性質を正しく理解するためにきわめて有力な知見・情報を与えてくれる。

2章 物質の状態

物質は，一般に温度変化により，その状態を変える。私たちにとって身近な存在である水を例にとると，通常，我々が生活する条件下では水（液体）であるが，温度が融点以下であれば固体である氷となり，沸点以上の温度では気体である水蒸気となる。また，気体・液体・固体の状態に属さない，液体と固体の中間的な状態も存在する。液晶はその例で，テレビや各種画面表示部など我々の身近なところで多く見かけられ，工業製品の重要な役割を果たすものの1つである。

ところで，先に水の変化について述べたが，このときの「通常，我々が生活する条件下」とは，大気圧下であることを意味する。しかし，外圧の条件が変化すると，これにともない融点や沸点の温度も変化する。このように物質の状態には，温度と圧力が大きく関与する。

物質の状態あるいは，その状態をとるための条件を知ることは，工学的にも非常に重要なことである。

● **この章で学ぶことの概要**

本章では，物質の状態に関する基礎的なことを学ぶ。すなわち，気体・液体・固体の三態を中心に，液体と固体の中間相として液晶や柔粘性結晶について簡単にふれる。また，各相間の状態変化についても学習し，そこに限界となる条件（臨界点）が存在することを学ぶ。いずれも基礎事項が中心となり，すでに知っていることや学んできたことも多くあるため，復習的な意味合いも強くなるかもしれない。なお，気体や液体（とくに溶液）については，後の章で詳しく学ぶ（3章，4章および7章）。

以上のように，この章では物理化学に限らず，科学を学ぶうえでの基礎知識に重点を置いて学んでいくこととする。

予習 授業の前にやっておこう!!

1. 多くの物質は，液体→固体と変化すると体積は減少するが，水→氷の変化は体積が増加する（密度は逆に小さくなる）。この理由を H_2O 分子や氷の構造から考察せよ。

2. ドライアイス（CO_2）はどのようにして得られるか調べよ。

WebにLink
予習の解答

2・1 物質の三態

一般に物質は低温では**固体**，高温では**気体**，中間的な温度では**液体**状態をとる。この3つの状態が「物質の三態」と呼ばれるもので，固体⇄液体へ変化するときの温度が**融点**あるいは**凝固点**，液体⇄気体へ変化するときの温度が**沸点**あるいは**露点**である[*1]。条件によっては固体⇄気体の変化もみられ，このときの温度は**昇華点**と呼ばれる。

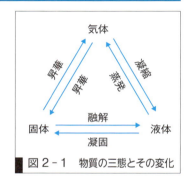
図2-1 物質の三態とその変化

三態と各状態の変化過程についてまとめたものを図2-1に示す。たとえば固体→液体への変化を**融解**，逆の液体→固体への変化を**凝固**という。異なる状態から固体，液体あるいは気体への変化は**固化**，**液化**あるいは**気化**とも称される。

各状態のモデルは図2-2のように表すことができる。気体は粒子間距離が大きく自由に運動ができる（大きい矢印）。固体は粒子間が結合に

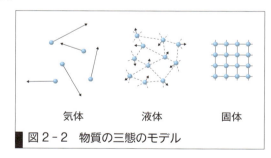
図2-2 物質の三態のモデル

より強く結ばれていて（実線），各粒子はほとんど動くことができない。液体は両者の中間的性質を有しており，粒子間距離が比較的小さく，その結合が緩い（破線），また気体ほど自由ではないが液体内を移動できる（小さい矢印）。

一方，これら三態のほかに液体と固体の中間相として，液晶や柔粘性結晶があり，工業的にも非常に注目される状態である。

[*1] **Let's TRY!!**
融点（凝固点）や沸点は正確にはどのように定義されるものだろうか？ 液体の蒸気圧や外圧との関係等を考慮して調べてみよう。（2-4-2項も参照）

例題 2-1 物質は一般に，温度上昇にともない「固体→液体→気体」と変化するのはなぜか。分子運動の観点から考えよ。

解答 高温になるにともない，分子運動（結晶の場合は格子振動）が激しくなり，結合間距離も大きくなる。この運動が分子間（格子間）の結合力を超える状態となることにより，図2-2のモデルのような状態へと変化していく。

例題 2-2 物質の融点や沸点は物質の種類によりなぜ異なるのか述べよ。

解答 例題2-1で述べたように高温での分子運動が結合力を超えることにより融解や蒸発が起こる。このときの温度が融点や沸点であり，物質の種類によりその結合力が異なり，分子間の結合力（分子間力）が強ければ融点あるいは沸点は高く，弱ければ低くなる。

2-2 状態変化

一般に，物質の状態は温度や圧力の条件により変化する。それらの各条件においてどのような状態をとるかを示したものが状態図である。

2-2-1 純物質の状態図（$p-T$線図）

純物質の**状態図**の例として，H_2OおよびCO_2の状態図（概念図）を図2-3に示す（$p-T$線図）。線OAと線OCで囲まれる領域が気体（気相），線OAと線OBで囲まれる領域が液体（液相），線OBと線OCで囲まれる領域が固体（固相）である。H_2Oの場合，それぞれ，水蒸気，水，氷となる。線OAは**蒸気圧曲線**（あるいは**蒸発曲線**），線OBは**融解曲線**，線OCは**昇華圧曲線**（あるいは**昇華曲線**）と呼ばれ，共存する各相が平衡にある。また，任意の圧力のときのそれらの線上の温度が沸点，融点および昇華点である[*2]。

点Oは**三重点**と呼ばれ，この点（温度と圧力）では気相と液相と固相が平衡となる。また点Aは**臨界点**と呼ばれ，これ以上の温度では圧力

[*2] **Let's TRY!**
H_2Oの状態図において，曲線OAの蒸気圧曲線と曲線OBの融解曲線は，それぞれ何度で101.3 kPaとなるか。その温度を水の蒸気圧データなどから調べてみよう。

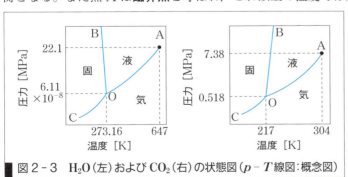

図2-3 H_2O（左）およびCO_2（右）の状態図（$p-T$線図：概念図）

をかけても気体は液化しない。

H$_2$O と CO$_2$ の状態図を比べると，線 OB の傾きが異なる。H$_2$O は身近なものでありながら特異な性質を示すもので，多くの純物質の線 OB は CO$_2$ のような傾きを示す。たとえば線 OB 近傍の任意の点（固相）から温度一定の条件下で圧力を高くしても CO$_2$ は固相のままだが，H$_2$O は固相から線 OB を越えて液相へと移る。一般に物質は減圧状態から圧力を高くしていくと，気体 → 液体 → 固体へと変化していくが，H$_2$O は固体 → 液体と変化することがわかる。なお図 2-3 はあくまで概念図であり，実際の線 OB の傾きは，この図ほど明確ではないことを承知していただきたい。

2-2-2 臨界点

先に述べた臨界点（図 2-3 の点 A）について，もう少し詳しく見てみよう。

ある温度で液体 ⇄ 気体の相転移が起こる物質の p-V_m 線図は図 2-4 のようになる。なお横軸はモル体積 V_m で表している。この図の横軸との平行線の状態は，図 2-3 の OA 線上にあることを意味する。すなわち，気相 ⇄ 液相が平衡にあるということで，この平行線の左端あるいは右端の点における

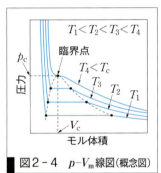

図 2-4　p-V_m 線図（概念図）

体積が，各々液体のモル体積 $V_m^{(l)}$ *3 あるいは気体のモル体積 $V_m^{(g)}$ である。この線は温度が変われば当然変化し，温度が高くなるにつれ平行線は上に移動しながら短くなり，ある温度に達すると，ついには両端の点が一致して平行線はなくなる。すなわち気体と液体の区別がつかなくなるということである。この状態が図 2-3 の点 A に相当する。つまり，達したある温度というのは，図 2-3 の点 A の温度である。そして平行線の両端が一致した点の p が図 2-3 の点 A の圧力である。これらの温度および圧力を，それぞれ**臨界温度** T_c，**臨界圧力** p_c と呼ぶ。また，平行線の両端が一致した点の V_m を**臨界モル体積** V_c と呼び，これら3つを，まとめて**臨界定数**と呼ぶ*4。

なお，代表的な物質の臨界定数を，標準*5 融点 T_m および標準沸点 T_b と併せて表 2-1 に示す。

*3
Don't Forget!!
物質の状態（固体，液体，気体）を示す際に，本書ではそれぞれ (s)，(l)，(g) と表記する。

*4
＋α プラスアルファ
図 2-4 については 4-2-1 項「ファン・デル・ワールス式」で改めて詳しく説明する。

*5
＋α プラスアルファ
101.3 kPa における値を意味する。

表2-1 臨界定数[1]と標準融点[2]および標準沸点[2]

物質	臨界温度 T_c [K]	臨界圧力 p_c [MPa]	臨界モル体積 V_c [cm^3·mol^{-1}]	融点 T_m [K]	沸点 T_b [K]
ヘリウム	5.19	0.227	57.4	0.95 (2.6MPa)	4.2
ネオン	44.4	2.76	41.6	24.48	27.1
アルゴン	150.8	4.87	74.9	84.0	87.3
水素	33.2	1.30	65.1	14.01	20.3
酸素	154.6	5.04	73.4	54.8	90.2
窒素	126.2	3.39	89.8	63.29	77.4
一酸化炭素	132.9	3.50	93.2	68	81.6
二酸化炭素	304.1	7.38	93.9	216.6（三重点）	194.7（昇華点）
アンモニア	405.5	11.35	72.5	195.4	239.81
水	647.3	22.12	57.1	273.15	373.12
メタノール	512.6	8.09	118.0	175.37	337.8
エタノール	513.9	6.14	167.1	158.6	351.47
メタン	190.4	4.60	99.2	90.6	111.6
エタン	305.4	4.88	148.3	89.6	184.6
プロパン	369.8	4.25	203	85	231
ブタン	425.2	3.80	255	135	272.6
エチレン	282.4	5.04	130.4	104	169.2
ベンゼン	562.2	4.89	259	278.6	353.2

1) R. C. Reid et al., "The Properties of GASES&LIQUIDS, 4th"ed. McGRAW-HILL (1988)
2) 理科年表 平成26年, 国立天文台編 (2013)

2　3　気体

2-3-1 気体の特徴

　気体は，その構成粒子間の相互作用が小さく，粒子どうしや壁に衝突しながら自由に運動している。衝突により運動方向が変わるが，壁など遮るものがなければ拡散されていく。気体粒子の壁などに衝突する力が気体の圧力に関係する。高温になると気体粒子は活性化されて運動も激しくなるので，壁に衝突する力も大きくなり，圧力は増す。逆に低温になると気体粒子の運動は小さくなり，分子間の相互作用の影響が大きくなるため，粒子どうしの結合が形成し，気体から液体へと変わる。気体の振る舞いには，その温度，体積，圧力と密接な関係がある。

　気体に関する重要なものにアボガドロが見出した**アボガドロの原理**がある。これは「**同温度，同体積，同圧力にある気体に含まれる分子の数は，その種類によらず一定である**」というものである。このことより，**標準状態**(0℃，101.3 kPa)における気体 1 mol の体積は 22.4 dm^3 であることが知られている。

2-3-2 理想気体と実在気体

気体分子は大きさを持ち，その間には（弱いながらも）相互作用がみられるが，気体分子間の距離が大きくなると，空間に対する分子の大きさと分子間相互作用は小さくなる。この分子の大きさと分子間相互作用を完全に無視できると考えた仮想的な気体を**理想気体**と呼ぶ。このとき気体の性質は，その種類に影響されず，次の関係式が成り立つ[*6]。

$$pV = nRT \qquad 2-1$$

この式は**理想気体の状態方程式**（あるいは単に**状態式**）と呼ばれる。ここで R は**気体定数**で，$8.314\ \mathrm{J\cdot mol^{-1}\cdot K^{-1}}$ である。

[*6] **＋α プラスアルファ**
この関係式は気体分子運動論により導かれる。詳しくは 3 章で紹介する。

例題 2-3 内容量 $47.0\ \mathrm{dm^3}$ の容器に入れられた酸素ガスがある。容器内の圧力が $14.7\ \mathrm{MPa}$，温度が $25\ ℃$ であるとき，容器内には酸素のみが存在するとして，容器内の酸素の物質量を求めよ。

解答 式 2-1 より次のようになる。

$$n = \frac{14.7 \times 10^6 \times 47.0 \times 10^{-3}}{8.314 \times 298.15} = 2.79 \times 10^2\ \mathrm{mol}$$

多くの気体は高温低圧条件下では式 2-1 をほぼ満足する，すなわち理想気体として振る舞うが，この条件を外れると式 2-1 からも外れてくる。このずれを補正した式として，次式がある。

$$\left\{p + a\left(\frac{n}{V}\right)^2\right\}(V - nb) = nRT \qquad 2-2$$

これは**ファン・デル・ワールス式**と呼ばれ，a は気体分子間の相互作用，b は気体分子の体積に関する補正係数である。このように実際の気体（理想気体に対し**実在気体**と呼ぶ）は，理想気体と異なる振る舞いをする[*7]。

[*7] **＋α プラスアルファ**
さらなる補正を加えたものにビリアル状態方程式がある。ファン・デル・ワールス式と併せて詳しくは 4 章で紹介する。

例題 2-4 式 2-2 をモル体積 V_m を用いて表せ。

解答 $V_\mathrm{m} = \dfrac{V}{n}$ なので，$\left(p + \dfrac{a}{V_\mathrm{m}^2}\right)(V_\mathrm{m} - b) = RT$

例題 2-5 Cl_2 における a および b がそれぞれ $0.658\ \mathrm{Pa\cdot m^6\cdot mol^{-2}}$ および $5.62 \times 10^{-5}\ \mathrm{m^3\cdot mol^{-1}}$ であるとして，1 mol の Cl_2 を $10.0\ \mathrm{dm^3}$ の密閉容器に入れたときの 300 K における p の値を式 2-1 および 2-2 を用いて導出し，両者を比較せよ。また 240 K の場合についても同様に比較せよ。

解答 300 K のとき式 2-1 より $p = 2.49 \times 10^5\ \mathrm{Pa}$，式 2-2 より
$p = 2.44 \times 10^5\ \mathrm{Pa}$
240 K のとき式 2-1 より $p = 2.00 \times 10^5\ \mathrm{Pa}$，式 2-2 より
$p = 1.94 \times 10^5\ \mathrm{Pa}$[*8]

[*8] **＋α プラスアルファ**
両者の誤差は 300 K のとき約 2%，240 K のとき約 3% である。低温では誤差が大きくなる，すなわち理想気体からのずれが大きくなることがわかる。

2-4 液体

2-4-1 液体の特徴

液体は，構成粒子間で緩い拘束を受けた状態にある。しかしこの繋がりは切ったり結びついたりが容易にできるので，その液体内で気体ほどではないが自由に移動できる。粒子間の距離は気体に比べると随分小さくなる（図2-2参照）。

液体（溶媒）に別の気体，液体，あるいは固体（溶質）が溶け込んで均一になった状態が**溶液**である[*9]。

[*9] **+α プラスアルファ**
溶液の特徴については7章で紹介する。

2-4-2 蒸発と凝縮

液体表面が気体と接している場合を図2-5に示す。この境界では液体→気体，および気体→液体への変化が生じる。前者を**蒸発**，後者を**凝縮**と呼ぶ。ある温度において両者が平衡となるときの気体の圧力を**蒸気圧**と呼ぶ。逆にある圧力下において両者が平衡となるときの温度が**沸点**である[*10]。

[*10] **Let's TRY!**
さまざまな物質（H_2O，CO_2，NH_3など）の蒸気圧と沸点の関係を調べてみよう。

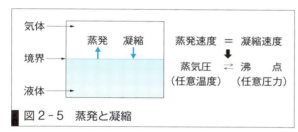

図2-5 蒸発と凝縮

平衡状態における圧力と温度の関係は，次の**クラウジウス-クラペイロンの式**で表現でき，詳しくは7章で説明する。

$$\frac{dp}{dT} = \frac{\Delta H_{trs}}{T\Delta V_m} \qquad 2-3$$

ここでΔH_{trs}は状態変化にともなうモルエンタルピー変化［$J \cdot mol^{-1}$］，ΔV_mは状態変化にともなうモル体積変化［$m^3 \cdot mol^{-1}$］である。これを蒸発に適用すると式2-4のように表される。

$$\frac{dp}{dT} = \frac{\Delta H_{vap}}{T(V_m^{(g)} - V_m^{(l)})} \qquad 2-4$$

このときのpは液体の**蒸気圧**［Pa］で，ΔH_{vap}は液体の**モル蒸発熱**［$J \cdot mol^{-1}$］，$V_m^{(g)}$および$V_m^{(l)}$はそれぞれ気体および液体の**モル体積**［$m^3 \cdot mol^{-1}$］である。これよりT_1，T_2における蒸気圧をそれぞれp_1，p_2とすると，次式となる[*11]。

$$\ln\left(\frac{p_2}{p_1}\right) = -\left(\frac{\Delta H_{vap}}{R}\right)\left(\frac{1}{T_2} - \frac{1}{T_1}\right) \qquad 2-5$$

[*11] **+α プラスアルファ**
詳しくは7章で紹介する。

すなわち，既知条件を用いてΔH_{vap}や任意温度における蒸気圧を計算

により求めることができる。

例題 2-6 Cl_2 の 240 K ならびに 250 K における蒸気圧は，それぞれ 105.3 kPa ならびに 158.5 kPa である。Cl_2 のモル蒸発熱 ΔH_{vap} を求めよ。

解答 式 2-5 より次のようになる。

$$\frac{\ln\frac{158.5}{105.3}}{\frac{1}{250}-\frac{1}{240}} = \frac{-\Delta H_{vap}}{8.314}$$

したがって，$\Delta H_{vap} = 20.4 \text{ kJ·mol}^{-1}$ が得られる。

例題 2-7 H_2O の 120 ℃ における蒸気圧を求めよ。なお，このとき $\Delta H_{vap} = 40.66 \text{ kJ·mol}^{-1}$ とする。

解答 式 2-5 より次のようになる（$p_1 = 101.3$ kPa, $T_1 = 373.15$ K）。

$$p_2 = p_1 \exp\left\{-\left(\frac{\Delta H_{vap}}{R}\right)\left(\frac{1}{T_2}-\frac{1}{T_1}\right)\right\}$$

$$= 101.3 \times \exp\left\{-\left(\frac{40.66 \times 10^3}{8.314}\right)\left(\frac{1}{393.15}-\frac{1}{373.15}\right)\right\}$$

$$= 197.3 \text{ kPa}$$

2-4-3 凝固と融解

液体は，一般にある温度以下になると固体へと変化する。この現象を凝固と呼び，逆に固体からある温度以上になったときに液体へと変化する現象を融解と呼ぶ。前者の変化するときの温度が凝固点，後者の場合が融点であるが，純物質の場合，両者の温度は一致する。

融解の場合のクラウジウス–クラペイロンの式は次のように表される。

$$\frac{dp}{dT} = \frac{\Delta H_{fus}}{T\left(V_m^{(l)}-V_m^{(s)}\right)} \quad 2-6$$

ここで，ΔH_{fus} は**モル融解熱** [J·mol^{-1}]，$V_m^{(l)}$ および $V_m^{(s)}$ はそれぞれ液体および固体のモル体積 [m^3·mol^{-1}] である。

ところで，液体の温度を徐々に下げていくと，凝固点以下の温度になっても液体状態が保たれる（図 2-6）。この状態は**過冷却**と呼ばれ，準安定

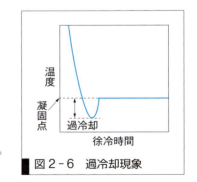

図 2-6 過冷却現象

状態であるが，外因（わずかな衝撃や種となる小片の混入など）によりただちに凝固する。

例題 2-8 H_2O の p-T 線図（図2-3）の線 OB（融解曲線）の傾きが，一般とは異なり負となることを，式2-6 を用いて説明せよ。

解答 一般に固体が融解するときの体積変化 $(V_m^{(l)} - V_m^{(s)})$ は小さいので，$\dfrac{dp}{dT}$ は大きい（すなわち p-T 線図の融解曲線の傾きは正となる）。一般の物質は $V_m^{(l)} > V_m^{(s)}$ なので，$\dfrac{dp}{dT} > 0$ となるが，H_2O は $V_m^{(l)} < V_m^{(s)}$ なので $\dfrac{dp}{dT} < 0$ となる。このため，H_2O の p-T 線図の融解曲線の傾きは負となる。なお，このことは H_2O の圧力を加えると融点が下がることを意味する[*12]。

*12
＋αプラスアルファ
氷の上に乗るとすべる理由も，このことに関連して説明することができる。7章の演習問題 7-B1 を見てみよう。

2.5 固体

2-5-1 固体の特徴

固体は，それを構成する粒子間の繋がりが強いため，その運動は固体内での振動に留まり，気体や液体にみられるような自由な移動はほとんどなく，粒子間の距離も気体に比べ非常に小さい。

2-5-2 結晶と非晶

固体はその構成粒子の配列状態により，**結晶**と**非晶**（あるいは**非晶質**）に分類される。結晶は構成粒子の配列が一部で不規則性が認められたとしても広範囲にわたり規則性を示すもので，非晶質は狭い範囲で規則性がみられたとしても広範囲では配列に規則性がみられないものである。そのモデルを図2-7に示す。

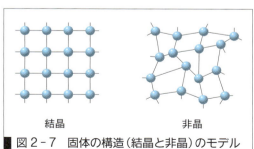

図2-7 固体の構造（結晶と非晶）のモデル

エネルギー的に平衡な状態で得られた固体は一般に結晶性を示す。その代表的な配列（結晶構造）は 2-5-3 項にて紹介する。これに対し非晶質は非平衡状態から固体を得ることにより形成される。たとえば溶融（液体）状態にある物質を急冷して得ることができる。液体状態では構成粒子はその中で自由に移動できるため不規則な配列状態にある（図2-2参照）。この状態から急冷されることにより，粒子が結晶となるべく規則配列する前に粒子の移動が困難な固体状態となる。非晶質は非平衡状態にあるので，その物性においても同じ成分の結晶と異なる性質を示すことが期待され，工学的にも興味深い状態で，さまざまな分野で応用されている。

非晶質固体の代表例はガラスである。高温での軟化現象は結晶ではみられない特徴の1つである。

2-5-3 結晶構造

結晶は構成粒子が規則正しく配列しているので，その基本となる繰り返し単位が存在する。それを**単位格子**（あるいは**単位胞**）[*13]という。その単位格子を知るうえで重要なものに**結晶系**と**ブラベ格子**がある。結晶系は単位格子をなす軸の長さおよび軸間の角度の条件により7種に分類される。また単位格子は構成粒子の存在位置により**単純格子**，**体心格子**，**面心格子**および**底心格子**（あるいは**一面心格子**）に分けられる。そして結晶系にこの構成粒子の存在位置を考慮したものがブラベ格子である。結晶系が7種，構成粒子の位置による分類が4種なので，ブラベ格子は $7 \times 4 = 28$ 種の存在が予想されるが，実際には14種類しかない。これは，単位格子の取り方により，別の単位格子に置き換えることができるものがあるためである。結晶構造は14種類のブラベ格子のいずれかに属する。

一般に単位格子の軸の長さは a，b，c，軸間の角度は α（アルファ），β（ベータ），γ（ガンマ）で表され，これらは総じて**格子定数**と呼ばれる（とくに a，b，c を指すことが多い）。単位格子と格子定数の関係を図2-8に，結晶系と格子定数との関係を表2-2に，また，ブラベ格子を図2-9に示す。

単原子金属の結晶は特有の結晶構造を示し，そのほとんどは(1)**六方最密構造**，(2)**立方最密構造**（あるいは**面心立方構造**という）あるいは(3)**体心立方構造**のいずれかに属する。(1)と(2)はともに**最密充塡構造**[*14]と呼ばれ，原子平面層の繰り返しの相違により分類される。これらの結晶構造を図2-10に示す。

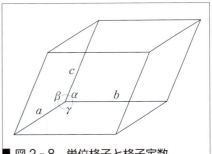

図2-8 単位格子と格子定数

表2-2 結晶系と格子定数

結晶系	軸長	角度
立方晶	$a = b = c$	$\alpha = \beta = \gamma = 90°$
正方晶	$a = b \neq c$	$\alpha = \beta = \gamma = 90°$
斜方晶	$a \neq b \neq c$	$\alpha = \beta = \gamma = 90°$
六方晶	$a = b \neq c$	$\alpha = \beta = 90°, \gamma = 120°$
三方晶（菱面体晶）	$a = b = c$	$\alpha = \beta = \gamma \neq 90°$
単斜晶	$a \neq b \neq c$	$\alpha = \beta = 90° \neq \gamma$
三斜晶	$a \neq b \neq c$	$\alpha \neq \beta \neq \gamma$

[*13] **Let's TRY!**
「繰り返し単位」は設定のしかたにより無数に決めることができるが，この場合，どのように定義されるだろうか。

[*14] **+α プラスアルファ**
両者とも最密状態にあること，また，とくに立方最密構造の単位格子と繰り返し面の関係を図2-10をもとに十分に理解しよう。

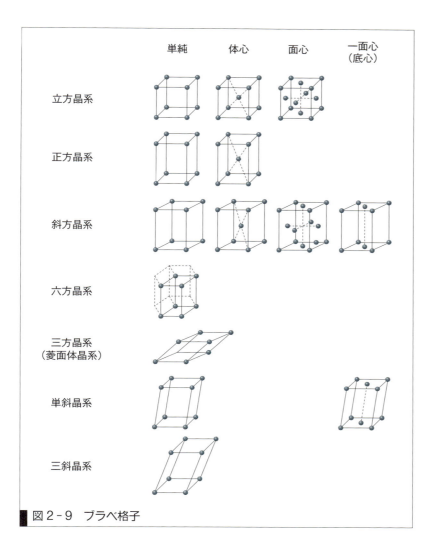

図 2-9 ブラベ格子

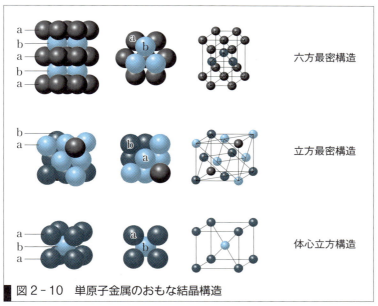

図 2-10 単原子金属のおもな結晶構造

2.6 中間相〜液晶と柔粘性結晶〜

先に説明したとおり，結晶は構成粒子の配列に規則性を有する。単原子結晶やイオン結晶などは考慮されないが，たとえば分子結晶などでは，分子の配向も規則性を示す。液体は配列と配向のいずれの規則性も示さないが，固体の場合と比べて弱いものではあるが，構成粒子間の結合により一定体積を保つ。この配列あるいは配向の規則性のどちらか一方が崩れると，固体（結晶）と液体の中間的性質を示す。この状態は**中間相**と呼ばれ，**液晶**や**柔粘性結晶**がそれにあたる。

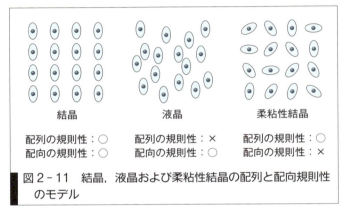

図2-11 結晶，液晶および柔粘性結晶の配列と配向規則性のモデル

2-6-1 液晶とその種類

液晶は構成粒子の配列は規則性を示さないが，配向に規則性を持つ（図2-11参照）。そのため液晶は液体のような流動性を持ちながら，結晶のような光学異方性を示す。液晶は構成粒子（分子）の状態により，いくつかの分類がなされる。

(1) ネマチック液晶
   棒状分子が，その方向性は保ちながらもランダムに配列したもの。
(2) スメクチック液晶
   棒状分子が，おおよそ平行に配置し，層状にあるもの。
(3) コレステリック液晶
   棒状分子が，層ごとに異なる向きに配置し，その向きは全体の層でみると，らせん状に配置したもの。
(4) ディスコチック液晶
   円盤状分子が重なって，柱構造を形成したもの。

以上の関係のモデルを図2-12に示す[15]。

[*15] **Let's TRY!!**
各タイプの液晶の特性はどのようなものだろうか。また，液晶ディスプレイの原理について調べてみよう。

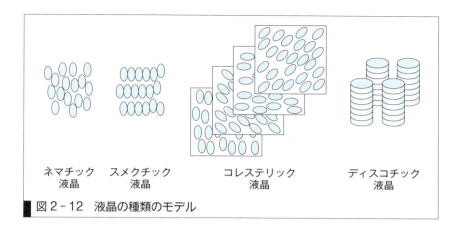

図2-12 液晶の種類のモデル

2-6-2 柔粘性結晶

　液晶は構成粒子の配列に規則性を持たないが方向に規則性を持つものであるのに対し，**柔粘性結晶**は配列が規則的であるが方向が規則的ではないものである（図2-11参照）[16]。そのため，柔粘性結晶は液晶のような流動性はないが，文字どおり柔粘性を示す。しかしガラス（非晶質）などの示す粘性状態とは異なり，構成粒子の配列の規則性，すなわち結晶性は保たれた状態にある。フラーレンの名称で知られる C_{60} 分子結晶はこの例の1つである[17]。

　なお，液晶がリキッド・クリスタルと呼ばれるのに対し，柔粘性結晶はプラスチック・クリスタルと呼ばれる。

[16] **Let's TRY!!**
柔粘性結晶は工学的にどのような分野で用いられているだろうか。調べてみよう。

[17] **Let's TRY!!**
このほかにどのようなものがあるか。調べてみよう。

演習問題　A　　基本の確認をしましょう

2-A1　図2-3の H_2O の $p-T$ 線図において，線OB上では H_2O は具体的にどのような状態にあるか説明せよ。

2-A2　図2-4（$p-V_m$ 線図）のたとえば温度 T_2 における横軸との平行線の左端より左側の領域は液体状態，右端より右側の領域は気体状態にあることを意味する。このことを，図の p の変化量（Δp）と V_m の変化量（ΔV_m）の関係から説明せよ[18]。

2-A3　非晶質（たとえばガラス）が加熱により液化の前に軟化現象がみられる理由を，構成粒子間の結合エネルギーの観点から説明せよ[19]。

2-A4　構成粒子が完全に球状であるとして，立方最密構造および体心立方構造の単位格子中に含まれる粒子（原子）の数をそれぞれ求めよ（図2-10参照）[20]。

WebにLink
演習問題の解答

[18] **ヒント**
液体と気体での Δp に対する ΔV の大きさの違いを考えてみよう。

[19] **ヒント**
結晶と非晶質の各粒子間の結合状態の違いを考えよう。

[20] **ヒント**
単位格子の立方体中に入る部分のみ考慮する。

演習問題　B　もっと使えるようになりましょう

2-B1　図2-3（$p-T$線図）を用いて，定圧条件下あるいは定温条件下における物質の状態変化を説明せよ。そのさい，三重点より上下の条件に分けて考えよ。

2-B2　圧力が1 atm（= 101.3 kPa）増加するごとに，水の融点はどれくらい変化するか。0 ℃における水および氷の密度をそれぞれ0.9998および0.9168 g·cm^{-3}，氷のモル融解熱を6.008 kJ·mol^{-1}とし，圧力による体積変化はないものとして求めよ[*21]。

2-B3　構成粒子が完全に球状であるとして，立方最密構造および体心立方構造の充填率（単位格子中を占める構成粒子の体積の割合）をそれぞれ求めよ（図2-10参照）[*22]。

2-B4　図2-9によると，ブラベ格子において，面心立方格子はあるのに，面心正方格子が存在しない。その理由を説明せよ[*23]。

[*21] **ヒント**
まず，密度を用いて水および氷のモル体積を求め，式2-6を用いよ。ただし，$\dfrac{dp}{dT} = \dfrac{\Delta p}{\Delta T}$として考える。

[*22] **ヒント**
構成粒子の接触状態を考慮し，単位格子（立方体）の1辺の長さと構成粒子径との関係が得られれば，演習問題2-A4を利用して得られる。

[*23] **ヒント**
面心正方格子を2つ並べたものについて考えてみよう。

あなたがここで学んだこと

この章であなたが到達したのは
- □ 物質の三態における相互変化について説明できる
- □ 理想気体の状態方程式と実在気体におけるファン・デル・ワールス式により基本的な計算ができる
- □ クラウジウス-クラペイロンの式により基本的な計算ができる
- □ 固体の結晶構造（ブラベ格子）の特徴が説明できる
- □ 中間相の液晶や柔粘性結晶の特徴が説明できる

　この章では，物理化学に限らず，科学を学ぶうえでの基礎知識を身につけることを目的とし，その基礎となる物質の状態について学んだ。各状態（とくに高圧容器内など理想気体としては扱えない気体や液体（溶液））について，物理化学の観点から今後さらに詳しく学ぶこととなる。どのような分野においても基礎を身につけることは，その発展に向けて非常に重要である。本章の内容を十分に理解して次へ進んでもらいたい。

3章 理想気体

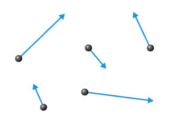

気体分子の運動
気体分子は空間を自由に動き回り，その速度，方向は分子ごとに異なっており，分子間の距離が大きい。

ガスホルダー
気体の容器の壁には均等に圧力が加わるため，大規模に貯蔵するガスホルダーは球形のものが主流である。

　人類の長年の夢であった空を自由に飛ぶことは1783年，フランスのモンゴルフィエ兄弟による熱気球の有人飛行実験により実現された。熱気球はエンベロープと呼ばれる袋の空気をバーナーで加熱することで，外側に比べ袋内の空気の単位体積当たりの質量，すなわち，密度を低下させることで，浮力を得ている。このように物体の温度を変化させると体積が変化するが，温度と体積の関係を知ることができれば，おおよその気球のエンベロープの大きさを決めることができる。また体積は圧力によって変化し，このような圧力と温度と体積の関係は気球のみならず，接触分解によりナフサからエチレンを製造するプラントなどの気体を扱う装置を設計・制御するのに基本的な情報である。多くの研究者たちが気体の性質について調べてきたが，最も単純な仮想的な気体である理想気体は，理想気体の状態方程式を満足し，この状態方程式は17世紀のボイル，18世紀のシャルルの研究がもとになっている。シャルルは水素入りの気球を開発し，モンゴルフィエ兄弟の数日後に有人飛行に成功している。

● **この章で学ぶことの概要**

　この章では最も単純な気体のモデルである理想気体の状態方程式について学習する。また，気体を構成する分子の平均的な運動から，気体の圧力を定義し，理想気体の状態方程式と比較することで温度と分子の運動の関係を学ぶ。温度一定の気体においてもすべて分子が同じエネルギーを持つのではなく，分布を持つことを学習する。

予習 授業の前にやっておこう!!

- SI 組立単位は SI 基本単位を組み合わせて作られている。

  $N = kg \cdot m \cdot s^{-2}$, $Pa = kg \cdot m^{-1} \cdot s^{-2}$, $J = kg \cdot m^2 \cdot s^{-2}$ [*1]

- 物体の運動は運動方程式で表される。

  $$F = ma = m \frac{du}{dt}$$

  ただし，$F[N]$ は物体に働く力，$m[kg]$ は物体の質量，$a[m \cdot s^{-2}]$ は加速度，$u[m \cdot s^{-1}]$ は速度，$t[s]$ は時間である。

1. SI 組立単位である Pa と J の関係式を書け。

   WebにLink 予習の解答

2. $50.0\,km \cdot h^{-1}$ で走行している $1000\,kg$ の自動車がブレーキをかけ，$20.0\,s$ 後に停止した。ブレーキ作動中は一定の力が加わるとし，自動車に働く力を求めよ。

---

3 1 理想気体の性質

[*1]

関係式は運動方程式などと関連づけして覚えよう。
力 = 質量 × 加速度
圧力 = 力 ÷ 面積
位置エネルギー
　= 質量×重力加速度×高さ

気体は小さな分子が空間を自由に動き回り，通常その空間は分子の大きさに比べて非常に大きい。このため，温度や圧力を変化させると体積は大きく変化する。気体分子は大きさを持ち，分子間で相互作用している。しかし，気体を膨張させていくと，分子間の距離が離れて，空間に対する分子の大きさと相互作用は小さくなり，気体の性質は種類に影響されなくなる。完全に分子間相互作用と分子の大きさがないとした仮想的な気体を**理想気体**と呼ぶ。理想気体の性質は気体の種類にかかわらないため，密度などの物性値を容易に予測できる。

3-1-1 理想気体の諸法則

理想気体では実験により得られた次の 3 つの法則が成り立つ。

1. ボイルの法則　温度 $T[K]$ を一定に保ち，理想気体を圧縮すると体積 $V[m^3]$ は圧力 $p[Pa]$ に反比例する。これを**ボイルの法則**といい，次式で表される。

$$p = \frac{定数}{V} \qquad pV = 定数 \quad (n, T = 一定) \qquad 3-1$$

容器中の分子が容器の壁と衝突し，壁が受ける力が圧力である。体積を半分にすると衝突回数と圧力は倍増する。これは式 3-1 と一致する。

2. シャルルの法則 圧力一定で理想気体を加熱すると，体積は絶対温度に比例する。これを**シャルルの法則**といい，次式で表される。

$$\frac{V}{T} = 定数 \quad (n, p = 一定) \qquad 3-2$$

3. アボガドロの原理 同じ圧力，温度，体積を持つ気体中の分子の数は気体の種類によらず等しく，温度と圧力が一定のとき分子の物質量 $n\,[\mathrm{mol}]$ は体積に比例する。これを**アボガドロの原理**という。

$$\frac{V}{n} = 定数 \quad (T, p = 一定) \qquad 3-3$$

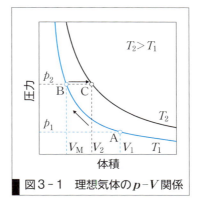

図3-1 理想気体の p-V 関係

3-1-2 理想気体の状態方程式

図3-1のように気体を A → B → C のように変化させたとする。1段目ではボイル，2段目ではシャルルの法則が成り立つため，次式が成り立つ。

$$\frac{p_1 V_1}{T_1} = \frac{p_2 V_\mathrm{M}}{T_1} = \frac{p_2 V_2}{T_2} \qquad 3-4$$

A点とC点では，p, V, T のすべてが異なるが，$\dfrac{pV}{T}$ は一定となる。これを**ボイル-シャルルの法則**という。さらに式3-3を組み合わせると，$\dfrac{pV}{nT}$ が気体の種類に依存せず一定となる[*2]。この値を**気体定数 R** といい，その値は $8.314\,\mathrm{J\cdot mol^{-1}\cdot K^{-1}}$ である。気体定数を用いると，次式が得られる。

$$pV = nRT \qquad 3-5$$

式3-5は**理想気体の状態方程式**と呼ばれ，気体の種類にかかわらず利用できる。この状態方程式のほかに理想気体には，温度一定のとき体積を変えても気体の持つ全エネルギー（内部エネルギー）は変化しないという特徴もある。これは**ジュールの法則**と呼ばれ，ジュールの行った実験結果から得られた法則であるが，3-3節の気体分子運動論あるいは5章および6章の熱力学を用いると式3-5から導出できる。

> **例題 3-1** (1) $25\,°\mathrm{C}$, $0.100\,\mathrm{MPa}$ の理想気体 $20.0\,\mathrm{dm^3}$ を $8.43\,\mathrm{dm^3}$ まで圧縮すると圧力は $0.530\,\mathrm{MPa}$ となった。圧縮後の温度を計算せよ。
> (2) $300\,°\mathrm{C}$, $0.250\,\mathrm{MPa}$ の理想気体 $27.0\,\mathrm{dm^3}$ 中に含まれる物質量を求めよ[*3]。

[*2]
式3-4と同様な方法を用いて，式3-4と式3-3から $\dfrac{pV}{nT}$ が一定となることを証明してみよう。

[*3] ヒント
$\mathrm{J = Pa\cdot m^3}$
である。単位換算を忘れずにすること。

解答 (1) ボイル-シャルルの法則を用いると次のとおりである。

$$T_2 = \frac{p_2 V_2 T_1}{p_1 V_1} = \frac{0.530 \text{ MPa} \times 8.43 \text{ dm}^3 \times 298.15 \text{ K}}{0.100 \text{ MPa} \times 20.0 \text{ dm}^3} = 666 \text{ K}$$

(2) 理想気体の状態方程式を用いると次のようになる。

$$n = \frac{pV}{RT} = \frac{0.250 \times 10^6 \text{ Pa} \times 27.0 \times 10^{-3} \text{ m}^3}{8.314 \text{ J}\cdot\text{mol}^{-1}\cdot\text{K}^{-1} \times 573.15 \text{ K}} = 1.42 \text{ mol}$$

3・2 混合気体の性質

3・2・1 混合気体の圧力とドルトンの法則

化学工業では混合気体を用いる場合が多い。たとえばボイラーの燃焼に用いられる空気はおもに窒素と酸素からなる混合気体である。容積一定の容器に気体1を n_1 [mol], 気体2を n_2 [mol] … 気体 N を n_N [mol] だけ入れたときの圧力を p とし, 同じ容器に同じ温度で気体1のみを入れたときの圧力を p_1 とする。各気体がすべて理想気体のとき, 次式が成り立つ。

$$p = p_1 + p_2 + \cdots + p_N \quad 3-6$$

p を**全圧**, p_1, p_2 … を**分圧**と呼ぶ。混合気体にかぎらず混合物の全物質量に対する成分 i の物質量の比を**モル分率** x_i と呼び, 次式で定義する[*4]。

$$x_i = \frac{n_i}{n_1 + n_2 + \cdots + n_N} \quad 3-7$$

p と p_i に理想気体の状態方程式を適用して整理すると, 次式となる。

$$p_i = x_i p \quad 3-8$$

p_i は x_i に比例する。これを**ドルトンの法則**と呼ぶ[*5]。

[*4] +α プラスアルファ
全成分のモル分率の和は1である。
$x_1 + x_2 + \cdots + x_N = 1$
気体1と気体2の2成分からできている混合気体では次式となる。
$x_1 = 1 - x_2$

[*5] 工学ナビ
分圧は式3-8で定義されるが, 分子間相互作用の強い混合気体 (実在気体) では分圧が容器をその成分単独で占めたときの圧力とはならない。

3・2・2 混合気体の熱容量

理想気体を構成する分子間には相互作用が働かないため, その混合物の物性は各成分の和と等しい。このような性質を**加成性**という。1章で学んだ**定積熱容量**に加成性を適用すると, $C_{V,\text{m}1}$ [J·mol^{-1}·K^{-1}] の**定積モル熱容量**を持つ気体 n_1 [mol] と, $C_{V,\text{m}2}$ の気体 n_2 からなる混合気体の定積熱容量 C_V [J·K^{-1}] は次式で与えられる。

$$C_V = n_1 C_{V,\text{m}1} + n_2 C_{V,\text{m}2} \quad 3-9$$

例題 3・2 (1) Ar は大気中におよそ体積比で 0.934 % 含まれる。101.3 kPa の大気中の Ar の分圧を求めよ。

(2) 容積 8.00 dm^3 の容器に 0.300 mol の N$_2$ と 0.200 mol の O$_2$ を入れて 50 ℃ とした。各気体のモル分率と分圧, および全圧を求めよ。

解答 (1) 理想気体では体積比はモル分率と等しいため，次式となる。

$$p_{Ar} = x_{Ar}p = \frac{0.934}{100} \times 101.3 \text{ kPa} = 9.46 \times 10^{-1} \text{ kPa}$$

(2) 気体の全モル数 n は次式となる[*6]。

$$n = n_{N_2} + n_{O_2} = 0.300 \text{ mol} + 0.200 \text{ mol} = 0.500 \text{ mol}$$

$$p = \frac{nRT}{V} = \frac{0.500 \text{ mol} \times 8.314 \text{ J·mol}^{-1}\text{·K}^{-1} \times 323.15 \text{ K}}{8.00 \times 10^{-3} \text{ m}^3}$$

$$= 1.68 \times 10^5 \text{ Pa} = 168 \text{ kPa}$$

$$x_{N_2} = \frac{n_{N_2}}{n} = \frac{0.300 \text{ mol}}{0.500 \text{ mol}} = 0.600$$

$$x_{O_2} = \frac{n_{O_2}}{n} = \frac{0.200 \text{ mol}}{0.500 \text{ mol}} = 0.400$$

$$p_{N_2} = x_{N_2}p = 0.600 \times 168 \text{ kPa} = 101 \text{ kPa}$$

$$p_{O_2} = x_{O_2}p = 0.400 \times 168 \text{ kPa} = 67.2 \text{ kPa}$$

[*6] **工学ナビ**
解答とは異なる方法でも計算できる。

$$p_{N_2} = \frac{n_{N_2}RT}{V} = 101 \text{ kPa}$$

$$p_{O_2} = \frac{n_{O_2}RT}{V} = 67.2 \text{ kPa}$$

$$p = p_{N_2} + p_{O_2} = 168 \text{ kPa}$$

$$x_{N_2} = \frac{p_{N_2}}{p} = 0.600$$

$$x_{O_2} = 1 - x_{N_2} = 0.400$$

物理化学に関する多くの問題では数値がかかわる。このように複数の方法で計算したり，得られた答えをもとの式に代入したりするなどして計算結果の妥当性の検証を心がけよう。

3-3 気体分子運動論

理想気体の状態方程式は**巨視的**な立場すなわち人間の感覚で観測できる実験結果から確立された。逆に**微視的**な立場すなわち気体分子の運動から気体の性質を考察する学問を**気体分子運動論**という。この節では気体分子の運動に仮定を設けて，理論的に気体の性質を表す数理モデルを導出する。その過程は圧力や温度の定義や性質を理解する助けになるであろう[*7]。

[*7] **工学ナビ**
化学技術者にとって反応器内の反応率あるいはボイラーのスケール（付着物）による熱伝導率の低下を推測することなどは有用であり，このような値の推算には何かしらの数理モデルの構築が必要となる。

3-3-1 気体の圧力

気体分子が容器の壁に衝突すると，壁は力を受け，この力が圧力を与える。この衝突では運動エネルギーが保存される（**完全弾性衝突**）。図3-2のように質量 m [kg] の分子が壁と垂直な方向（x方向）に u_x [m·s^{-1}] の速度で動いているとする。この分子が壁と完全弾性衝突すると，x方向の速度は，衝突前と絶対値が等しく逆向きとなるため，$-u_x$ に変化する。よって，衝突による分子の運動方程式は次式となる[*8]。

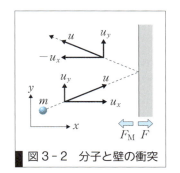

図3-2 分子と壁の衝突

$$F_M = m\frac{\Delta u_x}{\Delta t} = \frac{-2mu_x}{\Delta t} \qquad 3-10$$

[*8] **Let's TRY!!**
衝突前後の速度に注意しながら，壁と平行な方向（ここでは y 方向）についても運動方程式を立てて，気体の圧力が壁と垂直方向に働くことを確認してみよう。

F_M [N] は衝突で壁から分子が受ける力, Δt [s] は衝突時間である。壁が受ける力 F [N] は F_M とは逆向きに働くため, 式 3-10 は次式になる。

$$F\Delta t = 2mu_x \qquad 3-11$$

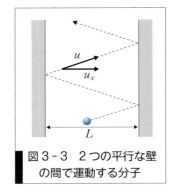

図3-3 2つの平行な壁の間で運動する分子

$F\Delta t$ は1回の衝突で壁が受ける力積である。分子が距離 L [m] だけ離れた2つの壁の間にあるとき (図3-3), x 方向に $2L$ だけ動くと同一の壁に再度衝突するため, 単位時間当たり分子が同一の壁に衝突する回数は $\dfrac{u_x}{2L}$ である。1回の衝突による力積は $2mu_x$ なので, 単位時間当たりに壁が受ける力積は次式となる。

$$2mu_x \times \frac{u_x}{2L} = \frac{mu_x^2}{L} \qquad 3-12$$

N 個の分子が存在し, 各分子の u_x をそれぞれ $u_{x1}, u_{x2} \cdots u_{xN}$, その2乗の平均を $\overline{u_x^2}$ [m²·s⁻²] とすると, 単位時間当たりの力積は次式となる。

$$\sum_{i=1}^{N} \frac{mu_{xi}^2}{L} = \frac{mu_{x1}^2}{L} + \frac{mu_{x2}^2}{L} + \cdots + \frac{mu_{xN}^2}{L} = \frac{Nm\overline{u_x^2}}{L} \qquad 3-13$$

単位時間当たりの力積が力, 単位面積当たりの力が圧力 p であるから, 壁の面積を S [m²], 体積を V とすると (図3-4), p は次式で与えられる。

$$p = \frac{Nm\overline{u_x^2}}{SL} = \frac{Nm\overline{u_x^2}}{V} \qquad 3-14$$

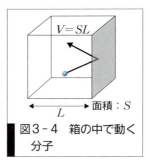

図3-4 箱の中で動く分子

分子は乱雑に動いているため, 各方向の速度平均は等しい[*9]。

$$\overline{u_x^2} = \overline{u_y^2} = \overline{u_z^2} \qquad 3-15$$

式 3-15 と三平方の定理を組み合わせると (図3-5), 次式となる。

$$\overline{u^2} = \overline{u_x^2} + \overline{u_y^2} + \overline{u_z^2} = 3\overline{u_x^2} \qquad 3-16$$

式 3-14 と式 3-16 から, 次式となる。

$$pV = \frac{1}{3}Nm\overline{u^2} \qquad 3-17$$

気体の物質量 n と分子量 M を用いると, 次の関係式が得られる。

$$pV = \frac{1}{3}nM\overline{u^2} \qquad 3-18$$

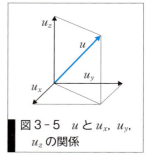

図3-5 u と u_x, u_y, u_z の関係

[*9] **+α プラスアルファ**
個々の分子の x, y, z 方向の速度は異なる。分子の個数 N が大きいとき, 全分子が同じ方向に進む確率は低く, どの方向も同じ平均速度のとき確率が最も高い。一方, パスカルの原理から気体の圧力は方向に依存しない, すなわち, 式 3-14 の x 方向の圧力が y 方向の圧力と等しいため, 式 3-15 が成立する。

3-3-2 内部エネルギーと熱容量

式3-18と理想気体の状態方程式を比較すると,次式が得られる。

$$RT = \frac{1}{3} M \overline{u^2} \qquad 3-19$$

よって,**根平均二乗速度**は次式となる[*10]。

$$\sqrt{\overline{u^2}} = \sqrt{\frac{3RT}{M}} \qquad 3-20$$

温度が高いほど分子の速度の平均が大きい。1原子からなる分子(単原子分子)を考えると,気体分子1 mol 当たりの運動エネルギー E_m [J·mol^{-1}] は空間における分子の位置の変化である並進運動のエネルギーのみであるから,平均二乗速度を用いて次式で表される。

$$E_m = \frac{1}{2} \sum_{i=1}^{N_A} m u_i^2 = \frac{N_A m \overline{u^2}}{2} = \frac{M \overline{u^2}}{2} \qquad 3-21$$

式3-19を用いると,次式となる。

$$E_m = \frac{3}{2} RT \qquad 3-22$$

温度は分子の持つ運動エネルギーの平均値を表すことがわかる。分子は運動エネルギー E_m のほかに電子状態で決まるエネルギー $U_{0,m}$ [J·mol^{-1}] を持つため,全エネルギーすなわち**内部エネルギー** U_m は次式となる。

$$U_m = U_{0,m} + E_m = U_{0,m} + \frac{3}{2} RT \qquad 3-23$$

$U_{0,m}$ は温度や圧力に依存せず一定とすると,式3-23から U_m は温度が一定のとき体積によらず一定となる。これはジュールの法則(3-1-2項参照)と一致する。詳細は5章で学ぶが U_m を体積一定として温度で微分したものは定積モル熱容量 $C_{V,m}$ と等しい。よって,単原子分子の $C_{V,m}$ は次式で与えられ,12.5 J·mol^{-1}·K^{-1} となる。これと5章の**マイヤーの関係式**を用いると,**定圧モル熱容量** $C_{p,m}$ は 20.8 J·mol^{-1}·K^{-1} となる。

$$C_{V,m} = \left(\frac{\partial U_m}{\partial T}\right)_V = \frac{3}{2} R \qquad 3-24$$

[*10] **工学ナビ**
音は気体の疎・密の状態が伝わることであるから,音波が伝わるためには隣り合う分子が衝突しなければならない。このため,空気中の音速(25 ℃ で 340 m·s^{-1})はこの平均速度と同程度となる。

WebにLink
ある関数が複数の変数に依存するとき,この関数を他の変数を一定とし,1つの変数で微分することを**偏微分**といい,微分記号 d の代わりに ∂(ラウンドディーと読む)を用いる。偏微分するときに一定となる変数(ここでは体積 V)を下付きにして示す。
また,一部を微分する偏微分に対し,全体の変化を見る全微分もよく使われる。複数の変数の全微分はそれぞれの偏微分の変化の和となる。

3-3-3 多原子分子の運動エネルギーと熱容量

N 個の原子からなる分子の原子位置は $3N$ 個の座標からなるため，この運動は $3N$ 個の独立変数で表される。この変数の数を**自由度**という[*11]。自由度は分子の重心座標の変化である**並進運動**，重心を中心とした**回転運動**，原子の結合距離の変化である**振動運動**の3種に割り当てることができる（図 3-6 〜 3-8）。式 3-22 は 1 mol の並進運動エネルギーを表すから，アボガドロ定数 N_A で割ると 1 分子の持つエネルギーの平均値 $\overline{\varepsilon}$ [J] となる。

$$\overline{\varepsilon} = \frac{3}{2}\frac{R}{N_A}T = \frac{3}{2}k_B T \qquad 3-25$$

1 分子当たりの気体定数 k_B を**ボルツマン定数**と呼ぶ。

$$k_B = \frac{R}{N_A} = \frac{8.314 \text{ J·mol}^{-1}\text{·K}^{-1}}{6.022 \times 10^{23} \text{ mol}^{-1}} = 1.381 \times 10^{-23} \text{ J·K}^{-1} \qquad 3-26$$

式 3-25 を式 3-16 に代入すると，次式が得られる。

$$\frac{1}{2}m\overline{u_x^2} = \frac{1}{2}m\overline{u_y^2} = \frac{1}{2}m\overline{u_z^2} = \frac{1}{2}k_B T \qquad 3-27$$

分子は x, y, z の3つの独立な方向に並進運動するため，並進運動の自由度は3である。式 3-27 はエネルギーが3つの自由度に均等に分けられて1自由度当たり $0.5k_B T$ となることを示し，**エネルギー等分配の法則**と呼ばれる。多原子分子は並進運動に加え回転と振動運動する。直線分子は2種類，非直線分子は3種類の独立な回転運動があるため，回転の自由度は直線分子で2，非直線分子で3となる（図 3-7, 3-8）[*12]。全自由度から並進と回転の自由度を差し引くと振動の自由度となる。よって，非直線分子と直線分子の振動の自由度はそれぞれ $(3N-6)$ と $(3N-5)$ となる。また，回転と振動の1自由度当たりのエネルギーはそれぞれ $0.5k_B T$ と $k_B T$ である[*13]。直線分子である2原子分子の自由度は並進3，回転2，振動1となり，1分子の全運動エネルギーは $3.5k_B T$ となる。式 3-24 から2原子分子の $C_{V,m}$ は $3.5R$ となる。表 3-1 にいくつかの実在気体の $C_{V,m}$ を示した。単原子分子の He では $C_{V,m}$ は理論値と一致するが，2原子分子の O_2 では低温において理論値より低く温度とともに増加し，理論値に近づく。これは低温において振動運動にエネルギーが分配されないためと説明される。すなわち，低温の2原子分子 O_2 の $C_{V,m}$ は $2.5R$ となる。この傾向は H_2O, CO_2 についてもよく当てはまる。

例題 3-3　(1) 25 ℃における N_2 の根平均二乗速度を求めよ。
(2) エネルギー等分配の法則から CO_2 の定積モル熱容量を求めよ。

---

*11 **＋α プラスアルファ**
単原子分子では原子の x, y, z の座標が必要であるから自由度は3，2原子分子では2の原子の座標が必要であるから6となる。

*12 **ヒント**
図 3-7 の直線分子を y 軸と z 軸のまわりで回転させると原子の座標が変化する。すなわち，分子は運動する。それに対して，x 軸のまわりで回転させても原子の座標は変化しない。

*13 **Let's TRY!!**
回転と振動の1自由度当たりのエネルギーについては Web や文献などで調べてみよう。

解答 (1) N_2 なので $M = 28.02 \times 10^{-3}$ kg·mol^{-1} となる。

$$\overline{u^2} = \frac{3RT}{M} = \frac{3 \times 8.314 \text{ J·mol}^{-1}\text{·K}^{-1} \times 298.15 \text{ K}}{28.02 \times 10^{-3} \text{ kg·mol}^{-1}}$$

$$= 2.653 \times 10^5 \text{ m}^2\text{·s}^{-2}$$

$$\sqrt{\overline{u^2}} = 515 \text{ m·s}^{-1} = 1.85 \times 10^3 \text{ km·h}^{-1} \text{ *14}$$

(2) CO_2 は直線の 3 原子分子であるから，自由度は並進 3，回転 2，振動 $9 - 5 = 4$ となり，1 mol 当たりの運動エネルギーは次のとおりとなる。

$$E_m = \frac{3}{2}RT + \frac{2}{2}RT + 4RT = 6.5RT$$

定積モル熱容量は式 3-24 を用いると次のとおりとなる。

$$C_{V,m} = \left(\frac{\partial U_m}{\partial T}\right)_V = \left\{\frac{\partial (U_{0,m} + E_m)}{\partial T}\right\}_V = \left(\frac{\partial 6.5RT}{\partial T}\right)_V = 6.5R$$

$$= 6.5 \times 8.314 \text{ J·mol}^{-1}\text{·K}^{-1} = 54.0 \text{ J·mol}^{-1}\text{·K}^{-1}$$

*14 **工学ナビ**

大気の主成分は N_2 であるから，1 m^3 に 40.9 mol の N_2 が存在するとき，我々はこの速度で多数の分子が体に衝突している状態を 101.3 kPa として感じている。

表 3-1　101.3 kPa における定積モル熱容量 $C_{V,m}/R$ *15

気体	理論値	T における実測値			
		298 K	600 K	1000 K	1500 K
He	1.500	1.500	1.500	1.500	1.500
O_2	3.500	2.532	2.860	3.195	3.398
H_2O	6.000	3.037	3.365	3.956	4.651
CO_2	6.500	3.465	4.691	5.530	6.020

*15 **プラスアルファ**

実際の $C_{V,m}$ は表の値に R を掛けた値となる。

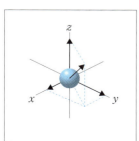

図 3-6　並進運動

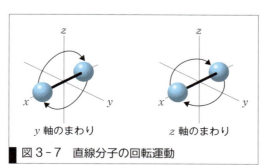

図 3-7　直線分子の回転運動

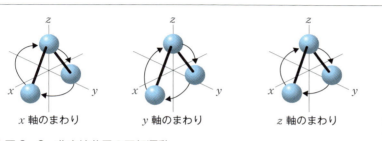

図 3-8　非直線分子の回転運動

3.4 分子速度の分布

3-3節では平均の分子運動の圧力,温度の関係を示した。同じ温度においても,個々の気体分子の速度,すなわち,運動エネルギーは異なる。このエネルギーのばらつきは化学反応の反応速度を理解するのに重要である。

3-4-1 分子のエネルギー分布

標高2400 m以上の高山では頭痛や吐き気といった高山病に罹るが,これは高山の酸素分圧が海面近くに比べて低いことで起こる酸欠に起因する[*16]。理想気体と考えると,酸素分圧は単位体積当たりの酸素分子数に比例するため,この分圧の低下は高山での分子数が少ないことを意味する。高山における酸素分子の位置エネルギーは海面のそれより大きい。このように高所での分子のエネルギーは大きいが,その分子数は低所のエネルギーの小さな分子より少ない(図3-9)。このようなエネルギーの違いによる分子の存在比を表すのが次式の**ボルツマン分布**である。

[*16] +α プラスアルファ
酸素濃度の低下と表現される場合もあるが,高山においても体積割合はおおよそ N_2 80 %, O_2 20 %である。

WebにLink
式3-28は気圧の低下からも導出できる。その導出方法についてはWebを見てみよう。

$$\frac{N_i}{N_0} = \exp\left(-\frac{\varepsilon_i - \varepsilon_0}{k_B T}\right) \qquad 3\text{-}28$$

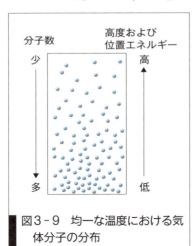

図3-9 均一な温度における気体分子の分布

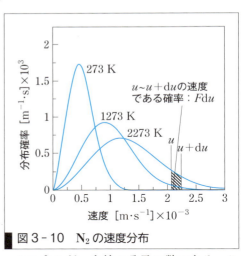

図3-10 N_2 の速度分布

N_i と N_0 はそれぞれ ε_i と ε_0 のエネルギーを持つ分子の数である。このように同じ温度であってもすべての分子のエネルギーが同じではない。このため,理想気体を構成する分子の速度も個々の分子により異なる。これを表すのが次式の**マクスウェル-ボルツマン速度分布**である。図3-10に N_2 の速度分布を示した。

WebにLink
式の導出

$$\frac{dN}{N du} = F(u) = 4\pi\left(\frac{m}{2\pi k_B T}\right)^{\frac{3}{2}} u^2 \exp\left(-\frac{mu^2}{2k_B T}\right) \qquad 3\text{-}29$$

$F(u)$ は**確率密度関数**[*17] であり，全分子のうち $u = u$ から $u = u + du$ の間の速度を持つ分子の割合，すなわち，分子がこの速度範囲にある確率は $F(u)du$ で与えられる。$F(u)$ は1つの極大点を持ち，$u = 0$ と $u = \infty$ ではゼロに近づく。温度が増加すると極大点は u の大きいほうに移動し，速度分布の幅が広がる。このように低温においても速い分子は存在し，高温では速い分子の割合が増加する。

3-4-2 気体分子の平均速度

式3-29から，種々の平均速度を求められる。分子の**平均速度** $\bar{u}$ は式3-30で，分子の速度のうち最も多い速度である**最大確率速度** u_{max} は式3-31で，根二乗平均速度は式3-20でそれぞれ与えられる。図3-10のように分子の速度分布は非対称であるから，最大確率速度と平均速度は一致しない。3-3節で学んだように根二乗平均速度は平均エネルギーと密接に関係している。

$$\bar{u} = \sqrt{\frac{8RT}{\pi M}} \qquad 3-30$$

$$u_{max} = \sqrt{\frac{2RT}{M}} \qquad 3-31$$

3-4-3 衝突頻度と平均自由行程

理想気体では分子は大きさを持たないため，分子間の衝突が起こらない。しかし，実在気体では衝突が起こるために化学反応が進行する。分子は図3-11のようにさまざまな角度から衝突するが，一方から見た他方の速度の平均値である**相対平均速度** $\bar{u}_{rel}$ は速度分布から次式となる[*18]。

$$\bar{u}_{rel} = \sqrt{2}\,\bar{u} \qquad 3-32$$

$\bar{u}_{rel}$ を用いると，他の分子が静止していると考えて単位時間当たりの衝突回数である**衝突頻度** Z を算出できる。分子が互いに距離 d まで近づくと，衝突するとする。この**衝突直径** d は実際の分子の大きさと同程度である。分子は単位時間当たり $\bar{u}_{rel}$ だけ移動する。

図3-12のように移動距離 $\bar{u}_{rel}$ と直径 $2d$ の円（衝突断面という）で囲

[*17]
＋α プラスアルファ

u が連続的にとりうるとき（500 m·s⁻¹ でも 500.01 m·s⁻¹ でも可能），u がきっかり 500 m·s⁻¹ となる確率はかぎりなくゼロであるが，500〜510 m·s⁻¹ の範囲となる確率はゼロではない。このような範囲を与えることで確率となる関数を確率密度関数という。

[*18]
＋α プラスアルファ

図3-11で示したように，衝突は $0 \leq \theta \leq \pi$ で起こり，相対速度は $0 \leq u_{rel} \leq 2u$ となる。

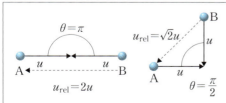

図3-11 衝突角の異なる分子の衝突とAから見たBの相対速度

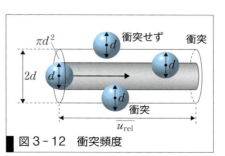

図3-12 衝突頻度

まれた管内に他の分子の中心があったとき，この分子と運動している分子が衝突する．気体分子の濃度が均一であるから，全分子数を N，体積を V とすると管に含まれる分子数すなわち衝突頻度 Z は次式となる[*19]．

$$Z = \pi d^2 \overline{u}_{\text{rel}} \frac{N}{V} \qquad 3-33$$

式 3-32 および理想気体の状態方程式を用いると，次式が得られる．

$$Z = \sqrt{2}\,\pi d^2 \overline{u}\, \frac{N}{V} = \frac{\sqrt{2}\,\pi d^2 \overline{u}\, p}{k_{\text{B}} T} \qquad 3-34$$

体積一定で加熱したり，温度一定で加圧したりすると，衝突頻度は増加する[*20]．衝突頻度の逆数は衝突から次の衝突までに要する時間であるため，次の衝突までの移動距離である**平均自由行程** λ (ラムダ) は次式となる[*21]．

$$\lambda = \frac{\overline{u}}{Z} = \frac{k_{\text{B}} T}{\sqrt{2}\,\pi d^2 p} \qquad 3-35$$

例題 3-4 衝突直径が 380 pm であるとして，101.3 kPa，25 ℃における N_2 の平均速度と最大確率速度，衝突頻度と平均自由行程を求めよ．

解答

$$\overline{u} = \sqrt{\frac{8RT}{\pi M}} = \sqrt{\frac{8 \times 8.314\ \text{J·mol}^{-1}\text{·K}^{-1} \times 298.15\ \text{K}}{\pi \times 28.02 \times 10^{-3}\ \text{kg·mol}^{-1}}}$$

$$= 475\ \text{m·s}^{-1}$$

$$u_{\max} = \sqrt{\frac{2RT}{M}} = \sqrt{\frac{2 \times 8.314\ \text{J·mol}^{-1}\text{·K}^{-1} \times 298.15\ \text{K}}{28.02 \times 10^{-3}\ \text{kg·mol}^{-1}}}$$

$$= 421\ \text{m·s}^{-1}$$

$$Z = \frac{\sqrt{2}\,\pi d^2 \overline{u}\, p}{k_{\text{B}} T}$$

$$= \frac{\sqrt{2}\,\pi \times (380 \times 10^{-12}\ \text{m})^2 \times 475\ \text{m·s}^{-1} \times 1.013 \times 10^5\ \text{Pa}}{1.381 \times 10^{-23}\ \text{J·K}^{-1} \times 298.15\ \text{K}}$$

$$= 7.50 \times 10^9\ \text{s}^{-1}$$

$$\lambda = \frac{\overline{u}}{Z} = \frac{475\ \text{m·s}^{-1}}{7.50 \times 10^9\ \text{s}^{-1}} = 6.33 \times 10^{-8}\ \text{m} = 63.3\ \text{nm}$$

例題 3-3 と比較すると，$u_{\max} < \overline{u} < \sqrt{\overline{u^2}}$ となることがあきらかである．N_2 はおよそ 1 ns に 1 回衝突し，直径の 200 倍の距離を進むと衝突する．

[*19] **工学ナビ**
多くの化学反応は異なる分子が衝突することで進行する．異なる分子の衝突では衝突頻度はどのようになるのか調べてみよう．

[*20] **ヒント**
体積一定で加熱すると平均速度が増加する．

[*21] **Let's TRY!**
濃度の高いほうから低いほうへの物質の移動現象である拡散は反応装置の設計，運転にとって重要である．拡散の速度は濃度勾配（位置による濃度の傾き）に比例し（フィックの法則），理想気体においてはその比例定数 κ (カッパ) は平均自由行程から次式で推算できる．

$$\kappa = \frac{1}{3} \lambda \overline{u}$$

温度が高いほうから低いほうへ熱（エネルギー）が伝わる熱伝導，速度が速いほうから遅いほうへ運動量が移動する粘性も拡散とよく似た式（フーリエの法則，ニュートンの粘性の法則）で表され，これらの比例定数も平均自由行程から推算できる．これらの平均自由行程との関係を調べてみよう．

演習問題 A 　基本の確認をしましょう

3-A1 25 ℃，0.100 MPa にある N_2 を等温圧縮して，内容積 47.0 dm^3 のガスボンベに圧力 14.7 MPa となるまで充填したい。理想気体であると仮定し，圧縮前の N_2 の体積と質量を計算せよ。

3-A2 ある容器を仕切り板で体積の等しい 2 室に区切り，一方に He，他方に Ar を入れた。それぞれの圧力は 0.200 MPa と 0.150 MPa である。仕切り板を取り除いたあとの He と Ar の分圧を求めよ。

3-A3 H_2O の定積モル熱容量を求めよ。

3-A4 Ar の根平均二乗速度を 25 ℃の Ne の根平均二乗速度に等しくするためには，Ar の温度は何度に保てばよいか。

3-A5 2273 K における N_2 の最大確率速度，平均速度，根平均二乗速度を求め，図 3-10 に記入せよ。

3-A6 2273 K，101.3 kPa の N_2 の衝突頻度と平均自由行程を求めよ。

演習問題 B 　もっと使えるようになりましょう

3-B1 25 ℃，101.3 kPa の空気（N_2 79 %，O_2 21 %）の密度を求めよ[*22]。

3-B2 速度分布式から最大確率速度，平均速度を導出せよ[*23]。

3-B3 富士山（標高 3776 m）およびチョモランマ（8848 m）の頂上における気圧を温度が 25 ℃であるとして求めよ。ただし，海面の気圧は 101.3 kPa で大気は N_2 のみでできているとする。

3-B4 273 K で，1000 m·s^{-1} 以上の速度の窒素分子の割合を求めよ。同様に 2273 K についても求めよ[*24]。

[*22] **ヒント**
全物質量を 1 mol として，体積と質量を求める。

[*23] **ヒント**
最大確率速度では速度分布が極大値となる。
$P(x)\,dx$ が確率であるとき，$X(x)$ の平均値は次式で与えられる。
$$\overline{X} = \int X(x)P(x)\,dx$$

[*24] **ヒント**
通常の計算ではマクスウェル－ボルツマンの速度分布式を積分することができないため，計算ソフトなどを利用して数値積分する必要がある。

あなたがここで学んだこと

この章であなたが到達したのは
- □ 状態方程式を理解し,温度,圧力,体積を算出できる
- □ 混合気体の分圧と全圧を理解し,理想気体の分圧と全圧をモル分率と状態方程式から計算できる
- □ 気体分子運動論から気体の圧力を定義し,温度と分子の運動の関係を説明できる
- □ マクスウェル‐ボルツマン分布が分子の速度分布を表すことを理解している

　圧力,温度は反応装置の大きさや容器の厚さを決めるのに必要な物性値である。この章で学んだことは,将来,装置を設計するに当たり,有力な知見・情報を与えてくれる。気体分子の運動や衝突理論は物質,運動量,熱の移動現象である拡散,熱伝導,粘性あるいは化学反応の速度を与え,一方,材料の表面加工に多用されている化学蒸着(CVD),容易に O_2 と N_2 を分離する気相分離膜などの技術に応用されている。

4章 実在気体

ファン・デル・ワールス
(van der Waals)

オネス (Onnes)　　　(PPS)

物理の初歩で学んだ斜面をすべり落ちる物体の運動方程式では，物体と斜面の間に作用する摩擦力が無視されているが，実際にはこの摩擦力を考慮しなければならないことは理解できるであろう。これが理想系と実在系の違いである。すでに学んだ理想気体の法則では，分子間に作用する引力と分子の大きさが無視されている。そのため気体が加圧され体積が減少することで分子どうしが接近すると，これらの引力と分子の大きさの影響が現れ，理想気体の法則はもはや適用できなくなる。ところが化学工業では，高圧容器や反応器の設計にその例がみられるように，高圧気体としての取り扱いが必要となる場合が少なくない。したがって，実在気体の熱力学特性値（$p-V_m-T$ の関係）を正しく表現できる新しい状態方程式や手法が必要となる。

●この章で学ぶことの概要

分子間引力と分子の大きさを考えに入れた実在気体の状態方程式が，ファン・デル・ワールスによって初めて提案された。またオネスにより，理想気体からのずれを補正係数の導入で修正したビリアル状態方程式が考案された。さらにファン・デル・ワールス式より，物質群共通に応用できる対応状態の概念が導き出された。これらのファン・デル・ワールス式，ビリアル状態方程式および対応状態原理について学び，実際に応用する力を身につける。これらの知見は，将来高圧ガスを取り扱う場合や耐圧容器・高圧反応器設計等に際して，大いに役立つものである。

> **予習** 授業の前にやっておこう!!
>
> 理想気体の状態方程式の使い方について習熟しておこう。
>
> 1. 室温（25 ℃）での 1 気圧における空気のモル体積[*1]と密度を求めよ[*2]。ここで，空気の平均分子量を 28.8 として計算せよ。
>
> 2. 室温（25 ℃）で 1 気圧におけるメタンとプロパンの密度を求めよ。
>
>   1. と 2. の計算により家庭で使われている燃料ガスとしての天然ガス（メタンと近似）およびプロパンガスの密度は空気と比べると，メタンガスは小さく，プロパンガスは大きいことがわかる。その結果ガス漏れセンサーの取りつけ位置は，メタンガスは部屋の上部（天井），プロパンガスは部屋の下部（床）に取りつける必要がある。圧力が十分に低い大気圧であれば，理想気体としてもよい。
>
> 3. 室温（25 ℃）で 100 気圧におけるメタンの密度を求めよ。

WebにLink
予習の解答

4　1　理想気体からの偏倚[*3]

圧力 − モル体積 − 温度（$p - V_m - T$）関係が理想気体から偏倚する原因は，以下に述べる分子の大きさと分子間に作用する引力である。

4-1-1 分子の大きさと引力

たとえば，メタン（CH_4）分子とデカン（$C_{10}H_{22}$）分子のサイズを考えてみると，単純にデカン分子がメタン分子の 10 倍の大きさとはならないが，デカン分子は大きくメタン分子は小さいことが想像できる。分子は目には見えないが，ある大きさを持っている。

また，室温でコップの中の水の状態は液体であり，燃料用のプロパンボンベは加圧され密度が大きく，プロパンは液体となっている。これらの例のように，水やプロパンは液体として存在するが，それは水分子とプロパン分子それぞれの分子間に引力が作用しているため，分子が凝縮するからである。

[*1] **Don't Forget!!**
気体の体積 V は示量因子であるが，モル当たりの体積 $[m^3 \cdot mol^{-1}]$ すなわちモル体積 V_m は示強因子となる。

[*2]
理想気体の状態方程式
$V_m = \dfrac{RT}{p}$
密度 $\rho = \dfrac{M}{V_m}$，M：分子量
1 気圧 = 101.3 kPa
気体定数 $R = 8.314\ J \cdot K^{-1} \cdot mol^{-1}$
$T[K] = \theta[℃] + 273.15$
を用いる。

[*3] ＋α プラスアルファ
偏倚「へんい」と読む。かたよりやずれを意味する。すなわち，理想気体の法則からのずれということである。

> **例題 4-1** 都市ガスには，天然ガス（おもにメタン）を使用することが多い。いま，−40 ℃にて 1 m^3 の耐圧容器に 5.10 MPa までメタンを充填した。この場合，どれだけの質量 [kg] が充填できるかを，理想気体として求めよ。また，実測値 53.8 kg と比較してみよ。

解答 理想気体とすると $V_\mathrm{m} = \dfrac{RT}{p} = \dfrac{8.314 \times 233.15}{5.10 \times 10^6} = 3.80 \times 10^{-4}\ \mathrm{m^3 \cdot mol^{-1}}$ を得る。メタンのモル質量は $0.01604\ \mathrm{kg \cdot mol^{-1}}$ なので，密度 $\rho = \dfrac{0.01604}{3.80 \times 10^{-4}} = 42.2\ \mathrm{kg \cdot m^{-3}}$ となる。すなわち，42.2 kg 充塡できる。これに対して，実測値は 53.8 kg なので，理想気体と仮定すると誤差がずいぶんと大きいことがわかる。この数値例より，実在気体には理想気体の法則が適用できないことがわかる。

4-1-2 分子間ポテンシャル

実在気体では，分子の大きさと分子間の引力[*4]を考慮する必要があるが，具体的に考察するためには，分子間相互作用（斥力と引力）を定量的に表現する必要がある。いま**分子間ポテンシャル** $\phi(r)$ を縦軸に，分子間距離 r を横軸にとり図をかくと，図4-1のようになる。

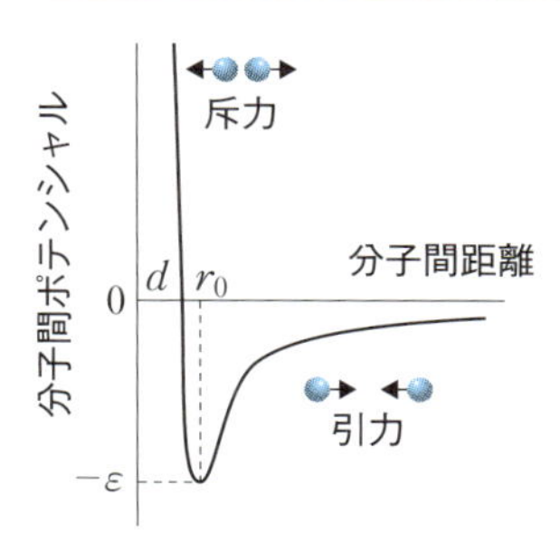

図4-1 分子間ポテンシャル

これは1-9-3項「内部エネルギー」で述べた分子間ポテンシャルを模式的にかいたもので，分子間距離がある程度離れた $r > r_0$ では，引力が支配的になる。一方，分子が互いに近づき，$r < r_0$ となると斥力（反発力）が中心となる[*5]。ここで $r = d$ では $\phi(r) = 0$ となる。この**衝突直径** d は，分子の大きさの目安となる。なお，$r = r_0$ では，引力と斥力がつり合っている[*6]。

4-1-3 臨界点

純物質の $p-V_\mathrm{m}-T$ 関係は図2-4に示しているが，とくに表2-1に示した**臨界定数**は，物質の状態における特徴的な存在である。**臨界点**は，飽和液体と飽和蒸気の両曲線が一致するところで，液体および蒸気の区別がつかず液面も消失し，密度差および表面張力等が0になる。1869年イギリスのアンドリューズは，約31℃以上の温度ではどんなに圧力をかけても液化しない二酸化炭素が31℃以下では液化することを発見し，この温度を臨界温度と名づけた。これは臨界点の発見であり，**臨界温度** T_c，**臨界圧力** p_c と**臨界モル体積** V_c は，物質固有の定数となる。

臨界点近傍では，分子集団であるクラスターが出現しやすくなり，局所的に密度の濃淡が観察され，光の散乱のため白濁したように観察される。温度領域が臨界温度を超えると，高圧（高密度）状態でも非凝縮性

[*4] **Let's TRY!**
万有引力の法則で月と地球の間には引力が働いている。大きさははるかに違うが，目には見えない分子の間にも引力が生ずる。分子間の引力は，分子（原子）内の電荷のかたよりに基づく静電気力によるものである。双極子モーメントについて調べてみよう。分子間引力は万有引力に比べると，はるかに大きなものである。

[*5] **+α プラスアルファ**
たとえば Ar（アルゴン）は，$\dfrac{\varepsilon}{k} = 117\ \mathrm{K}$ および $d = 3.51 \times 10^{-8}\ \mathrm{cm}$ である。ε は分子間ポテンシャルの極小値を示す。理想気体は0で，分子間相互作用の著しい気体では大きくなる。

[*6] **+α プラスアルファ**
力 f と分子間ポテンシャルエネルギー $\phi(r)$ の関係は，$f = \dfrac{-\mathrm{d}\phi(r)}{\mathrm{d}r}$ である。$f > 0$ で斥力となり，$f < 0$ で引力となる。なお $r = r_0$ でポテンシャルは極小値 $-\varepsilon$ を示す。

の気体となり，**超臨界流体**と呼ばれている。臨界圧力前後では物質の溶解度差が著しく大きくなることが見出されており，この溶解度差を利用した超臨界 CO_2 によるカフェインや香料などの新しい抽出技術が注目されている。研究の進歩により，高温・高圧で取り扱いが難しいとされていた超臨界 H_2O を積極的に利用する新技術の開発も進められている[*7]。

*7 工学ナビ
環境問題に適応した反応場（溶媒）として，超臨界水を利用している。廃棄物処理やリサイクルなどへの応用が期待されている。

4・2 状態方程式

物質の量と圧力・体積・温度の関係を表す式を一般に**状態方程式**という。その一例が 3 章で取り扱った理想気体の状態方程式 $pV = nRT$（あるいは $pV_m = RT$）である。ここでは実在気体の状態方程式について，基本となる考え方を述べる。

4・2・1 ファン・デル・ワールス式

分子の大きさと分子間に作用する引力の影響を考慮に入れて，状態方程式を導出する。理想気体では $pV = nRT$ が成立するが，分子の大きさを無視できない実在気体については，その補正が必要となる[*8]。図 4-2 に示されるように，1 mol 当たりの体積補正項を b とすると，分子が実際に動き回れる空間（**自由空間**）[*9]は $(V - nb)$ となり，次式となる。

$$p(V - nb) = nRT \qquad 4-1$$

*8 Let's TRY!!
Ar（アルゴン）の衝突直径 $d = 3.51 \times 10^{-8}$ cm である。これより Ar を球形と近似して，分子 1 個の体積を求めてみよう。

*9 Don't Forget!!
分子が実際に自由に動き回れる空間を自由空間という。この自由空間は重要な概念なので覚えておこう。

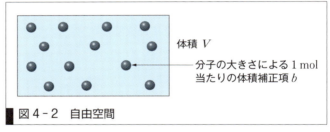

▎図 4-2　自由空間

次に分子間引力の影響を考える。まず気体の圧力であるが，これは運動している分子の器壁に対する衝突によるものである。この衝突による力は，分子の速度に比例すると考えられる。容器の内部（中央）に存在する分子には，周囲の分子による引力は均等に作用するが，器壁付近の分子に作用する周

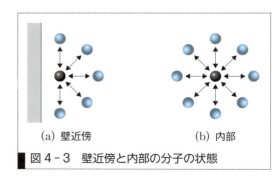

(a) 壁近傍　　　　(b) 内部

▎図 4-3　壁近傍と内部の分子の状態

囲の分子の引力は不均等になる。この様子を図示すると図4-3のようになる。(a)が壁付近の分子についてであり、(b)が内部の分子である。これより、内部の分子に作用する力はつり合っているが、壁近くの分子は周囲の分子により内部に向けて引き戻されていることが示される。このことは、分子間の引力により、器壁に衝突する分子の速度が減速されることを意味する[*10]。

すなわち、分子間引力が無視できる場合に比べて、圧力は減少する。この引力は壁近傍の単位体積当たりの分子の数に比例するが、その分子数はモル密度 $\frac{n}{V}$ に比例する[*11]。また、同様に周囲の分子の数にも比例する（この分子数も $\frac{n}{V}$ に比例する）ので、全体としてみると両者の積 $\left(\frac{n}{V}\right)^2$ に比例することになる。この比例定数を a とすると、圧力の減少分は $a\left(\frac{n}{V}\right)^2$ となるので、式4-1は、分子間引力により次式となる。

$$p = \frac{nRT}{V - nb} - a\left(\frac{n}{V}\right)^2 \qquad 4-2$$

これを1 mol 当たりについて記すと、次式のようになる。

$$p = \frac{RT}{V_m - b} - \frac{a}{V_m^2} \qquad 4-3$$

式4-2および式4-3は**ファン・デル・ワールス式**と呼ばれ、物質定数 a (**引力パラメータ**) および b (**分子サイズパラメータ**) を含んだ状態方程式である。

1. a および b (ファン・デル・ワールス定数) の決定 ファン・デル・ワールス式を実際に適用するためには、定数 a および b の値を知る必要がある。すでに2章の表2-1で述べたように、物質には臨界点が存在し、その条件式は、次式となる[*12,13]。

$$p_c = p(T_c, V_c) \qquad 4-4$$

$$\left(\frac{\partial p}{\partial V_m}\right)_{T_c} = 0 \qquad 4-5$$

$$\left(\frac{\partial^2 p}{\partial V_m^2}\right)_{T_c} = 0 \qquad 4-6$$

いま、これらの条件を式4-3に適用すると、定数 a および b は次のように求まる。

$$a = \frac{27R^2 T_c^2}{64 p_c} = 3 p_c V_c^2 = \frac{9}{8} RT_c V_c \qquad 4-7$$

$$b = \frac{RT_c}{8 p_c} = \frac{1}{3} V_c \qquad 4-8$$

したがって、物質の臨界定数 p_c, T_c, V_c よりファン・デル・ワールス

[*10] **＋α プラスアルファ**
電車や自動車のブレーキと同じで、分子間引力によるブレーキである。

[*11] **＋α プラスアルファ**
単位体積当たりの物質量 $\frac{n}{V}$ をモル密度という。また、単位体積当たりの分子数を数密度 ρ_N という。体積 V [m³] の中に物質量 n [mol] が存在すれば、$\rho_N = \frac{nN_A}{V}$ となる。ここで N_A はアボガドロ定数である。

[*12] **＋α プラスアルファ**
式4-5は p-V_m 曲線の勾配が臨界点で0となり、式4-6は変曲点となることを示しているので、1次微分と2次微分がいずれも0になる。

[*13] **＋α プラスアルファ**
式4-5と式4-6は、偏微分と呼ばれ、p, V_m, T の3変数の中で、$T = T_c$ 一定で圧力 p をモル体積 V_m で微分することを意味している。

WebにLink
導出過程を示す。

定数 a, b を求めることができる。ただし，V_c の値は必ずしも報告されているとはかぎらず，また測定精度もやや劣ることなどから，p_c および T_c のデータから a および b を求めることが望ましい。いくつかの代表的な物質の臨界定数は，表 2-1 に示されている。

> **例題 4-2** ファン・デル・ワールス式を使って，メタンの $-40\,°C$，$5.10\,MPa$ におけるモル体積 $[cm^3 \cdot mol^{-1}]$ と密度 $\rho\,[kg \cdot m^{-3}]$ を求めよ。また，理想気体で近似した例題 4-1 および実測値 $298\,cm^3 \cdot mol^{-1}$ と比較・考察せよ
>
> **解答** 表 2-1 の臨界定数を用いてメタンのファン・デル・ワールス定数 a および b を式 4-7，式 4-8 より計算する。
>
> $$a = \frac{27 R^2 T_c^2}{64 p_c} = \frac{27 \times (8.314 \times 190.4)^2}{64 \times 4.60 \times 10^6}$$
>
> $$= 0.230\,Pa \cdot m^6 \cdot mol^{-2}$$
>
> $$b = \frac{R T_c}{8 p_c} = \frac{8.314 \times 190.4}{8 \times 4.60 \times 10^6} = 4.30 \times 10^{-5}\,m^3 \cdot mol^{-1}$$
>
> 式 4-3 を整理すると，次のように V_m についての 3 次式が得られる。
>
> $$V_m^3 - \left(b + \frac{RT}{p}\right) V_m^2 + \left(\frac{a}{p}\right) V_m - \frac{ab}{p} = 0$$
>
> これに得られた a, b の値を代入すると，次式となる。
>
> $$V_m^3 - 4.23 \times 10^{-4} V_m^2 + 4.50 \times 10^{-8} V_m - 1.94 \times 10^{-12} = 0$$
>
> 試行法[*14]で解くと，次のようになる。
>
> $$V_m = 2.91 \times 10^{-4}\,m^3 \cdot mol^{-1} = 291\,cm^3 \cdot mol^{-1}$$
>
> $$\rho = \frac{0.01604}{2.91 \times 10^{-4}} = 55.1\,kg \cdot m^{-3}$$
>
> 一方，理想気体とすると，例題 4-1 より，$380\,cm^3 \cdot mol^{-1}$ を得る。実測値 $298\,cm^3 \cdot mol^{-1}$ と比べて，ファン・デル・ワールス式が良好である。また，加圧気体を理想気体で近似すると，例題 4-1 と同様に誤差が大きくなり，理想気体では $1\,m^3$ 耐圧容器の充填量 $42.2\,kg$ に対して，ファン・デル・ワールス式では $55.1\,kg$ であり，実測の $53.8\,kg$ と良好に一致する。

[*14] **ヒント** 直接 V_m の値を代入して，繰り返し計算（試行錯誤）し，3 次式が 0 になる解（V_m）を見出す。こうして解く方法を試行法という。初期値には，理想気体と仮定した V_m を用いることが多い。よく使われる数値計算法にニュートン-ラプソン法などがある。

2. 等温線と蒸気圧 温度一定の p-V_m 関係を表す曲線を **等温線** という。図 4-4 に示すように，圧力 p を縦軸にモル体積 V_m を横軸で表した状態図において，臨界温度 T_c 以上の温度域での等温線 T_1 では液化することがない（気液共存線と交わらない）ので **非凝縮性気体** と呼び，T_c 以下の温度域（等温線 T_2）での **凝縮性気体**（加圧により液化する）と区別することがある[*15]。

[*15] **Let's TRY!!** 身近な気体が室温で，非凝縮性気体か凝縮性気体かを分類してみよう。
（例）
非凝縮性気体：水素，窒素
凝縮性気体：プロパン，二酸化炭素

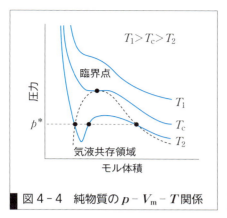

図4-4 純物質の p-V_m-T 関係

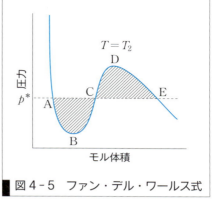

図4-5 ファン・デル・ワールス式

また、臨界温度 T_c 以下の温度では、等温線（p-V_m 曲線）は、図4-4に示すように、極小と極大を示す。このことから、ファン・デル・ワールス式は、1つの式で液相と気相を表現することができる。概略を図4-5に示す。図中のA点が飽和液[*16]を示し、E点が飽和蒸気を表す。これらの点は、A-B（極小点）-C が作る面積と C-D（極大点）-E が作る面積が等しくなるように決定され、この場合の圧力 p^* が**蒸気圧**となる。これを**マクスウェルの等面積則**[*17] と呼び、気相と液相の平衡条件から導かれる。

4-2-2 ビリアル状態方程式

分子間引力パラメータ a および分子サイズパラメータ b を導入したファン・デル・ワールス式については、すでに述べたとおりである。一方、実在気体の状態方程式として、以下に述べる**ビリアル状態方程式**[*18] も有用であり、ライデン型とベルリン型がある。

1. 圧縮因子　理想気体では $pV_m = RT$ が成り立つが、このことを端的に示すため、**圧縮因子** Z を次式で定義する。

$$Z = \frac{pV}{nRT} = \frac{pV_m}{RT} \qquad 4-9$$

すなわち、理想気体では $Z = 1$ となり無次元量である[*19]。実在気体では $Z = 1$ からの偏倚を補正した次のビリアル状態方程式がある。

2. ライデン型ビリアル状態方程式　実在気体であっても、モル体積 V_m が十分大きくなると（すなわち分子間距離が十分に長くなり）分子の大きさや分子間引力の効果は無視できるようになるため、理想気体の法則に近づく。このことから、実在気体の Z を $\frac{1}{V_m}$ で展開して表現すると次式となる。

[*16] **＋α プラスアルファ**

飽和液とは、純物質がある温度で蒸発と凝縮を繰り返して密閉容器の中で一定の圧力 p^* を持つ液体のことである。このとき飽和液と相平衡（7-1節参照）状態にある気体を**飽和蒸気**と呼ぶ。

[*17] **＋α プラスアルファ**

6章で出てくるギブスエネルギー G を用いて、熱力学平衡条件より証明できる。

[*18] **＋α プラスアルファ**

ビリアル（virial）は、ラテン語で「力」の意味があり、章とびら（p.55）の写真に示すオネスが1901年に提案したといわれている。

[*19] **Let's TRY!!**

理想気体の圧縮因子 Z は、定義より常に1であることを覚えよう。式4-9で定義される Z の単位が圧力 p、モル体積 V_m、温度 T の単位から組み立てると、無次元となることを確かめよう。

$$Z = 1 + \frac{B}{V_m} + \frac{C}{V_m^2} + \cdots \qquad 4-10$$

ここで、B は**第2ビリアル係数**、C は**第3ビリアル係数**と呼ばれ、それぞれ温度の関数である。十分大きな V_m の場合($V_m \to \infty$)には、$Z=1$(理想気体)になる。

3. ベルリン型ビリアル状態方程式 同様に、圧力 p が十分に低くなると(つまりモル体積が十分に大きくなることに相当するので)、実在気体は理想気体の法則に近づく。このことから、実在気体の圧縮因子を圧力で展開すると、次式となる。

$$Z = 1 + B'p + C'p^2 + \cdots \qquad 4-11$$

ここで、B'、C' はそれぞれ第2ビリアル係数、第3ビリアル係数で、温度の関数である。また、圧力が十分低くなると($p \to 0$)、$Z=1$(理想気体)となる。

4. 第2ビリアル係数 ある程度の加圧気体であれば(一般に臨界密度の $\frac{1}{2}$ 程度まで)、**第2ビリアル係数**までの展開で近似できる。

$$Z = 1 + \frac{B}{V_m} \quad (\text{ライデン型}) \qquad 4-12$$

一方、ベルリン型の B' とライデン型の B との間には $B' = \frac{B}{RT}$ の関係があるので[20]、次式となる。

$$Z = 1 + \frac{Bp}{RT} \quad (\text{ベルリン型}) \qquad 4-13$$

なお、経験的に T_c 以下の領域ではライデン型、T_c 以上ではベルリン型が良好な結果を与えることが知られている。式 4-12 あるいは式 4-13 の適用にあたっては、第2ビリアル係数 B が必要

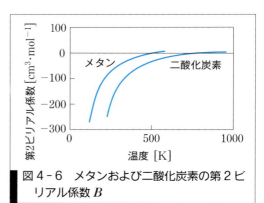

図 4-6 メタンおよび二酸化炭素の第2ビリアル係数 B

になるが、たとえばメタンと二酸化炭素については図 4-6 のようになる。

図に見られるように、低温域で $B<0$ であり高温域では $B>0$ である。その間に $B=0$ となる温度が存在するが、この温度を**ボイル温度** T_B[K] と呼ぶ。図 4-6 のメタンおよび二酸化炭素のボイル温度は、それぞれ約 500 K および約 700 K である[21]。ボイル温度では $B=0$ となるので、近似的に理想気体の状態方程式($Z=1$)が適用できる。

---

[20] **+α プラスアルファ**
ライデン型の第2ビリアル係数 B とベルリン型の第2ビリアル係数 B' の関係は演習問題 4-B1 より導かれる。

[21] **Let's TRY!!**
ボイル温度 T_B は、臨界温度以上である。メタンと二酸化炭素について $\frac{T_B}{T_c}$ の値を求めてみよう。

式4-10および式4-11で右辺第2項が0となり，さらに第3項以降の高次の項の寄与が小さく無視できるからである。

> **例題 4-3** ビリアル状態方程式よりメタンの $-40\,^\circ\mathrm{C}$，$5.10\,\mathrm{MPa}$ におけるモル体積 $[\mathrm{cm^3 \cdot mol^{-1}}]$ を求めよ。この温度の B は $-77\,\mathrm{cm^3 \cdot mol^{-1}}$ である。
>
> **解答** 表2-1の臨界定数より $T_\mathrm{c} = 190.4\,\mathrm{K}$ であり，臨界温度以上の気相領域であるので，式4-13のベルリン型を適用する。Z の値を求め，式4-9の圧縮因子の定義より，モル体積 V_m を求める。
>
> $$Z = 1 + \frac{Bp}{RT} = 1 + \frac{-77 \times 10^{-6} \times 5.10 \times 10^6}{8.314 \times 233.15} = 0.797$$
>
> $$V_\mathrm{m} = \frac{0.797 \times 8.314 \times 233.15}{5.10 \times 10^6} = 3.03 \times 10^{-4}\,\mathrm{m^3 \cdot mol^{-1}}$$
> $$= 303\,\mathrm{cm^3 \cdot mol^{-1}}$$
>
> 例題4-2の実測値 $298\,\mathrm{cm^3 \cdot mol^{-1}}$，ファン・デル・ワールス式 $291\,\mathrm{cm^3 \cdot mol^{-1}}$，理想気体の式 $380\,\mathrm{cm^3 \cdot mol^{-1}}$ と比べて第2ビリアル係数までの近似ではあるが，ファン・デル・ワールス式と同程度に良好である。

4・3 対応状態原理

工学的に有用なこの原理は，ファン・デル・ワールスによって提案されたものであり，高圧領域では精度が高いことが知られている。すでに2章で述べたように，物質には臨界点が存在する。臨界点での値（臨界定数）を p_c, V_c, T_c とし，これらを用いて任意の状態の p, V_m, T を次のように無次元化した値を**対臨界値**と呼んでいる。

$$p_\mathrm{r} = \frac{p}{p_\mathrm{c}}, \quad V_\mathrm{r} = \frac{V_\mathrm{m}}{V_\mathrm{c}}, \quad T_\mathrm{r} = \frac{T}{T_\mathrm{c}} \qquad 4\text{-}14$$

これらの対臨界値を用いることで，プロセス設計で必要とされる種々の物性値の推算法[*22]として有用な対応状態原理が導出される。

4・3・1 対応状態原理

上述の式4-14で定義される対臨界値を用いると，式4-3のファン・デル・ワールス式は，次のように変形できる。

$$\left(p_\mathrm{r} + \frac{3}{V_\mathrm{r}^2}\right)\left(V_\mathrm{r} - \frac{1}{3}\right) = \frac{8}{3}T_\mathrm{r} \qquad 4\text{-}15$$

ここで，式4-15の意味するところを考えてみよう。状態方程式は $f(p_\mathrm{r}, V_\mathrm{r}, T_\mathrm{r}) = 0$ となり，個々の物質固有の定数は含まれていないこ

[*22]
工学ナビ
工業的なアンモニア合成（$\mathrm{N_2 + 3H_2 \rightarrow 2NH_3}$）やエタノール合成（$\mathrm{C_2H_4 + H_2O \rightarrow C_2H_5OH}$）は，それぞれ200気圧および40気圧の高圧プロセスである。これらの例にみられるように，工業的には高圧プロセスが多く，プラント設計には高圧実在気体の物性値が不可欠である。その際本章で学んだファン・デル・ワールス式，ビリアル状態方程式および対応状態原理が有用になる。より高圧領域になると，対応状態原理の適用のほうが良好である。

*23 **Let's TRY!!**
例題 4-5 を解いて，対応状態原理の意味するところを実感しよう。

とがわかる。すなわち，対臨界値を用いて表現すると $p-V_\mathrm{m}-T$ 関係は物質の種類によらず，あらゆる物質に共通になることが示される。したがって，対臨界値が等しい場合（対応状態にある）には，あらゆる物質の $p-V_\mathrm{m}-T$ 関係が同一になる[*23]。このことを一般に**対応状態原理**と呼んでいる。対応状態原理が成立すれば，すべての物質の $p-V_\mathrm{m}-T$ 関係が一枚の線図で表現することができ，工学的にきわめて便利となる。

> **例題 4-4** ファン・デル・ワールス式を無次元化した式 4-15 を導け。
>
> **解答** ファン・デル・ワールス式 4-3 に，式 4-7 より得られる $a = 3p_\mathrm{c} V_\mathrm{c}^2$ および式 4-8 より得られる $b = \dfrac{RT_\mathrm{c}}{8p_\mathrm{c}}$ を代入して整理し，式 4-14 で定義される対臨界値を用いると，次式が得られる。
>
> $$p_\mathrm{r} + \frac{3}{V_\mathrm{r}^2} = \frac{8RT}{8p_\mathrm{c} V_\mathrm{m} - RT_\mathrm{c}} \qquad (\mathrm{a})$$
>
> さらに，式 4-7 より得られる $p_\mathrm{c} = \dfrac{3RT_\mathrm{c}}{8V_\mathrm{c}}$ を式 (a) に代入すると，次式が容易に求められる。
>
> $$\left(p_\mathrm{r} + \frac{3}{V_\mathrm{r}^2}\right)\left(V_\mathrm{r} - \frac{1}{3}\right) = \frac{8}{3} T_\mathrm{r} \qquad (\mathrm{b})$$

4-3-2 一般化線図

圧縮因子は，式 4-9 で定義されるが，臨界点においては次式となる。

$$Z_\mathrm{c} = \frac{p_\mathrm{c} V_\mathrm{c}}{RT_\mathrm{c}} \qquad 4\text{-}16$$

この Z_c を**臨界圧縮因子**という。さらに，式 4-14 の対臨界値と Z_c を用いると，圧縮因子は次のようになる。

$$Z = Z_\mathrm{c} \frac{p_\mathrm{r} V_\mathrm{r}}{T_\mathrm{r}} \qquad 4\text{-}17$$

すでに述べたように，対応状態原理が成立すれば $p_\mathrm{r}-V_\mathrm{r}-T_\mathrm{r}$ 関係は，あらゆる物質について共通となるので，Z_c が物質によらない一定値となれば，圧縮因子 Z は物質共通に 1 枚の線図で表すことができる。

上述の圧縮因子の値を調べると，表 4-1 のようになる。

表 4-1 臨界圧縮因子（表 2-1 を参照）

Z_c	代表的な物質
0.235	水
0.24～0.26	アンモニア，エステル，アルコール
0.26～0.28	炭化水素
0.28～0.30	酸素，メタン，窒素，アルゴン，クロロホルム

表 4-1 にみられるように，極性の強い水の Z_c は小さく，窒素などの無極性で小さな分子の Z_c は大きくなる傾向にあるが，物質群のなか

でも約60％を占める炭化水素類のZ_cは0.26～0.28である。たとえば，プロパン，ブタン，エチレン，ベンゼンのZ_cは，それぞれ0.281，0.274，0.280，0.271である[*24]。そこで平均値として$Z_c = 0.27$を基準にとり（すなわちZ_cを一定値として），式4-17よりZ線図を作成すると，物質群に共通な一枚の線図を得ることができる。このように物質共通な線図となるので**一般化線図**と呼んで，物性推算に広く活用されている[*25]。一例として，モル体積計算に有用な実在気体の一般化Z線図を図4-7に示す。

[*24] **Let's TRY!!**
表2-1の臨界定数を用いて，以下の例に示したプロパンのZ_cの計算と同じようにブタン，エチレン，ベンゼンのZ_cを求めてみよう。
（例）プロパン
$$Z_c = \frac{4.25 \times 10^6 \times 203 \times 10^{-6}}{8.314 \times 369.8}$$
$$= 0.281$$

[*25] **工学ナビ**
液体の密度，表面張力，蒸気圧，粘度などさまざまな物性値の推算に用いられている。たとえば，佐藤一雄，「物性定数推算法」，丸善(1977)がある。

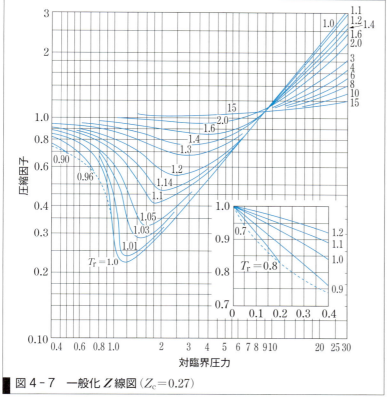

図4-7 一般化Z線図（$Z_c=0.27$）

（荒井ら「計算機化学工学」, p.23, オーム社(1992)より）

例題 4-5 窒素，メタン，二酸化炭素の蒸気圧データが次表のように与えられている。これら3物質の蒸気圧pを温度Tに対してプロットせよ。次に$\left(\dfrac{p}{p_c}\right)$を縦軸に，$\left(\dfrac{T}{T_c}\right)$を横軸としたプロットを試み，この図の意味を考察せよ。

窒素	T [K]	70	80	90	100	110	120
	p [MPa]	0.0386	0.137	0.3608	0.779	1.4673	2.5135
メタン	T [K]	100	120	140	160	180	190
	p [MPa]	0.03448	0.19193	0.64191	1.5916	3.2827	4.5153
二酸化炭素	T [K]	220	240	260	280	290	300
	p [MPa]	0.5996	1.283	2.4194	4.1595	5.3152	6.7095

（日本機械学会「技術資料流体の熱物性値集」，丸善(1983)より）

解答 表の数値を物質ごとに温度 T[K] に対して蒸気圧 p[MPa] をプロットすると，左図(a)のように物質ごとに個々の曲線になるが，対臨界値 p_r および T_r で示すと，右図(b)のように曲線が重なり1本の曲線で表現される。このように物質共通の1つの曲線（状態）で表すことができ，これが対応状態原理の適用の一例となる[*26]。

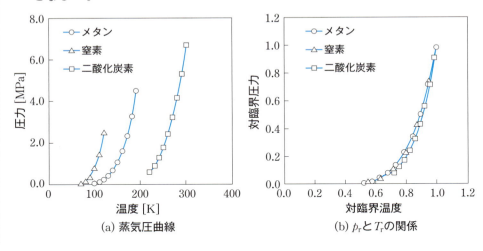

(a) 蒸気圧曲線 (b) p_r と T_r の関係

[*26] **工学ナビ**
この例題では蒸気圧について対応状態原理を説明している。図4-7では圧縮因子 Z についての適用を示す。実用上（工学的）には，このほかに液体密度，エンタルピー，エントロピーなどの種々の物性値が必要とされるが対応状態に基づく重要な線図が作成されていて，それらが利用できる。

[*27] **ヒント**
Z 線図の読み取り方法
(1) 与えられた条件 T と物質の T_c から T_r を計算する。
(2) 与えられた条件 p と物質の p_c から p_r を計算する。
下図交点から Z を求める。

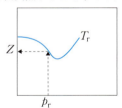

例題 4-6 対応状態原理に基づく Z 線図を使って，メタンの -40 ℃，5.10 MPa におけるモル体積 [cm³·mol⁻¹] を求めよ[*27]

解答 対臨界値 T_r と p_r を求め，図4-7より Z 値を読み，V_m を求める。

$$T_r = \frac{233.15}{190.4} = 1.22, \quad p_r = \frac{5.10}{4.60} = 1.11, \quad Z = 0.79$$

$$V_m = ZR\frac{T}{p} = 0.79 \times 8.314 \times \frac{233.15}{5.10 \times 10^6} = 300 \text{ cm}^3 \cdot \text{mol}^{-1}$$

例題4-2および例題4-3の結果と比べて，Z 線図はファン・デル・ワールス式およびビリアル状態方程式より実験値との一致は良好である。以上の3種の計算方法をまとめて示す[*28]。ファン・デル・ワールス式，ビリアル状態方程式および対応状態原理が実在気体を表す工学的に有力な手段であり，温度，圧力条件，使用目的に応じて最良の手法を適用する。

4.4 混合物への適用

実在気体の特性値 (p, V_m, T) を求めるため，状態方程式および対応状態原理について説明したが，これらは純物質についてのものである。一方，工業的には純物質のみならず多くの混合物を取り扱う[*29]。そのため，混合物にどのように応用していくかが重要となる。

4.4.1 ファン・デル・ワールス式の適用

実在気体の $p-V_m-T$ 関係を表す状態方程式の1つとして，式 4-3 に示されるファン・デル・ワールス式がある。必要な定数 a および b は，それぞれ式 4-7 および式 4-8 で求めることができるが，これらはある物質（純物質）についてのものである。したがって，混合気体にファン・デル・ワールス式を適用する場合には，混合物の定数 a および b を求める必要がある。混合気体のモル分率を x とすると，定数 a および b は一般に次式で与えられる。定数 a は分子 i と分子 j の相互作用を意味して，各モル分率の2次式となるが，定数 b は各分子サイズの1次式になる。

$$a = \sum_i \sum_j x_i x_j a_{ij} \qquad 4-18$$

$$b = \sum_i x_i b_i \qquad 4-19$$

いま，2成分系混合気体について考えると，それぞれ次式となる。

$$a = x_1^2 a_{11} + 2 x_1 x_2 a_{12} + x_2^2 a_{22} \qquad 4-20$$

$$b = x_1 b_1 + x_2 b_2 \qquad 4-21$$

ここで，a_{11} および a_{22} はそれぞれ純物質1と2の定数 a_1 および a_2 のことであり，b_1 および b_2 は同様に各純物質の b を意味する。なお，異種分子間の定数 a_{12} には，通常次の幾何平均則を用いることが多い[*30]。

$$a_{12} = \sqrt{a_{11} a_{22}} = \sqrt{a_1 a_2} \qquad 4-22$$

例題 4-7 窒素（モル分率 0.424）＋二酸化炭素（モル分率 0.576）混合気体の 0 ℃，6.73 MPa における密度 ρ [kg·m^{-3}] をファン・デル・ワールス式より求めよ。なお，異種分子間の引力パラメータ a_{12} は，式 4-22 で求めてよい。また，理想気体と仮定した場合はどのようになるか比較せよ。さらに，この条件における実測値 148 kg·m^{-3} と比較・考察せよ。

解答 表 2-1 の臨界定数を用いて，窒素 (1) と二酸化炭素 (2) のファン・デル・ワールス定数 a および b を式 4-7 および式 4-8 で計算する。

[*28] **プラスアルファ**
本章で学んだ3種の実在気体の取り扱いは，高圧気体の適用にきわめて有力である。理想気体の状態方程式も含めた比較表を示す。
WebにLink 比較表

[*29] **Let's TRY!**
たとえば身近な空気も N_2, O_2 をはじめとする混合物である。また，天然ガスは CH_4 が主成分であるが，このほかにどのような成分がどれだけ含まれているかを調べてみよう。

[*30] **プラスアルファ**
一般に引力などエネルギーに関しては幾何平均を用い，分子の大きさには算術平均を用いる。

$$a_1 = \frac{27 \times (8.314 \times 126.1)^2}{64 \times 3.39 \times 10^6} = 0.137 \text{ Pa·m}^6 \text{·mol}^{-2}$$

$$a_2 = \frac{27 \times (8.314 \times 304.1)^2}{64 \times 7.38 \times 10^6} = 0.365 \text{ Pa·m}^6 \text{·mol}^{-2}$$

$$b_1 = \frac{8.314 \times 126.2}{8 \times 3.39 \times 10^6} = 3.87 \times 10^{-5} \text{ m}^3 \text{·mol}^{-1}$$

$$b_2 = \frac{8.314 \times 304.1}{8 \times 7.38 \times 10^6} = 4.28 \times 10^{-5} \text{ m}^3 \text{·mol}^{-1}$$

次に，混合物のパラメータ a，b を式 4-20 と式 4-21 で計算するが，異種分子間のパラメータ a_{12} は式 4-22 で計算される。

$$a_{12} = \sqrt{0.137 \times 0.365} = 0.224 \text{ Pa·m}^6 \text{·mol}^{-2}$$

以上のパラメータを用いて，混合物のパラメータを題意の組成で計算することができる。

$$a = (0.424)^2 \times 0.137 + 2 \times 0.424 \times 0.576 \times 0.224 + (0.576)^2 \times 0.365$$
$$= 0.255 \text{ Pa·m}^6 \text{·mol}^{-2}$$
$$b = 0.424 \times 3.87 \times 10^{-5} + 0.576 \times 4.28 \times 10^{-5}$$
$$= 4.11 \times 10^{-5} \text{ m}^3 \text{·mol}^{-1}$$

これより例題 4-2 で示した 3 次式を求めると，次式となる。

$$V_m^3 - 3.79 \times 10^{-4} V_m^2 + 3.79 \times 10^{-8} V_m - 1.56 \times 10^{-12} = 0$$

試行法で解くと，次のようになる。

$$V_m = 2.54 \times 10^{-4} \text{ m}^3 \text{·mol}^{-1} = 254 \text{ cm}^3 \text{·mol}^{-1}$$

一方，理想気体として求めると，次の結果を得る。

$$V_m = 8.314 \times \frac{273.15}{6.73 \times 10^6} = 3.37 \times 10^{-4} \text{ m}^3 \text{·mol}^{-1}$$
$$= 337 \text{ cm}^3 \text{·mol}^{-1}$$

混合気体の密度を計算するためには，平均分子量が必要になる。前見返しの周期表より $M_1 = 28.02 \times 10^{-3}$ kg·mol^{-1} と $M_2 = 44.01 \times 10^{-3}$ kg·mol^{-1} を得る。平均モル質量は，$\overline{M} = 28.02 \times 10^{-3} \times 0.424 + 44.01 \times 10^{-3} \times 0.576 = 37.23 \times 10^{-3}$ kg·mol^{-1} となる。ファン・デル・ワールス式による密度と理想気体による密度は，$\rho = \dfrac{\overline{M}}{V_m}$ より求められる。ファン・デル・ワールス式は 147 kg·m^{-3}，理想気体では 107 kg·m^{-3} となる。実測値 148 kg·m^{-3} と比較すると，ファン・デル・ワールス式はほぼ一致して良好である。一方，理想気体とすると誤差が大きくなる。

4-4-2 ビリアル状態方程式の適用

式 4-12 あるいは式 4-13 で実在気体の圧縮因子 Z を求めることができる。これを混合物に適用するために，次式のように第 2 ビリアル

係数を組成（モル分率）の関数として与える。

$$B = \sum_i \sum_j x_i x_j B_{ij} \qquad 4-23$$

いま，2成分系混合物へ適用すると，式4-23は次式となる。

$$B = x_1^2 B_{11} + 2x_1 x_2 B_{12} + x_2^2 B_{22} \qquad 4-24$$

ここで，B_{11} と B_{22} は純物質1と純物質2の第2ビリアル係数であり，B_{12} は成分1と成分2の相互作用に基づく交差第2ビリアル係数である。

例題 4-8 例題4-7の窒素＋二酸化炭素混合気体の0℃，6.73 MPaにおける密度 ρ [kg·m^{-3}] をビリアル状態方程式より求めよ。必要な第2ビリアル係数 $B_{11} = -11$ cm^3·mol^{-1}，$B_{22} = -151$ cm^3·mol^{-1}，$B_{12} = -50$ cm^3·mol^{-1} を用いてよい。

解答 式4-24より混合物のビリアル係数を求めることができる。

$$B = (0.424)^2 \times (-11) + 2 \times 0.424 \times 0.576 \times (-50) + (0.576)^2 \times (-151)$$
$$= -76 \text{ cm}^3 \cdot \text{mol}^{-1}$$

$$Z = 1 + \frac{Bp}{RT} = 1 + \frac{-76 \times 10^{-6} \times 6.73 \times 10^6}{8.314 \times 273.15} = 0.775$$

$$V_m = \frac{0.775 \times 8.314 \times 273.15}{6.73 \times 10^6} = 2.62 \times 10^{-4} \text{ m}^3 \cdot \text{mol}^{-1}$$

平均モル質量 $\overline{M}$ は，例題4-7の 37.23×10^{-3} kg·mol^{-1} を用いる。

$$\rho = \frac{\overline{M}}{V_m} = \frac{37.23 \times 10^{-3}}{2.62 \times 10^{-4}} = 142 \text{ kg} \cdot \text{m}^{-3}$$

実測値 148 kg·m^{-3} と比べるとファン・デル・ワールス式と同程度に計算可能である。

4-4-3 対応状態原理の適用

対応状態原理に基づく一般化線図（たとえば Z 線図）より，物質の特性値を求めるためには臨界定数 p_c および T_c を必要とするが，混合気体の場合には，次式を用いることが提唱されている。

$$p_c' = \sum_i x_i p_{ci} \qquad 4-25$$

$$T_c' = \sum_i x_i T_{ci} \qquad 4-26$$

いま，2成分系混合物に適用すると，それぞれ次式となる。

$$p_c' = x_1 p_{c1} + x_2 p_{c2} \qquad 4-27$$

$$T_c' = x_1 T_{c1} + x_2 T_{c2} \qquad 4-28$$

混合気体については，$p_r = \dfrac{p}{p_c'}$ および $T_r = \dfrac{T}{T_c'}$ として対臨界値を求め，一般化線図を使用すればよい。なお，混合物にも純物質同様に臨界点が存在するが，上記の p_c' と T_c' は混合物の値とは異なるため，これ

らは**仮臨界値**と呼ばれている。

例題 4-9 対応状態原理に基づいて作成された Z 線図を用いて，前の例題 4-7 および例題 4-8 の N_2+CO_2 混合気体の密度 $[kg\cdot m^{-3}]$ を求めよ。実測値は $148\,kg\cdot m^{-3}$ である。ファン・デル・ワールス式およびビリアル状態方程式の結果も含め比較せよ。

解答 表 2-1 を用いて，仮臨界値を式 4-27，4-28 より計算する。
$$p_c' = 3.39\times10^6\times0.424 + 7.38\times10^6\times0.576 = 5.69\times10^6\,\text{Pa}$$
$$T_c' = 126.2\times0.424 + 304.1\times0.576 = 228.7\,\text{K}$$
この仮臨界値を用いて T_r と p_r を求め，図 4-7 より Z 値を読み取る。
$$T_r = \frac{273.15}{228.7} = 1.19,\ p_r = \frac{6.73}{5.69} = 1.18,\ Z = 0.74\ \text{より}$$
$$V_m = \frac{ZRT}{p} = \frac{0.74\times8.314\times273.15}{6.73\times10^6} = 2.5\times10^{-4}\,\text{m}^3\cdot\text{mol}^{-1}$$
平均モル質量 $\overline{M}$ は，例題 4-7 の $37.23\times10^{-3}\,kg\cdot mol^{-1}$ を用いる。
$$\rho = \frac{\overline{M}}{V_m} = \frac{37.23\times10^{-3}}{2.5\times10^{-4}} = 150\,\text{kg}\cdot\text{m}^{-3}\ \text{となり，実測値}\,148\,kg\cdot m^{-3}$$
との一致は良好である。この対応状態原理は，ファン・デル・ワールス式およびビリアル状態方程式と比べて同程度に良好である。理想気体では $110\,kg\cdot m^{-3}$ であり，純物質と同様に混合物でも誤差が大きいことが示される。

WebにLink
演習問題の解答

演習問題 A 基本の確認をしましょう

4-A1 二酸化炭素のファン・デル・ワールス定数 a および b を表 2-1 の臨界定数 (T_c, p_c) より計算し，273.15 K，2.58 MPa における気体密度 $[kg\cdot m^{-3}]$ を求め，理想気体および実測値 $63.6\,kg\cdot m^{-3}$ と比較・考察せよ。

4-A2 二酸化炭素の第 2 ビリアル係数 B 値は，273.15 K で $-151\,cm^3\cdot mol^{-1}$ である。この値を使って 273.15 K，2.58 MPa における気体密度 $[kg\cdot m^{-3}]$ を求めよ。また，演習問題 **4-A1** の結果と比較せよ。

4-A3 エタンの 344 K，6.89 MPa におけるモル体積 $[m^3\cdot mol^{-1}]$ を理想気体の状態方程式，ファン・デル・ワールス式，ビリアル状態方程式および対応状態原理による Z 線図を使用した場合について求めよ。第 2 ビリアル係数はこの温度で $-136.1\times10^{-6}\,m^3\cdot mol^{-1}$ である。なお，実測値は $2.43\times10^{-4}\,m^3\cdot mol^{-1}$ である。得られた結果

について4種類の方法を比較・考察せよ。

演習問題　B　もっと使えるようになりましょう

4-B1 ライデン型の第2ビリアル係数Bとベルリン型の第2ビリアル係数B'の関係を知ることは，ビリアル状態方程式の応用において重要である。BとB'の関係を導け。

4-B2 ファン・デル・ワールス式より，式4-16で与えられる臨界圧縮因子Z_cを求め，それが物質によらないことを示せ。

4-B3 等温圧縮率κ_Tおよび定圧膨張率αは，次式で定義される[*31]。

$$\kappa_T = -\frac{1}{V_m}\left(\frac{\partial V_m}{\partial p}\right)_T, \quad \alpha = \frac{1}{V_m}\left(\frac{\partial V_m}{\partial T}\right)_p$$

理想気体のκ_Tおよびαを求めよ。また，状態方程式が次式で与えられる場合（ファン・デル・ワールス式の斥力項のみの式）についても求めよ。その結果より，分子サイズbがκ_Tおよびαにおよぼす影響を考察せよ。

$$p = \frac{nRT}{V-nb} = \frac{RT}{V_m - b}$$

4-B4 メタン(1) + プロパン(2)の2成分系混合気体がある。モル分率$x_1 = 0.5$，圧力5.07 MPa，温度343 Kでのモル体積を，ファン・デル・ワールス式および対応状態原理によるZ線図を使用した場合について求めよ。なお，実測値は4.44×10^{-4} m$^3\cdot$mol^{-1}である。

4-B5 ビリアル状態方程式を用いて，上記演習問題4-B4と同じ混合気体のモル体積を求めよ。ここでは第2ビリアル係数までで近似できるとし，計算に必要な第2ビリアル係数には，$B_{11} = -2.86 \times 10^{-5}$ m$^3\cdot$mol^{-1}，$B_{22} = -2.92 \times 10^{-4}$ m$^3\cdot$mol^{-1}，$B_{12} = -9.96 \times 10^{-5}$ m$^3\cdot$mol^{-1}を用いてよい。

[*31] ＋α プラスアルファ
圧縮により気体の体積は減少するので，$\frac{\partial V_m}{\partial p}$の値は負になる。この値を正の数値で表すために（マイナス）をつけ，もとの体積V_mに対する減少率として，等温圧縮率κ_Tを定義する。同様にして，温度上昇による体積の増加率（$\frac{\partial V_m}{\partial T}$の値は正となる）を定圧膨張率と定義する。これらは，気体の性質を示す重要な指標である。

あなたがここで学んだこと

この章であなたが到達したのは

- ☐ 実在気体が理想気体の法則 $pV_m = RT$ から偏倚する原因を，分子サイズおよび分子間引力の観点から説明できる
- ☐ 臨界温度 T_c 以上での気体は非凝縮性（液化しない）で，T_c 以下の気体は凝縮性（液化する）であることを理解できる
- ☐ ファン・デル・ワールス式あるいはビリアル状態方程式を使って，実在気体の $p\text{-}V_m\text{-}T$ 関係を計算できる
- ☐ 対応状態原理に基づく一般化 Z 線図を用いて，実在気体の $p\text{-}V_m\text{-}T$ 関係を求めることができる
- ☐ 実在混合気体の $p\text{-}V_m\text{-}T$ 関係をファン・デル・ワールス式，ビリアル状態方程式および一般化 Z 線図を用いて得ることができる

　本章により，実在気体が理想気体の法則（$pV_m = RT$）より偏倚する原因は，分子の大きさと分子間引力であることが理解できるようになった。物質の状態の大きな特徴として臨界点の存在を知り，その臨界定数よりファン・デル・ワールス定数を決定できることがわかった。また，実在気体の $p\text{-}V_m\text{-}T$ を定量的に求めるために，ビリアル状態方程式および対応状態原理についても学び，それらを混合気体にも応用することができるようになった。ここで得た知識は，耐圧容器・高圧反応容器などの種々のプロセス設計や化学プラントなどの保守・保全に利用できる[*32]。

[*32] 工学ナビ
これらの知見は，将来高圧ガス取扱主任者等の国家試験を受験する際に役に立つ。

5章 熱力学第一法則

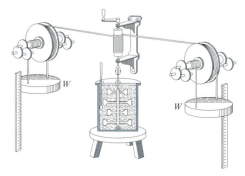

ジュールが使用した装置

　本章および次章で学習する熱力学は，18世紀に発明された蒸気機関を改良していく技術的な過程のなかで生まれた学問である。蒸気機関は「熱」を「仕事」に変換する装置であるが，当時は蒸気機関の変換効率が何によって決まるのかわかっておらず，経験に基づき試行錯誤しながら製作していた。一方で当時，「熱」は熱素と呼ばれる質量を持たない物質として扱われていたため，「仕事」に変換されたあとも減少せず保存されると考えられていた。しかしその後，ジュールにより「熱」と「仕事」は等価なエネルギー移動の一形態であることが実験において証明されたことで，「熱エネルギー」と「仕事によるエネルギー」の和は一定に保たれるとする「エネルギー保存則」が広く認められ，熱力学第一法則として確立された。

● この章で学ぶことの概要

熱力学第一法則を理解し，これを数式によって表現することができるようになる。また，熱力学第一法則を異なった条件のもとで適用することで，状態変化にともなう熱量と仕事，状態量の変化量も計算することができるようになる。さらに，25℃における標準反応熱の簡便な求め方と任意の温度における反応熱を計算できるようになることで，熱力学第一法則の化学への応用力を身につける。

> **予習 授業の前にやっておこう!!**
>
> 仕事 = 外力 × 物体の移動距離で定義される。
> $1\,\mathrm{N} = 1\,\mathrm{kg\cdot m\cdot s^{-2}}$, $1\,\mathrm{J} = 1\,\mathrm{N\cdot m}$, $1\,\mathrm{Pa} = 1\,\mathrm{N\cdot m^{-2}}$ の関係がある。
>
> 1. 質量 50.0 kg の物体を 5.00 m 高く持ち上げるために必要な仕事〔J〕を求めよ。重力加速度は $9.807\,\mathrm{m\cdot s^{-2}}$ とする。
>
> 2. 質量 50.0 kg の物体を 5.00 m の高さから 1.00 kg の水の中に自然落下させた。仕事のエネルギーが完全に熱エネルギーに変換されるとして、上昇した水の温度〔K〕を求めよ。水の比熱は $4.184\,\mathrm{J\cdot K^{-1}\cdot g^{-1}}$ とする。
>
> 3. 1 mol の理想気体は、0 ℃ (273.15 K)、$1.01325 \times 10^5\,\mathrm{Pa}$ で $22.414\,\mathrm{dm^3}$ を占める。気体定数の値を $\mathrm{J\cdot K^{-1}\cdot mol^{-1}}$ の単位で、有効数字 4 桁で求めよ。
>
> 4. 理想気体 (n〔mol〕) の状態方程式を用いて、次の偏導関数を求めよ。偏導関数の右下の添字は、偏微分の計算において定数とする変数を表している。
>
>   (1) $\left(\dfrac{\partial p}{\partial T}\right)_V$ (2) $\left(\dfrac{\partial p}{\partial V}\right)_T$

5

1 過程

系をある平衡状態から別の平衡状態に変化させるときの変化のさせ方を**過程**という。熱力学ではさまざまな**状態量**[*1]について、状態変化に伴う変化量を求める。これらの変化量を計算するうえでとくに重要な過程が次に説明する**準静的過程**である。

5-1-1 準静的過程

ピストンとシリンダーからなる容器に気体を入れ、一定温度に保たれた恒温槽中に容器を浸し、温度一定の条件下で気体を圧縮することを考える。気体の圧縮はピストンに重りを載せることで行うとする。最初、系(ここでは気体)は平衡状態(平衡状態1)にあるので、系の圧力、体積などの状態量の値は定まっている(図 5-1(a))。ピストンに重りを載せ長時間放置すると、系は新たな平衡状態(平衡状態2)に到達し、状態量は再び一定の値をとる(図 5-1(b))。しかし系が圧縮されている途中の段階では、系は平衡状態にないため状態量の値は定まらない。次に同じ状態変化を重りの質量を小さくし、何段階にも分けて行うことを考える(図 5-1(c)(d)(e))。各段階において系はそれぞれ新しい平

[*1]
Don't Forget!!
1-4節の「基礎的用語」を参照のこと。
状態量とは、温度、圧力など平衡状態において定まった値をとる巨視的物理量である。状態変化にともなう状態量の変化量は過程に依存しない。

衡状態に到達し，状態量の値が定まる。しかし圧縮の途中ではその値は決まらない。重りの質量を限りなく小さくしていくと，途中の段階は限りなく多くなり，系は絶えず平衡状態を保ちながら最初から最後の状態まで変化することになる（図5-1(c)(d)(e)において，重りの質量を限りなく小さくした場合に相当）。このように系と外界が常に平衡状態を保つように状態を変化させる変化のさせ方を**準静的過程**という。

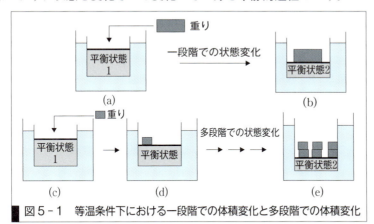

図5-1　等温条件下における一段階での体積変化と多段階での体積変化

体積変化にともなう**仕事** W [J] の定義は次式で与えられる[*2]。

$$W = -\int_{V_1}^{V_2} p_{ex} \, dV \qquad 5\text{-}1$$

ここで p_{ex} [Pa] は外界が系におよぼす圧力，外圧である。準静的過程では変化の途中における系の圧力 p [Pa] は $p = p_{ex} \pm dp$ で与えられるため，外界の圧力 p_{ex} を系の圧力 p で置き換えることができ，W は次式となる[*3]。

$$W = -\int_{V_1}^{V_2} (p \pm dp) \, dV = -\int_{V_1}^{V_2} p \, dV \qquad 5\text{-}2$$

例題 5-1 ピストンとシリンダーからなる容器に理想気体を入れ，298 K の恒温槽に浸し，平衡状態1（0.2 MPa, 5 dm³, 298 K）から平衡状態2（0.1 MPa, 10 dm³, 298 K）まで（1）〜（3）の方法によって膨張させた。
(1) 外圧を 0.1 MPa に下げて急激に膨張
(2) 外圧を 0.125 MPa に下げて 8 dm³ まで急激に膨張させ，その後外圧を 0.1 MPa に下げて 10 dm³ まで急激に膨張
(3) 準静的に膨張
　図5-2に示した①〜⑤の圧力 p - 体積 V 図の中から，（1）〜（3）の方法による仕事を示している図の番号をそれぞれ答えよ。図中の青色部分の面積が仕事を表しているとする。

[*2] **Don't Forget!!**
1-8節の「仕事」を参照のこと。右辺にはマイナスの符号がつくことに注意！

[*3] **Don't Forget!!**
dp，dV は限りなくわずかな圧力変化，体積変化を表す。したがって，$dp \times dV = 0$ とおける。

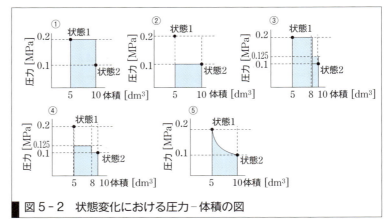

図5−2 状態変化における圧力−体積の図

[解答] 仕事は式5−1より，図5−2に示した圧力−体積図の青色部分の面積に相当する。式5−1の圧力は外圧であり，準静的過程においてのみ式5−2より系の圧力となることに注意すること。したがって，(1)の方法は②，(2)の方法は④，(3)の方法は⑤となる。また面積は過程によって異なるため，仕事は状態量ではないことがわかる。

5-1-2 可逆過程と不可逆過程

　系の状態を変化させる方法（過程）は可逆過程と不可逆過程に分類できる。系と外界の間でエネルギー（たとえば仕事や熱の形で）を出入りさせることで，系の状態を平衡状態1から平衡状態2に変化させ，再び平衡状態1に戻したとしよう。このとき外界ももとの状態に戻すことができるとき，初めの過程（平衡状態1→平衡状態2）は**可逆過程**であるという。可逆過程でない過程はすべて**不可逆過程**と呼ばれる。

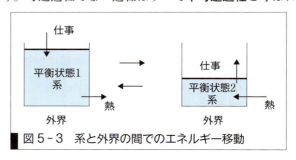

図5−3 系と外界の間でのエネルギー移動

　5-1-1項で説明した準静的過程において，限りなく質量の小さい重りを除いていくことで系を膨張させ，系の状態を平衡状態2から平衡状態1に戻したとする。このとき系と外界の間では図5−3に見られるように，最初の圧縮過程で出入りしたエネルギーと同じ量のエネルギーが出入りし，外界ももとの状態に戻ることができる[*4]。このため準静的過程は可逆過程である。しかしながら，実際の過程はすべて不可逆過程であることに注意すること。

[*4] **+α プラスアルファ**
膨張過程では，系の仕事の符号はマイナス，熱量はプラスであり，圧縮過程では系の仕事の符号はプラス，熱量はマイナスとなる。準静的過程において，膨張と圧縮にともない出入りするエネルギーの符号は変化するが，それらの絶対値は同じである。

5-2 熱力学第一法則

5-2-1 熱力学第一法則

閉鎖系[*5]では，系と外界の間で熱や仕事の形態でエネルギーが出入りし，系の状態が変化する。このとき実験を通して次のことが確かめられた。閉鎖系がある平衡状態（図 5-4 平衡状態 1）から別の平衡状態（図 5-4 平衡状態 2）に移る過程で，外界との間で出入りする熱量を Q [J]，仕事を W [J] とすると，その和 $Q + W$ は平衡状態にある系の最初の状態と最後の状態のみによって決まり，過程（変化のさせ方）によらない。これを**熱力学第一法則**という。なお，これは法則であるので証明することはできない。山頂まで山登りをする場合，何メートル登ったかは出発地点（図 5-4 右図①）と山頂（図 5-4 右図②）の位置だけで決まり，その過程（登り方）によらないのと同じである。

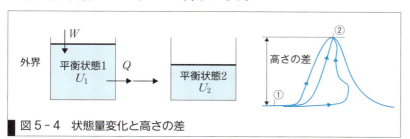

図 5-4　状態量変化と高さの差

外界との間で熱と仕事の形態でエネルギーが出入りすることで，系の内部に蓄えられているエネルギーは変化する。系の内部に蓄えられているエネルギーを**内部エネルギー**と呼び，U [J] で表す。熱力学第一法則より，内部エネルギーは系の状態だけで決まるため状態量であり，さらに系を分割した各部分の内部エネルギーの和はもとの系の内部エネルギーに等しいため**示量因子**である[*6]。したがって最初の状態 1 と最後の状態 2 における内部エネルギーを U_1 と U_2 とすると，熱力学第一法則は数式を用いて次式で与えられる。

$$U_2 - U_1 = \Delta U = Q + W \qquad 5\text{-}3$$

例題 5-1 で示したように仕事は状態量でないため，熱量も状態量ではない。もし出入りする熱量や仕事が微小量であれば，内部エネルギーの変化量もわずかとなるため式 5-3 は次式のように書かれる[*7]。

$$dU = dQ + dW \qquad 5\text{-}4$$

5-2-2 各種変化

化学の実験は一定容積の密閉容器中や一定圧力の大気中で行われることが多いため，まず定積条件下と定圧条件下において熱力学第一法則を適用してみよう。仕事として，系の体積変化をともなう仕事のみを考えることにする。

[*5] **Don't Forget!!**
1-4-3 項の「系・外界・境界」を参照のこと。
系は孤立系，閉鎖系，開放系に分類できる。

Web に Link
ジュールが行った実験について解説している。

[*6] **Don't Forget!!**
1-4 節の「基礎的用語」を参照のこと。
状態量は，体積，物質量など物質の量に依存する示量因子（示量性状態量ともいう）と圧力，温度など物質の量に依存しない示強因子（示強性状態量ともいう）に分類される。

[*7] **+α プラスアルファ**
状態量である U と，状態量でない W と Q を区別するため，$dU = d'Q + d'W$，$dU = \delta Q + \delta W$ と書くこともある。

1. 定積変化　密閉した容器中に気体を入れ，図5-5に見られるように平衡状態1から平衡状態2に変化させるとする。

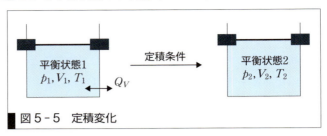

図5-5　定積変化

体積変化にともなう仕事の定義式，式5-1において，定積条件下では$V_1 = V_2$であるため，$W = 0$となる。したがって熱力学第一法則は次式となる。

$$\Delta U = Q_V \qquad 5\text{-}5$$

定積変化において，系（ここでは気体）と外界の間で出入りした熱量は系の内部エネルギー変化に等しい。なおQの右下の添字Vは定積変化であることを表している。**定積モル熱容量** $C_{V,\mathrm{m}}\,[\mathrm{J\cdot K^{-1}\cdot mol^{-1}}]$ は次式で定義される[*8]。

$$C_{V,\mathrm{m}} = \left(\frac{\partial U_{\mathrm{m}}}{\partial T}\right)_V \qquad 5\text{-}6$$

ここで，CとUの右下の添字mは1 mol当たりを表す。T_1からT_2までの温度変化にともなうΔUは，物質量を$n\,[\mathrm{mol}]$とすると式5-6より次式で与えられる。

$$\Delta U = Q_V = \int_{T_1}^{T_2} n C_{V,\mathrm{m}}\, \mathrm{d}T \qquad 5\text{-}7$$

[*8]

熱容量 $C\,[\mathrm{J\cdot K^{-1}}]$ は，系の温度を$T\,[\mathrm{K}]$から$T + \Delta T\,[\mathrm{K}]$まで変化させるために必要な熱量を$Q\,[\mathrm{J}]$とすると，次のように定義される。

$$C = \lim_{\Delta T \to 0} \frac{Q}{\Delta T}$$

定積条件下では，次式となる。

$$C_V = \lim_{\Delta T \to 0} \frac{Q_V}{\Delta T} = \lim_{\Delta T \to 0} \frac{\Delta U}{\Delta T}$$
$$= \left(\frac{\partial U}{\partial T}\right)_V$$

2. 定圧変化　ピストンとシリンダーからなる容器に気体を入れ，図5-6のように平衡状態1から平衡状態2に変化させるとする。

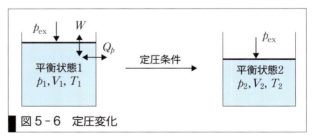

図5-6　定圧変化

外界の圧力p_{ex}が一定であることより，Wは次式で与えられる。

$$W = -\int_{V_1}^{V_2} p_{\mathrm{ex}}\,\mathrm{d}V = -p_{\mathrm{ex}}(V_2 - V_1) \qquad 5\text{-}8$$

したがって熱力学第一法則は次式となる。

$$\Delta U = Q_p + W = Q_p - p_{\mathrm{ex}}(V_2 - V_1) \qquad 5\text{-}9$$

ここで，Qの右下の添字pは定圧変化であることを表している。最初

の状態と最後の状態における系の圧力（p_1 と p_2 とする）は定圧変化より同じであり，また外界の圧力 p_{ex} に等しい。したがって式5-9は次式となる。

$$\Delta U = U_2 - U_1 = Q_p - p_{ex}(V_2 - V_1) = Q_p - p_2 V_2 + p_1 V_1 \quad 5-10$$

式5-10を変形すると次式を得る。

$$(U_2 + p_2 V_2) - (U_1 + p_1 V_1) = Q_p \quad 5-11$$

つまり定圧変化において，系と外界の間で出入りした熱量は系の $(U + pV)$ の変化量に等しい。U, p, V はすべて状態量であるため，$U + pV$ も状態量となる。この状態量を H〔J〕で表し，**エンタルピー**と定義する。

$$H = U + pV \quad 5-12$$

U が示量因子であることから，H も示量因子である。したがって熱力学第一法則は次式となる。

$$\Delta H = H_2 - H_1 = Q_p \quad 5-13$$

つまり定圧変化において，系と外界の間で出入りした熱量は系のエンタルピー変化に等しい。**定圧モル熱容量** $C_{p,m}$〔J·K^{-1}·mol^{-1}〕は次式で定義される[*9]。

$$C_{p,m} = \left(\frac{\partial H_m}{\partial T}\right)_p \quad 5-14$$

式5-7と同様に，T_1 から T_2 までの温度変化にともなう ΔH は次式で与えられる。

$$\Delta H = Q_p = \int_{T_1}^{T_2} n C_{p,m} dT \quad 5-15$$

[*9] **＋α プラスアルファ**
定圧条件下では，次式となる。
$$C_p = \lim_{\Delta T \to 0} \frac{Q_p}{\Delta T} = \lim_{\Delta T \to 0} \frac{\Delta H}{\Delta T}$$
$$= \left(\frac{\partial H}{\partial T}\right)_p$$

例題 5-2 101.3 kPa の圧力一定の条件において，ベンゼンの沸点は 80.10 ℃，モル蒸発熱は 3.076×10^4 J·mol^{-1} である。気体定数 R は $R = 8.314$ J·K^{-1}·mol^{-1} とする。

(1) 沸点において，1 mol のベンゼンが気化するときベンゼンが外界にする仕事 W〔J〕を求めよ。ただしベンゼン（気体）は理想気体とし，ベンゼンの液体の体積は気体の体積と比べて無視できるとする。

(2) 1 mol のベンゼンが気化するときのエンタルピー変化 ΔH〔J〕と内部エネルギー変化 ΔU〔J〕を求めよ。

解答 (1) 体積変化にともなう仕事は，式5-1で与えられ，$p_{ex} = 101.3$ kPa で一定であることより，$W = -p_{ex}(V_2 - V_1)$ となる。ここで V_2 はベンゼン（気体）1 mol の体積，V_1 はベンゼン（液体）1 mol の体積を表す。問題より $V_2 - V_1 = V_2$ とおけるので，$W = -p_{ex} V_2 = -p_{ex} \dfrac{nRT}{p_2} = -nRT$ となる。

$W = -(1)(8.314)(353.25) = -2937$ J より，$W = -2.937$ kJ である。

(2) 定圧条件より，$Q_p = \Delta H$である。したがって，$\Delta H = 3.076 \times 10^4$ Jである。また熱力学第一法則$\Delta U = Q_p + W = \Delta H + W$より，$\Delta U = 3.076 \times 10^4 - 2937 = 2.782 \times 10^4$ となる。$\Delta U = 27.82$ kJである。

3. 等温変化 ピストンとシリンダーからなる容器に気体を入れ，温度T [K] の恒温槽に浸した状態において気体を準静的(可逆的)に圧縮するとする。最初の状態(平衡状態1)を圧力p_1，体積V_1，温度T，最後の状態(平衡状態2)を圧力p_2，体積V_2，温度Tとする(図5-7)。

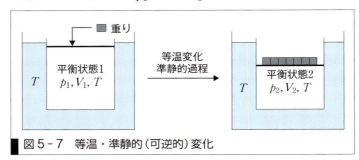

図5-7 等温・準静的(可逆的)変化

この等温変化における仕事W，熱量Q，内部エネルギー変化ΔU，エンタルピー変化ΔHを求めてみよう。準静的過程における仕事は式5-2で与えられるため，気体を理想気体と仮定し，理想気体の状態方程式を用いることで次式を得る[*10]。

$$W = -\int_{V_1}^{V_2} p\,dV = -\int_{V_1}^{V_2} \frac{nRT}{V}\,dV = -nRT \ln \frac{V_2}{V_1} \qquad 5\text{-}16$$

ジュールの法則や**気体分子運動論**から，理想気体の内部エネルギーUは温度のみの関数であり，圧力や体積に依存しないことが示される[*11]。したがって$U = U(T)$であり，等温変化では$\Delta U = 0$である。また熱力学第一法則$\Delta U = Q + W$より，Qは次式となる。

$$Q = -W = nRT \ln \frac{V_2}{V_1} \qquad 5\text{-}17$$

ΔHはエンタルピーHの定義式$H = U + pV$より，$\Delta H = \Delta U + \Delta(pV)$であり，理想気体では$\Delta H = \Delta U + \Delta(nRT)$と書ける。等温変化では$\Delta U = 0$，$\Delta(nRT) = 0$であるため，$\Delta H = 0$である。

4. 断熱変化 断熱壁からなるピストンとシリンダーの容器に気体を入れ，図5-8のように準静的(可逆的)に気体を圧縮するとする。

最初の状態(平衡状態1)を圧力p_1，体積V_1，温度T_1，最後の状態(平衡状態2)を圧力p_2，体積V_2，温度T_2とする。この断熱変化における仕事W，熱量Q，内部エネルギー変化ΔU，エンタルピー変化ΔHを求めてみよう。まず断熱変化より$Q = 0$であるので，熱力学第

[*10] **Don't Forget!!**
等温過程(温度一定)より，nRTは定数となる。$\frac{1}{x}$の積分は
$$\int_{x_1}^{x_2} \frac{1}{x}\,dx = \ln \frac{x_2}{x_1}$$
である。

[*11] **+α プラスアルファ**
ジュールの法則
3-1-2項の「理想気体の状態方程式」を参照のこと。
ジュールは空気を理想気体と仮定し，水槽中で空気を真空中に膨張させた。水槽の温度が変化しなかったことより，理想気体のUはTのみの関数であると結論した。
気体分子運動論
3-3-2項の「内部エネルギーと熱容量」を参照のこと。ポテンシャルエネルギーがゼロである理想気体では，Uは分子の運動エネルギーであり，Tのみの関数となる。

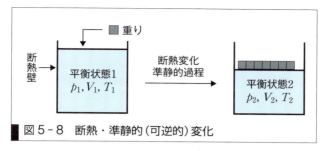

図5-8 断熱・準静的(可逆的)変化

一法則 $\Delta U = Q + W$ は次式となる。

$$\Delta U = W \qquad 5-18$$

気体を理想気体と仮定すると，T_1 から T_2 までの温度変化における ΔU は式5-7から求めることができる[*12]。式5-18より，この値は W に等しい。一方，T_1 から T_2 までの温度変化における ΔH は式5-15から求めることができる[*13]。

次に，理想気体，準静的過程の条件下において，断熱変化の p，V，T の関係式を求めておこう。熱力学第一法則 $dU = dQ + dW$ より，断熱条件下では $dU = dW$ となる。準静的過程における微小の体積変化にともなう仕事は次式で与えられる。

$$dW = -p\,dV \qquad 5-19$$

理想気体では，$dU = nC_{V,m}dT$ と表せるので，$dU = dW$ に代入することで次式を得る。

$$nC_{V,m}dT = -p\,dV = -\frac{nRT}{V}dV \qquad 5-20$$

変数を分離すると次式となる[*14]。

$$\frac{C_{V,m}}{T}dT = -\frac{R}{V}dV \qquad 5-21$$

$C_{V,m}$ は温度によらず一定であるとして，最初の状態 (T_1, V_1) から最後の状態 (T_2, V_2) まで積分することで次式を得る。

$$C_{V,m}\ln\frac{T_2}{T_1} = -R\ln\frac{V_2}{V_1} = R\ln\frac{V_1}{V_2} \qquad 5-22$$

理想気体に対する**マイヤーの関係式**は次式で与えられる。

$$C_p - C_V = nR \qquad 5-23$$

この関係式を式5-22に代入し，$\gamma = \dfrac{C_{p,m}}{C_{V,m}}$ とおくと次式を得る。

$$\ln\frac{T_2}{T_1} = (\gamma-1)\ln\frac{V_1}{V_2} = \ln\left(\frac{V_1}{V_2}\right)^{\gamma-1} \qquad 5-24$$

$$T_1 V_1^{\gamma-1} = T_2 V_2^{\gamma-1} = TV^{\gamma-1} = 一定 \qquad 5-25$$

さらに理想気体の状態方程式を用いることで，次式を導くことができる。

$$p_1 V_1^{\gamma} = p_2 V_2^{\gamma} = pV^{\gamma} = 一定 \qquad 5-26$$

式5-25と式5-26を**ポアソンの式**という。

[*12] **Don't Forget!!**
気体を理想気体と仮定すると，U は T のみの関数であるため V 一定の条件下でなくとも，式5-7を使用できる。

[*13] **Don't Forget!!**
理想気体では H も温度のみの関数であるため，p 一定の条件下でなくとも，式5-15を使用できる。

[*14] **プラスアルファ**
1階常微分方程式
$\dfrac{dy}{dx} + \phi(x,y) = 0$ において，$\phi(x,y) = f(x)\cdot g(y)$ のように積の形に変数が分離できる方程式を変数分離形という。

WebにLink
定圧熱容量 C_p と定積熱容量 C_V について，次の関係式が導出される。
$$C_p - C_V = \left[\left(\frac{\partial U}{\partial V}\right)_T + p\right]\left(\frac{\partial V}{\partial T}\right)_p$$
マイヤーの関係式を導いてみよう。

5·3 反応熱

5-3-1 反応熱

熱力学第一法則の化学への応用として，反応熱を取り上げてみよう。化合物AとBが反応して化合物CとDが生成する反応について考える。

$$a\mathrm{A} + b\mathrm{B} \longrightarrow c\mathrm{C} + d\mathrm{D} \quad \quad 5-27$$

化学反応式の左辺を**反応系**，右辺を**生成系**という。またa, b, c, dを**化学量論係数**と呼ぶ。反応熱とは反応系が平衡系（通常の場合，A，B，C，Dの混合物）に変化するときに出入りする熱量ではなく，反応系が生成系に変化するときに出入りする熱量である。

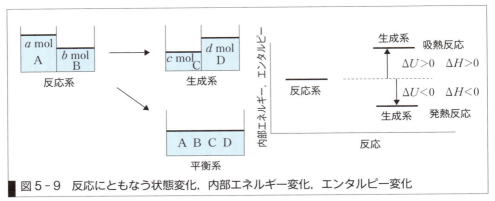

図5-9 反応にともなう状態変化，内部エネルギー変化，エンタルピー変化

定積条件下においては，系と外界の間で出入りした熱量は系の内部エネルギー変化ΔUに等しいので，反応熱は生成系の内部エネルギーから反応系の内部エネルギーを引くことで求められる[15]。

$$Q_V = \Delta U = [cU_\mathrm{m}(\mathrm{C}) + dU_\mathrm{m}(\mathrm{D})] - [aU_\mathrm{m}(\mathrm{A}) + bU_\mathrm{m}(\mathrm{B})] \quad 5-28$$

ここで，$U_\mathrm{m}(\mathrm{C})$, $U_\mathrm{m}(\mathrm{D})$, $U_\mathrm{m}(\mathrm{A})$, $U_\mathrm{m}(\mathrm{B})$はC, D, A, Bの1 mol当たりの内部エネルギーを表す。吸熱反応では$\Delta U > 0$であり，発熱反応では$\Delta U < 0$である。定圧条件下においては，系と外界の間で出入りした熱量は系のエンタルピー変化ΔHに等しいので，反応熱は生成系のエンタルピーから反応系のエンタルピーを引くことで求められる。

$$Q_p = \Delta H = [cH_\mathrm{m}(\mathrm{C}) + dH_\mathrm{m}(\mathrm{D})] - [aH_\mathrm{m}(\mathrm{A}) + bH_\mathrm{m}(\mathrm{B})] \quad 5-29$$

ここで，$H_\mathrm{m}(\mathrm{C})$, $H_\mathrm{m}(\mathrm{D})$, $H_\mathrm{m}(\mathrm{A})$, $H_\mathrm{m}(\mathrm{B})$はC, D, A, Bの1 mol当たりのエンタルピーを表す。吸熱反応では$\Delta H > 0$であり，発熱反応では$\Delta H < 0$である。

内部エネルギーUとエンタルピーHは状態量であるため，それらの変化量ΔUとΔHは最初の状態である反応系と最後の状態である生成系によってのみ決まり，途中の経路によらない。したがって，反応が1段階で起こっても数段階に分かれて起こっても反応熱は同じである。これを**ヘスの法則**という。

[15] **Don't Forget!!** 記号Δは，最後の状態における状態量の値から最初の状態における状態量の値を引くことによる変化量を表す。

5-3-2 標準反応熱

反応方程式に反応熱 ΔU または ΔH を加えた式を**熱化学方程式**という。たとえば気体のメタン 1 mol と気体の酸素 2 mol が反応し，気体の二酸化炭素 1 mol と水 2 mol が生成する反応では，101.3 kPa，25 ℃ において 890.7 kJ の熱量が発生する[*16]。これを熱化学方程式で表すと次式となる。

$$\mathrm{CH_4(g) + 2O_2(g) \longrightarrow CO_2(g) + 2H_2O(l)}\ ;$$
$$\Delta H^\circ_{298} = -890.7\ \mathrm{kJ\cdot mol^{-1}}$$

ここで (g) は気体，(l) は液体を意味する。(s) の場合は固体の状態を表す。ΔH の右上の ○ 記号は標準状態を示し，反応熱の計算においては 101.3 kPa の圧力の状態を標準状態としている[*17]。右下の 298 は反応温度が 25 ℃（298.15 K）であることを示す。一般化学の教科書では，この反応の熱化学方程式は次式のように書かれる。

$$\mathrm{CH_4(g) + 2O_2(g) = CO_2(g) + 2H_2O(l) + 890.7\ kJ}$$

この書き方では反応熱の符号が逆となることに注意が必要である。別の反応を取りあげよう。

$$\mathrm{H_2(g) + \frac{1}{2}O_2(g) \longrightarrow H_2O(l)}\ ;\ \Delta H^\circ_{298} = -285.83\ \mathrm{kJ\cdot mol^{-1}}$$

$$\mathrm{C(s,\ graphite) + O_2(g) \longrightarrow CO_2(g)}\ ;\ \Delta H^\circ_{298} = -393.51\ \mathrm{kJ\cdot mol^{-1}}$$

ここで graphite は黒鉛状の炭素を表す。これらの反応は燃焼反応であるが，化合物 $\mathrm{H_2O(l)}$ と $\mathrm{CO_2(g)}$ がそれらの成分の単体から生成する生成反応でもあり，これらの反応熱は生成熱ともいえる。とくに標準状態（101.3 kPa の圧力）における生成物 1 mol 当たりの生成熱を**標準生成熱**，あるいは**標準生成エンタルピー**といい，$\Delta H_\mathrm{f}^\circ$ で表す。このとき反応物である単体は 25 ℃，101.3 kPa において最も安定な状態にある単体を選ぶ[*18]。$\Delta H_\mathrm{f}^\circ$ は生成系である生成物のエンタルピー H_m から反応系である単体のエンタルピー H_m を引いた変化量であるため，その値は基準（ゼロ）の取り方によらない。このため，25 ℃，101.3 kPa において最も安定な状態にある単体の H_m をゼロと定めている。これによって $\Delta H_\mathrm{f}^\circ$ は生成物の H_m に等しいとおける。

式 5-27 で与えられる反応について考えよう。この反応の 25 ℃ における**標準反応熱** ΔH°_{298} は，式 5-29 より次式で与えられる。

$$\Delta H^\circ_{298} = [c\Delta H_\mathrm{f}^\circ(\mathrm{C}) + d\Delta H_\mathrm{f}^\circ(\mathrm{D})] - [a\Delta H_\mathrm{f}^\circ(\mathrm{A}) + b\Delta H_\mathrm{f}^\circ(\mathrm{B})]$$

5-30

ここで，$\Delta H_\mathrm{f}^\circ(\mathrm{A})$，$\Delta H_\mathrm{f}^\circ(\mathrm{B})$，$\Delta H_\mathrm{f}^\circ(\mathrm{C})$，$\Delta H_\mathrm{f}^\circ(\mathrm{D})$ は化合物 A，B，C，D の 25 ℃ における標準生成熱である。いくつかの無機化合物および有機化合物について，25 ℃（298.15 K）における標準生成熱の値が付表 8 にまとめられている。標準反応熱を求めるこの方法は，いくつ

[*16] **Don't Forget!!**
反応系と生成系はともに 101.3 kPa，25 ℃ の状態にある。

[*17] **Don't Forget!!**
101.3 kPa = 1 atm である。

[*18] **+α プラスアルファ**
たとえば炭素では黒鉛，イオウでは斜方晶形イオウである。

かの熱化学方程式を組み合わせてヘスの法則によって求める方法よりも容易である。

> **例題 5-3** 次の反応の標準反応熱 ΔH°_{298} を (1) 燃焼熱を用いる方法と (2) 標準生成熱 ΔH°_f を用いる方法によって求めよ。
>
> $$\text{C}_2\text{H}_4(\text{g}) + \text{H}_2(\text{g}) \longrightarrow \text{C}_2\text{H}_6(\text{g})$$
>
> 各化合物の標準燃焼熱 ΔH°_{298} は以下の値を用いよ。
>
> $\text{C}_2\text{H}_4(\text{g}) - 1411.2 \text{ kJ·mol}^{-1}$ $\text{H}_2(\text{g}) - 285.83 \text{ kJ·mol}^{-1}$
> $\text{C}_2\text{H}_6(\text{g}) - 1560.7 \text{ kJ·mol}^{-1}$
>
> また各化合物の標準生成熱は付表 8 の値を用いよ。
>
> **解答** (1) 各化合物の燃焼反応の熱化学方程式は，以下の式で与えられる。
>
> $$\text{C}_2\text{H}_4(\text{g}) + 3\text{O}_2(\text{g}) \longrightarrow 2\text{CO}_2(\text{g}) + 2\text{H}_2\text{O(l)};$$
> $$\Delta H^\circ_{298} = -1411.2 \text{ kJ·mol}^{-1} \quad ①$$
>
> $$\text{H}_2(\text{g}) + \frac{1}{2}\text{O}_2(\text{g}) \longrightarrow \text{H}_2\text{O(l)};$$
> $$\Delta H^\circ_{298} = -285.83 \text{ kJ·mol}^{-1} \quad ②$$
>
> $$\text{C}_2\text{H}_6(\text{g}) + \frac{7}{2}\text{O}_2(\text{g}) \longrightarrow 2\text{CO}_2(\text{g}) + 3\text{H}_2\text{O(l)};$$
> $$\Delta H^\circ_{298} = -1560.7 \text{ kJ·mol}^{-1} \quad ③$$
>
> ヘスの法則より式① ＋ 式② － 式③を計算すると，$\Delta H^\circ_{298} = -136.33 \text{ kJ·mol}^{-1}$ となる。したがって，$\Delta H^\circ_{298} = -136.3 \text{ kJ·mol}^{-1}$ である。
>
> (2) 標準反応熱は標準生成熱を用いると，次式で与えられる。
>
> $$\Delta H^\circ_{298} = \Delta H^\circ_\text{f}(\text{C}_2\text{H}_6(\text{g})) - [\Delta H^\circ_\text{f}(\text{C}_2\text{H}_4(\text{g})) + \Delta H^\circ_\text{f}(\text{H}_2(\text{g}))]$$
>
> 付表 8 の値を代入すると，$\Delta H^\circ_{298} = -83.8 - [52.47 + 0] = -136.27 \text{ kJ·mol}^{-1}$ となる。したがって，$\Delta H^\circ_{298} = -136.3 \text{ kJ·mol}^{-1}$ である。

5-3-3 反応熱の温度依存性

次に 25 ℃ (298.15 K) 以外の任意の温度 T [K] における反応熱 ΔH°_T を求めてみよう。式 5-27 で与えられる反応について，図 5-10 に示される反応経路を考える。

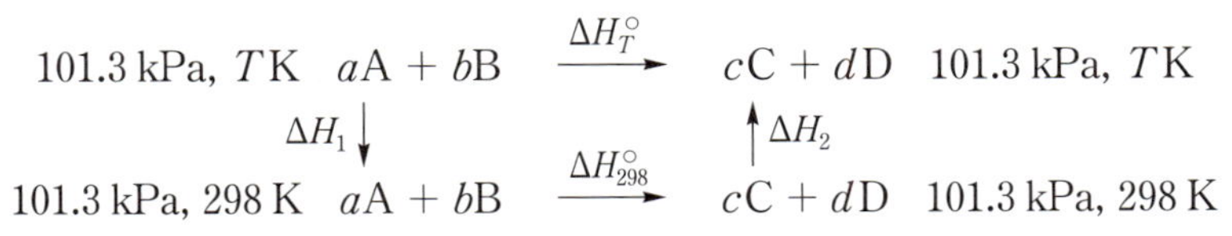

```
101.3 kPa, T K    aA + bB    →^{ΔH°_T}    cC + dD    101.3 kPa, T K
                  ΔH_1 ↓                  ↑ ΔH_2
101.3 kPa, 298 K  aA + bB    →^{ΔH°_{298}}  cC + dD   101.3 kPa, 298 K
```

図 5-10 任意の温度における反応熱を求める経路

エンタルピーは状態量であるため，次式が成り立つ。

$$\Delta H_T^\circ = \Delta H_1 + \Delta H_{298}^\circ + \Delta H_2 \qquad 5-31$$

ΔH_1 は次式で与えられる[19]。

$$\Delta H_1 = \int_T^{298.15} [aC_{p,\mathrm{m}}(\mathrm{A}) + bC_{p,\mathrm{m}}(\mathrm{B})]\mathrm{d}T \qquad 5-32$$

ここで $C_{p,\mathrm{m}}(\mathrm{A})$ と $C_{p,\mathrm{m}}(\mathrm{B})$ は反応物 A と B の定圧モル熱容量である。同様に ΔH_2 は次式で与えられる。

$$\Delta H_2 = \int_{298.15}^T [cC_{p,\mathrm{m}}(\mathrm{C}) + dC_{p,\mathrm{m}}(\mathrm{D})]\mathrm{d}T \qquad 5-33$$

ここで $C_{p,\mathrm{m}}(\mathrm{C})$ と $C_{p,\mathrm{m}}(\mathrm{D})$ は生成物 C と D の定圧モル熱容量である。式 5-32 と式 5-33 を式 5-31 に代入することで次式を得る。

$$\Delta H_T^\circ = \Delta H_{298}^\circ + \int_{298.15}^T \Delta C_p \mathrm{d}T \qquad 5-34$$

ここで ΔC_p は定圧熱容量の差であり，次式で与えられる。

$$\Delta C_p = [cC_{p,\mathrm{m}}(\mathrm{C}) + dC_{p,\mathrm{m}}(\mathrm{D})] - [aC_{p,\mathrm{m}}(\mathrm{A}) + bC_{p,\mathrm{m}}(\mathrm{B})] \qquad 5-35$$

式 5-34 を**キルヒホッフの式**という[20]。101.3 kPa，25 ℃における標準反応熱 ΔH_{298}° と ΔC_p は，反応物と生成物の標準生成熱 $\Delta H_\mathrm{f}^\circ$ と定圧モル熱容量 $C_{p,\mathrm{m}}$ の値から求めることができるため，式 5-34 より任意の温度 T における反応熱を算出できる。

[19] **Don't Forget!!**
定圧条件下において，n[mol] の系の温度が T_1 から T_2 まで変化するときの ΔH は，次式で与えられる。
$$\Delta H = \int_{T_1}^{T_2} nC_{p,\mathrm{m}}\mathrm{d}T$$

WebにLink
式 5-34 を導いてみよう。

[20] **＋α プラスアルファ**
定圧熱容量の定義式，$\left(\dfrac{\partial H}{\partial T}\right)_p = C_p$ において，H の代わりに変化量 ΔH を考えると，C_p は ΔC_p とおけるので，$\left(\dfrac{\partial \Delta H}{\partial T}\right)_p = \Delta C_p$ と書ける。この式を $T_1 = 298.15\,\mathrm{K}$，$T_2 = T$[K] として積分することによってもキルヒホッフの式を得ることができる。

WebにLink
演習問題の解答

演習問題 A 基本の確認をしましょう

5-A1 101.3 kPa のもとで，0 ℃の氷 1 mol を 100 ℃の水蒸気まで状態変化させた。系が吸収する熱量 Q[kJ] とエンタルピー変化 ΔH[kJ] を求めよ。ただし氷のモル融解熱は 6.008 kJ·mol^{-1}，水の定圧モル熱容量は 75.15 J·K^{-1}·mol^{-1}，水のモル蒸発熱は 40.65 kJ·mol^{-1} とする。

5-A2 ポアソンの式である式 5-25 の $T_1V_1^{\gamma-1} = T_2V_2^{\gamma-1}$ から式 5-26 の $p_1V_1^\gamma = p_2V_2^\gamma$ を導け。

5-A3 標準生成熱の値を用いて，以下の反応に対する 25 ℃における標準反応熱 ΔH_{298}°[kJ·mol^{-1}] を求めよ。25 ℃における標準生成熱は付表 8 の値を用いよ。
(1) $\mathrm{CH_4(g)}$ の燃焼反応
(2) $\mathrm{C_2H_2(g)}$ に $\mathrm{H_2(g)}$ を付加して $\mathrm{C_2H_4(g)}$ を生成する反応

演習問題 B もっと使えるようになりましょう

5-B1 等温条件のもとで，次の状態方程式に従う気体 1 mol を体積 V_1 から V_2 まで準静的に膨張させた。仕事 W を求める式を導け。

$$p = \frac{nRT}{V} - \frac{an^2}{V^2}$$

ここで p は圧力，n は物質量，T は絶対温度，R は気体定数，a は気体に固有の定数である。

5-B2 単原子分子の理想気体 1 mol を 1013 kPa，300 K の状態から，101.3 kPa の状態まで次の方法で膨張させた。それぞれの方法における理想気体の最終温度 T [K]，仕事 W [J]，熱量 Q [J]，内部エネルギー変化 ΔU [J]，エンタルピー変化 ΔH [J] を求めよ[*21]。気体定数 R は 8.314 J·K^{-1}·mol^{-1} とする。

(1) 等温準静的膨張　　(2) 断熱準静的膨張
(3) $p_{ex} = 101.3$ kPa 一定とする断熱不可逆膨張

[*21] **ヒント**
単原子分子の理想気体 1 mol の内部エネルギーは，$U = \frac{3}{2}RT$ で与えられる。

5-B3 アンモニアの生成反応

$$\frac{1}{2} N_2(g) + \frac{3}{2} H_2(g) \longrightarrow NH_3(g)$$

について，327 ℃における生成熱 ΔH_{600}° [kJ·mol^{-1}] を求めよ。ただし，25 ℃における NH_3(g) の標準生成熱と各気体の定圧モル熱容量は付表 8 の値を用いよ。

あなたがここで学んだこと

この章であなたが到達したのは
- □ 熱力学第一法則の内容を定量的に説明できる
- □ 定積・定圧・等温・断熱の条件下で，系と外界の熱と仕事の出入りを計算できる
- □ 標準生成熱から標準反応熱を計算し，熱容量から任意の温度の反応熱を計算できる
- □ 内部エネルギー，エンタルピーおよび熱容量を理解し，説明できる

　本章で学んだ熱力学第一法則は，エネルギーはさまざまな形態に変換できるが，(系 + 外界) のエネルギーは不変であり，保存されることを示す。自然は消費したエネルギー以上のエネルギーを生み出すことはできないように作られているのである。この法則が確立されるまでは，エネルギーを生み出す機械 (**第一種永久機関**と呼ばれる) を作り出し，一攫千金を夢見た人々がいたのである。当時どのような機械が作られたか調べてみることで，当時の化学者・物理学者の努力の跡がわかるであろう。永久機関は作り出せなかったが，機械技術の発展には大いに寄与しているのである。

6章 熱力学第二法則・第三法則

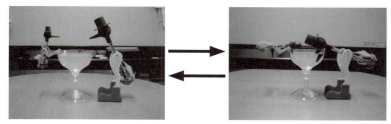

大気からの熱エネルギーによって動き続ける水飲み鳥は，第二種永久機関であろうか？

5章で学んだ熱力学第一法則は「熱」と「仕事」はともにエネルギー移動の一形態であり，「熱」は「仕事」に，「仕事」は「熱」に自由に変換できることを示していた。自然の現象が熱力学第一法則によってのみ支配されているとすれば，海水や大気から「熱」の形でエネルギーを取り出し，プロペラを回転させるなどの「仕事」のエネルギーに変換することで，船や飛行機を動かすことができるはずである。海水や大気は莫大な大きさを持つ熱源であることから私たちは無尽蔵のエネルギー源を得ることになり，天然資源の枯渇や地球温暖化，大気汚染といった環境問題も解決される。しかし自然は熱力学第一法則に加えて熱力学第二法則と呼ばれる法則にも従っており，海水や大気を1つの熱源として「仕事」を取り出す機械を作ることは決してできないのである。熱力学第二法則は「熱」が関与する現象には方向性があることを示しており，状態や化学変化がどちらの方向に進むかを決める熱力学において最も重要な法則である。

●この章で学ぶことの概要

　熱力学第二法則を最初に言葉で表現し，その後エントロピーと呼ばれる状態量を用いて数式によって表す。状態変化にともなうエントロピー変化を求めることで，断熱系ではエントロピーの増大する方向に状態変化することを理解する。ギブスエネルギーとヘルムホルツエネルギーと呼ばれる2つの状態量を新たに定義し，これらの状態量を用いた状態変化の方向と平衡条件の表し方を学ぶ。さらに純物質のエントロピー値がゼロとなる条件を定める熱力学第三法則についても学習する。

> **予習　授業の前にやっておこう!!**
>
> 熱力学第一法則は数式で $\Delta U = Q + W$ と表される。ΔU は内部エネルギー変化, Q は熱量, W は仕事である。
>
> 理想気体の断熱・可逆過程において成り立つポアソンの式は,
> $$T_1 V_1^{\gamma-1} = T_2 V_2^{\gamma-1} \quad \text{あるいは} \quad p_1 V_1^{\gamma} = p_2 V_2^{\gamma} \quad \text{と表される。}$$
>
> ---
>
> 理想気体 1 mol について，以下の (1) から (4) による循環過程を行った。
> (1) 273.15 K の等温条件下において，1.00 dm³ から 3.00 dm³ まで可逆的に膨張
> (2) 次にこの 273.15 K, 3.00 dm³ の状態から断熱，可逆的に T_2 [K], 9.00 dm³ まで膨張
> (3) 次に T_2 [K] の等温条件下において，9.00 dm³ から 2.00 dm³ まで可逆的に圧縮
> (4) 最後にこの T_2 [K], 2.00 dm³ の状態から断熱，可逆的に最初の状態である 273.15 K, 1.00 dm³ の状態まで圧縮
>
> 1. (1) の過程における内部エネルギー変化 ΔU_1 [J] を求めよ。
> 2. (2) の過程における最終温度 T_2 [K] を求めよ。ただし定積モル熱容量 $C_{V,m}$ は $\frac{3}{2}R$ とする。R は気体定数であり，8.314 J·K⁻¹·mol⁻¹ とする。
> 3. (2) の過程における内部エネルギー変化 ΔU_2 [J] と仕事 W_2 [J] を求めよ。
> 4. 循環過程における内部エネルギー変化 ΔU [J] を求めよ。

6　1　熱力学第二法則

5 章で学習した**熱力学第一法則**は，系と外界の間で熱 Q や仕事 W の形で移動したエネルギーは系の内部エネルギー変化 ΔU に等しいことを示した。見方を広げて，系 + 外界（これを熱力学では**宇宙**という）をまとめて考えると，宇宙の（内部）エネルギーは常に一定に保たれていることになる。このため熱力学第一法則は**エネルギー保存則**とも呼ばれている。自然の現象は熱力学第一法則に従っているが，この法則だけでは説明できない現象がある。

6-1-1　熱力学第一法則では説明できない現象
　　　　　（自然に起きる不可逆的な現象）

（1）お湯（たとえば 60 ℃ の水）を入れたコップを室温（20 ℃）の部屋に放置した場合

　観察される現象は，60 ℃ の水は外界の温度（20 ℃）となり，一定値を示す（図 6-1）。

　この現象において，系から外界へ熱の形でエネルギーが移動し系はエネルギーを失うが，外界はそのエネルギーを得ている。一方，系と外界

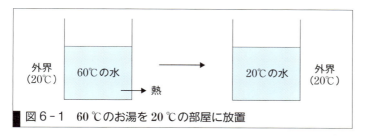

図6-1　60℃のお湯を20℃の部屋に放置

の間で仕事の形でのエネルギーの出入りはない。その結果，系＋外界＝宇宙の(内部)エネルギーは一定で保存されており，熱力学第一法則に従っている。

観察される現象と逆方向の現象を考える(図6-2)。

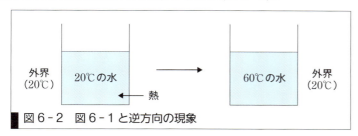

図6-2　図6-1と逆方向の現象

この現象において，外界から系へ熱の形でエネルギーが移動し系はエネルギーを得るが，外界はそのエネルギーを失う(ただし外界は系と比べてずっと大きいため，熱の移動によって温度は変化しないとする)。系と外界の間での仕事の形でのエネルギーの出入りはない。したがって宇宙の(内部)エネルギーは保存されており，熱力学第一法則に従っている。しかしこの現象は観察されない。

(2) 水中に入れたプロペラを重りの降下によって回転させた場合(ジュールの実験)

観察される現象は，重りが下がりプロペラが回転し，水の温度が上昇する(図6-3)。

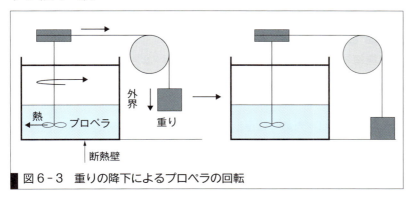

図6-3　重りの降下によるプロペラの回転

重りの降下によって重りの(位置)エネルギーは減少し外界はエネルギーを失うが，プロペラが回転することで系である水は熱の形でそのエネルギーを得ている。したがって宇宙の(内部)エネルギーは保存され

ており，熱力学第一法則に従っている。

逆方向の現象を考える（図6-4）。

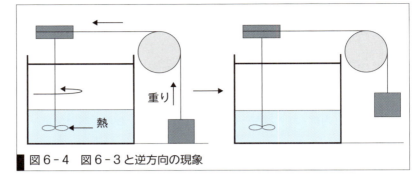

図6-4 図6-3と逆方向の現象

水からプロペラに熱の形でエネルギーが移動し，プロペラが逆回転し重りが上昇する。系は熱の形でエネルギーを失うが，重りの（位置）エネルギーが増加し外界はエネルギーを得る。したがって宇宙の（内部）エネルギーは一定で保存され，熱力学第一法則が成り立っている。しかしこの現象は観察されない。

このように熱が関与する現象には方向性がある。これを法則の形でまとめたものが**熱力学第二法則**である。熱力学第二法則にはいくつかのいい方があるが，(2)の現象に基づく**トムソンの原理**と(1)の現象に基づく**クラウジウスの原理**と呼ばれる表現がある。

トムソンの原理：循環過程において，1つの熱源から熱を取り，それをすべて仕事に変えることは不可能である[*1]。

クラウジウスの原理：他に変化を残すことなしに，低温から高温に熱を移動させることは不可能である。

これらの言葉で表現された熱力学第二法則を数式で表すうえで必要となる関係式を得るために，カルノーが考えた熱機関，**カルノーサイクル**について取りあげる。

6-1-2 カルノーサイクル

熱機関とは，**熱源**[*2]から得た熱 Q_1 の形のエネルギーを仕事 W の形のエネルギーに変換する装置である[*3]。熱機関の働きは図6-5で示される。

仕事を取り出すためには温度の異なる2種類の熱源（高熱源と低熱源）が必要である。**カルノーサイクル**では**作業物質**[*4]を理想気体とし，膨張・圧縮の過程がすべて準静的過程（可逆過程）である以下のような循環過程（サイクル）を考える[*5]（図6-6）。

(1) 等温膨張（状態1から状態2）→ (2) 断熱膨張（状態2から状態3）
→ (3) 等温圧縮（状態3から状態4）→ (4) 断熱圧縮（状態4から状態1）

WebにLink
ほかにどのような現象があるか，考えてみよう。

*1 **＋α プラスアルファ**
これが可能な熱機関を第二種永久機関という。したがって，トムソンの原理は「第二種永久機関は存在しない」と表現することもできる。

*2 **＋α プラスアルファ**
熱源とは，系との間で熱が出入りしても温度が変化せず，それ自身は常に平衡状態にあるとみなせる大きな熱溜めである。高熱源は温度の高い熱源を，低熱源は温度の低い熱源を意味する。

*3 **工学ナビ**
火力発電，原子力発電，地熱発電などの発電装置は，水蒸気を利用する熱機関であり，水蒸気の熱エネルギーはタービンを回転させる仕事のエネルギーに変換される。

WebにLink
火力発電所のしくみを見てみよう。

*4 **＋α プラスアルファ**
作業物質とは，熱機関の系に用いられる物質である。火力発電などの水蒸気発電では，水が作業物質である。

*5 **Don't Forget!!**
準静的過程（可逆過程）とは，系が外界と平衡状態を保ちながら状態を変化させる変化の方法である（5-1-1項の「準静的過程」を参照）。

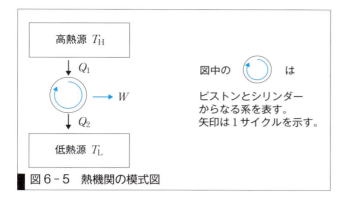

図6-5 熱機関の模式図

これらの過程は準静的過程からなるため，系と熱源の間に温度差が生じず無駄な熱の移動が起こらない。このため最高効率を持つ熱機関となる。

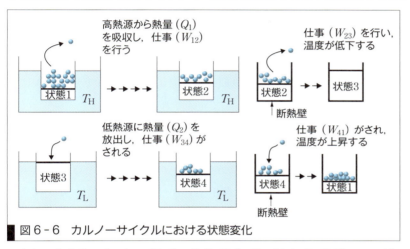

図6-6 カルノーサイクルにおける状態変化

(1) 平衡状態1（圧力 p_1 [Pa]，体積 V_1 [m^3]，温度 T_H [K]）から平衡状態2（圧力 p_2，体積 V_2，温度 T_H）への変化は理想気体の等温可逆膨張であり，$Q_1 = -W_{12}$ となる[*6]。ここで添字12は状態1から2への変化を示し，Q_1 は高熱源（温度 T_H）から作業物質へ移動した熱量である。W_{12} は次式で与えられる。

$$W_{12} = -nRT_H \ln \frac{V_2}{V_1} \qquad 6-1$$

(2) 平衡状態2から平衡状態3（圧力 p_3，体積 V_3，温度 T_L）への変化は，理想気体の断熱可逆膨張であり，$\Delta U_{23} = W_{23}$ となる。ここで添字23は状態2から3への変化を示す。ΔU_{23} は次式で与えられる[*7]。

$$\Delta U_{23} = \int_{T_H}^{T_L} nC_{V,m} dT \qquad 6-2$$

これは W_{23} に等しい。系の温度は高熱源の温度 T_H から低熱源の温度 T_L に低下する。

(3) 平衡状態3から平衡状態4（圧力 p_4，体積 V_4，温度 T_L）への変化は，理想気体の等温可逆圧縮であり，$Q_2 = -W_{34}$ となる。ここで添字

WebにLink
カルノーサイクルについて，圧力 p 対体積 V の図をかいてみよう。

[*6] **Don't Forget!!**
理想気体の内部エネルギーは温度のみの関数であるため，等温変化では $\Delta U = 0$ である（5-2-2項の各種変化「3. 等温変化」を参照）。

[*7] **Don't Forget!!**
理想気体の内部エネルギーは温度のみの関数であるため，体積一定の条件下でなくとも式6-2により ΔU を求めることができる（5-2-2項の「4. 断熱変化」を参照）。

34 は状態 3 から 4 の変化を示し，Q_2 は作業物質から低熱源（温度 T_L）へ移動した熱量である．W_{34} は次式で与えられる．

$$W_{34} = -nRT_L \ln \frac{V_4}{V_3} \qquad 6\text{-}3$$

（4）平衡状態 4 から平衡状態 1 への変化は，理想気体の断熱可逆圧縮であり $\Delta U_{41} = W_{41}$ となる．添字 41 は状態 4 から 1 への変化を示す．ΔU_{41} は次式で与えられる．

$$\Delta U_{41} = \int_{T_L}^{T_H} nC_{V,m} dT \qquad 6\text{-}4$$

これは W_{41} に等しく，系の温度は T_L から T_H に上昇する．（2）と（4）の過程は理想気体・断熱・可逆の条件を満たすため，**ポアソンの式**を用いることができ，次式の関係が成り立つ*8．

$$\left(\frac{V_2}{V_1}\right) = \left(\frac{V_3}{V_4}\right) \qquad 6\text{-}5$$

熱機関の**効率** η は，系が吸収した熱量 Q_1 に対する 1 サイクルにおいて系が外界にした仕事 W として定義される．

$$\eta = \frac{-W}{Q_1} = \frac{Q_1 + Q_2}{Q_1} \qquad 6\text{-}6$$

効率の値はプラスであり，W の符号はマイナスであるため，W の前にマイナスの記号を付記した．式 6-1，6-3，6-5 を式 6-6 に代入すると，**カルノーサイクルの効率** η_C は次式で与えられる．

$$\eta_C = \frac{T_H - T_L}{T_H} = 1 - \frac{T_L}{T_H} \qquad 6\text{-}7$$

この式はカルノーサイクルの効率が 2 つの熱源の温度だけで決まることを示している*9．

6-1-3 エントロピー

カルノーサイクルおよびカルノーサイクルを逆向きに回転させる熱機関と熱力学第二法則（トムソンの原理とクラウジウスの原理）を用いることで，作業物質によらず，可逆過程のみからなる可逆熱機関の効率 η_{rev} は不可逆過程，可逆過程を含む任意の熱機関の効率 η よりも高いこと，つまり次の関係が成り立つことを証明できる*10．

$$\eta_{rev} \geqq \eta \qquad 6\text{-}8$$

ここで等号は任意の熱機関も可逆過程のみからなる可逆熱機関の場合に相当する．この η_{rev} は，式 6-7 の η_C のことである．

可逆熱機関の効率としてカルノーサイクルに対する効率の式である式 6-7 を使用し，任意の熱機関に対しては効率の定義式である式 6-6 を用いることで，2 個の熱源を持つ熱機関の場合，式 6-8 は 1 サイクル

---

*8 **Don't Forget!!**
（2）と（4）の過程に式 5-25 のポアソンの式を用いると，以下のように表すことができる．
$T_H V_2^{\gamma-1} = T_L V_3^{\gamma-1}$
$T_H V_1^{\gamma-1} = T_L V_4^{\gamma-1}$

WebにLink
式 6-6 から式 6-7 を導き，200 ℃ と 40 ℃ の熱源の間におけるカルノーサイクルの効率 η_C を求めてみよう．

*9 **Let's TRY!**
電気事業連合会のデーターベースによると，平成 23 年度の火力発電などの水蒸気発電による電力量は 6.64×10^{11} kW·h であり，発電に使用された重油は 1.399×10^8 m^3 である．重油の発熱量を 40.4 MJ·dm^{-3} として発電効率を求めてみよう．ただし，発電効率は重油の発熱量に対する発電電力量として定義されるとする．この発電効率をさらに 5 ％ 向上させることができれば，年間に 20 万トンタンカー何隻分の重油（比重 0.900 とする）を節約できるか求めてみよう．

WebにLink

*10 **プラスアルファ**
理想気体を作業物質として η_C が求められたが，このカルノーサイクルの効率は作業物質の種類によらない．
原田義也著「化学熱力学」，裳華房（2012）参照のこと．

について次式となる。

$$\frac{Q_1}{T_H} + \frac{Q_2}{T_L} \leq 0 \qquad 6-9$$

等号は可逆熱機関の場合に相当する。熱源が無限個の場合は，系と熱源の間で出入りする熱量もわずかとなり，さらにシグマの記号（$\sum$）を積分で書き換えると1サイクルについて次式となる[*11]。

$$\oint \frac{dQ}{T_{ex}} \leq 0 \qquad 6-10$$

積分記号の○は1サイクルを表し，T_{ex} は熱源の温度を示す。これまでと同様に等号は可逆熱機関の場合に相当する。最初に可逆過程からなる可逆熱機関について考える。等号が成り立つので，次式となる。

$$\oint \frac{dQ_{rev}}{T_{ex}} = 0 \qquad 6-11$$

ここで dQ の添字 rev は可逆的（reversible）を意味する。また可逆過程では状態が変化する途中においても，外界（ここでは熱源）の温度 T_{ex} と系の温度 T は等しいとおけるので，式6-11は次式となる。

$$\oint \frac{dQ_{rev}}{T} = 0 \qquad 6-12$$

ここで dS を以下の式で定義する（Q が微小量 dQ であるため，S も微小量 dS とする）。

$$\frac{dQ_{rev}}{T} = dS \qquad 6-13$$

式6-13を式6-12に代入すると，次式を得る。

$$\oint dS = 0 \qquad 6-14$$

この式は圧力や体積の場合と同様に1サイクルすると S の変化量がゼロとなること，つまり S は状態量であることを示している。さらに系を分割することで出入りする熱量も分割されることから，S は示量因子（示量性状態量）であることがわかる。この S を**エントロピー**という。

6-1-4 エントロピーの計算

平衡状態1から平衡状態2への変化にともなうエントロピー変化 ΔS は，式6-13より次式で計算できる。

$$\int_{S_1}^{S_2} dS = S_2 - S_1 = \Delta S = \int_1^2 \frac{dQ_{rev}}{T} \qquad 6-15$$

エントロピー変化を求めるためには，状態変化を可逆的に行う必要があることに注意すること。次に可逆過程と不可逆過程からなる図6-7に示す循環過程（サイクル）を考えよう。

[*11] ＋α プラスアルファ

熱源が3個の場合，それぞれの熱源の温度を T_1, T_2, T_3 とし，出入りする熱量を Q_1, Q_2, Q_3 とすると，2個の熱源を持つ熱機関に対する式である式6-9から予想されるように1サイクルについて

$$\frac{Q_1}{T_1} + \frac{Q_2}{T_2} + \frac{Q_3}{T_3} \leq 0$$

となる。等号は可逆熱機関の場合に相当する。

熱源が n 個の場合，それぞれの熱源の温度を T_1, T_2, T_3, $\cdots$, T_n とし，出入りする熱量を Q_1, Q_2, Q_3, $\cdots$, Q_n とすると，1サイクルについて

$$\frac{Q_1}{T_1} + \frac{Q_2}{T_2} + \frac{Q_3}{T_3} + \cdots + \frac{Q_n}{T_n} \leq 0$$

あるいは $\sum_{i=1}^{n} \frac{Q_i}{T_i} \leq 0$ と表される。ここで等号は可逆熱機関の場合に相当する。

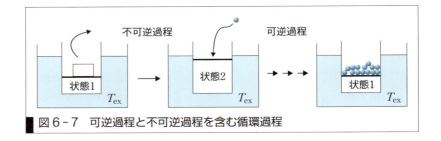

図 6-7 可逆過程と不可逆過程を含む循環過程

このサイクルは不可逆過程を含むので，次式となる。

$$\int_1^2 \frac{dQ_{\mathrm{irr}}}{T_{\mathrm{ex}}} + \int_2^1 \frac{dQ_{\mathrm{rev}}}{T} < 0 \qquad 6\text{-}16$$

ここで dQ の添字 irr は不可逆的 (irreversible) を表す。可逆過程については式 6-15 を用いて書き換えることができるので，式 6-16 は式 6-17 となる。

$$S_2 - S_1 > \int_1^2 \frac{dQ_{\mathrm{irr}}}{T_{\mathrm{ex}}} \qquad 6\text{-}17$$

まとめると，平衡状態 1 から平衡状態 2 への変化にともなうエントロピー変化 ΔS は，式 6-15 と式 6-17 より可逆過程では式 6-18，不可逆過程では式 6-19 で与えられる。

$$\Delta S = \int_1^2 \frac{dQ_{\mathrm{rev}}}{T} \qquad 6\text{-}18$$

$$\Delta S > \int_1^2 \frac{dQ_{\mathrm{irr}}}{T_{\mathrm{ex}}} \qquad 6\text{-}19$$

これらの式は熱力学第二法則（トムソンの原理，クラウジウスの原理）→ 熱機関の効率（$\eta_{\mathrm{rev}} \geqq \eta$）→ エントロピーの順に導かれたことより，熱力学第二法則の数学的表現と考えてよい。自然界で自然に（自発的）に起こる変化は不可逆過程である。式 6-19 は断熱系（$Q = 0$）ではエントロピーが増加（$\Delta S > 0$）する方向に変化が起こり，式 6-18 はエントロピーが極大値（$\Delta S = 0$）に達すると平衡状態となることを示す[*12]。以下の例題 6-1 に解答したあと，演習問題 6-B1 を解くことでこのことを確かめてみよう。

*12
＋α プラスアルファ
宇宙（＝ 系 ＋ 外界）は常に断熱系であるため，クラウジウスは熱力学第一法則と第二法則をまとめて「宇宙のエネルギーは一定である。宇宙のエントロピーは極大に向かって増大する」と述べている。

例題 6-1 次の状態変化にともなうエントロピー変化を与える式を示せ。

(1) 等温条件下における n [mol] の理想気体の体積変化
(2) 定圧条件下と定積条件下における温度変化
(3) 定圧条件下における相転移
(4) 等温，定圧条件下における n_A [mol] の理想気体 A と n_B [mol] の理想気体 B の混合

解答 (1) 等温条件下において，平衡状態1（圧力 p_1, 体積 V_1, 温度 T）から平衡状態2（圧力 p_2, 体積 V_2, 温度 T）まで準静的（可逆的）に状態を変化させるとする．理想気体の等温変化から，$\mathrm{d}Q_{\mathrm{rev}}$ は次式で与えられる（5-2-2項「等温変化」参照）．

$$\mathrm{d}Q_{\mathrm{rev}} = p\,\mathrm{d}V = \frac{nRT}{V}\mathrm{d}V \qquad 6-20$$

式6-20を式6-18の $\mathrm{d}Q_{\mathrm{rev}}$ に代入し，積分することで次式を得る[*13]．

$$\Delta S = nR\ln\frac{V_2}{V_1} = nR\ln\frac{p_1}{p_2} \qquad 6-21$$

(2) 定圧条件下において，平衡状態1（圧力 p, 体積 V_1, 温度 T_1）から平衡状態2（圧力 p, 体積 V_2, 温度 T_2）まで準静的（可逆的）に状態を変化させるとする．定圧条件下において，$\mathrm{d}Q_{\mathrm{rev}}$ は次式で与えられる（5-2-2項「定圧変化」参照）．

$$\mathrm{d}Q_{\mathrm{rev}} = \mathrm{d}H = nC_{p,\mathrm{m}}\mathrm{d}T \qquad 6-22$$

式6-22を式6-18の $\mathrm{d}Q_{\mathrm{rev}}$ に代入することで次式を得る．

$$\Delta S = \int_{T_1}^{T_2}\frac{nC_{p,\mathrm{m}}}{T}\mathrm{d}T \qquad 6-23$$

同様に考えることで，定積条件下では次式を得る．

$$\Delta S = \int_{T_1}^{T_2}\frac{nC_{V,\mathrm{m}}}{T}\mathrm{d}T \qquad 6-24$$

(3) 2相が共存できる温度 T では，相転移は可逆的に起こる．したがって，式6-18は次式となる．

$$\Delta S = \int_1^2\frac{\mathrm{d}Q_{\mathrm{rev}}}{T} = \frac{1}{T}\int_1^2\mathrm{d}Q_{\mathrm{rev}} \qquad 6-25$$

ここで $\int_1^2\mathrm{d}Q_{\mathrm{rev}}$ は状態1から状態2の相転移にともなう熱量であり，定圧条件下ではエンタルピー変化 ΔH に等しい[*14]．したがって次式を得る．

$$\Delta S = \frac{\Delta H}{T} \qquad 6-26$$

(4) この変化は不可逆過程であるため，直接エントロピー変化を計算することはできない．同じ状態変化を起こす可逆過程を考えることで，圧力 p, 温度 T における2種類の理想気体の混合にともなうエントロピー変化は，次式で与えられる．

$$\Delta S = -R(n_\mathrm{A}\ln x_\mathrm{A} + n_\mathrm{B}\ln x_\mathrm{B}) \qquad 6-27$$

ここで x_A と x_B は混合気体中のAとBのモル分率である．

[*13] **+α プラスアルファ**
エントロピーは状態量であるため大きな重りを載せる（あるいは除く）ことで，不可逆的に平衡状態1から平衡状態2に変化させたとしても ΔS の値は同じである．ただし $\Delta S > \int_1^2\frac{\mathrm{d}Q_{\mathrm{irr}}}{T_{\mathrm{ex}}}$ より，直接 ΔS を計算することはできない．平衡状態1から平衡状態2にいたる可逆的な過程を考えて計算する必要がある．

[*14] **+α プラスアルファ**
ΔH は相転移にともなうエンタルピー変化であり，固相から液相の相転移では融解熱に，液相から気相の相転移では蒸発熱に対応する．

WebにLink
2種類の理想気体を等温・定圧の条件下で可逆的に混合する方法について解説している．

6・2 熱力学第三法則

6・2・1 熱力学第三法則

ネルンストは実験結果に基づき，「固相のみが関与する等温化学反応にともなうエントロピー変化 ΔS は，0 K の極限においてゼロとなる」ことを提唱した。これを**ネルンストの熱定理**という。図 6-8 に示す定圧下における化学反応 A ⟶ B を考えよう。

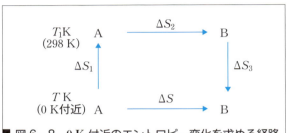

図 6-8　0 K 付近のエントロピー変化を求める経路

常温付近の温度，T_1 [K]（たとえば 298.15 K）におけるエントロピー変化 ΔS_2 を求めたあと，定圧モル熱容量（$C_{p,\,\mathrm{m}}(\mathrm{A})$ と $C_{p,\,\mathrm{m}}(\mathrm{B})$）を 0 K 付近まで測定し ΔS_1 と ΔS_3 を算出することで，0 K 付近のエントロピー変化を求めることができる[*15]。多くの化学反応において，$T \to 0\,\mathrm{K}$ につれて $\Delta S \to 0$ となることが実験結果より示された。この経験則がネルンストの熱定理である。ネルンストの熱定理を式で表すと以下のように書ける。

$$\lim_{T \to 0} \Delta S(T) = 0 \quad \text{あるいは} \quad \lim_{T \to 0}(S_\mathrm{B}(T) - S_\mathrm{A}(T)) = 0 \qquad 6\text{-}28$$

したがって次式を得る。

$$\lim_{T \to 0} S_\mathrm{A}(T) = \lim_{T \to 0} S_\mathrm{B}(T) \qquad 6\text{-}29$$

すなわち，$T \to 0\,\mathrm{K}$ においてすべての物質のエントロピーは一定の値に近づくことになる。プランクはこの一定値をゼロとおき，「すべての純物質の結晶のエントロピーは，0 K でゼロとなる（これを**完全結晶**と呼ぶ）」とした[*16]。式で表すと次式となる。

$$\lim_{T \to 0} S(T) = 0 \qquad 6\text{-}30$$

これを**熱力学第三法則**という。なお分子論的（微視的）立場からボルツマンはエントロピーと**微視的状態の総数**（これはその状態の**出現確率**と関係する）W_B を関係づける次式を導いた[*17]。

$$S = k_\mathrm{B} \ln W_\mathrm{B} \qquad 6\text{-}31$$

ここで k_B は**ボルツマン定数**と呼ばれ，気体定数をアボガドロ数で割ったものである。

---

*15 **Don't Forget!!**
エントロピーは状態量であるため，$\Delta S = \Delta S_1 + \Delta S_2 + \Delta S_3$ が成り立つ。ΔS_1 と ΔS_3 は定圧条件下における温度変化にともなうエントロピー変化であるので，式 6-23 より

$$\Delta S_1 = \int_0^{T_1} \frac{nC_{p,\,\mathrm{m}}(\mathrm{A})}{T} dT \text{ と}$$
$$\Delta S_3 = \int_{T_1}^{0} \frac{nC_{p,\,\mathrm{m}}(\mathrm{B})}{T} dT \text{ で}$$

計算できる。

*16 **プラスアルファ**
純物質でなければ混合によるエントロピーが存在する。また完全結晶でなければ分子の配置の乱れによるエントロピーが存在する。

WebにLink
例題 6-1（4）の等温・定圧条件下での 2 種類の理想気体（A と B）の混合の問題を取り上げ，「微視的状態」と「微視的状態の総数」について解説している。

*17 **プラスアルファ**
エントロピーは乱雑さ，無秩序さの程度を表す尺度であり，乱雑さが増すとエントロピーは増加する。0 K における完全結晶では $W_\mathrm{B} = 1$ とおけるため，式 6-31 より $S = 0$ が得られ，熱力学第三法則の結果と一致する。

6-2-2 第三法則エントロピーと標準エントロピー

定圧条件下において，1 mol の純物質を固体の状態にある 0 K から気体状態の T [K] まで昇温するときのエントロピー変化 ΔS について考えよう。この状態変化では次のような相転移が起こるとする。

$$\text{固相} \longrightarrow \text{液相} \longrightarrow \text{気相}$$

ここで固相から液相への転移温度（融点）を T_f，モル融解熱を ΔH_fus，液相から気相への転移温度（沸点）を T_b，モル蒸発熱を ΔH_vap，さらに $C_{p,\text{m}}^{(\text{s})}$，$C_{p,\text{m}}^{(\text{l})}$ と $C_{p,\text{m}}^{(\text{g})}$ を固体，液体と気体の定圧モル熱容量とする。

定圧条件下において，1 mol の純物質を固体の状態にある 0 K から気体状態の T まで昇温するときのエントロピー変化 ΔS は，例題 6-1 の式 6-23 と式 6-26 より次式で与えられる。

$$\Delta S = S(T) - S(0) = \int_0^{T_\text{f}} \frac{C_{p,\text{m}}^{(\text{s})}}{T} \text{d}T + \frac{\Delta H_\text{fus}}{T_\text{f}}$$
$$+ \int_{T_\text{f}}^{T_\text{b}} \frac{C_{p,\text{m}}^{(\text{l})}}{T} \text{d}T + \frac{\Delta H_\text{vap}}{T_\text{b}} + \int_{T_\text{b}}^{T} \frac{C_{p,\text{m}}^{(\text{g})}}{T} \text{d}T \quad\quad 6\text{-}32$$

熱力学第三法則を用いて $S(0) = 0$ とおくと，温度 T におけるエントロピーの値，$S(T)$ を求めることができる。このようにして求めたエントロピーを**第三法則エントロピー**という。とくに圧力 101.3 kPa の標準状態における第三法則エントロピーを**標準エントロピー**といい，S° と表す。いくつかの無機化合物および有機化合物について，25 ℃（298.15 K）における標準エントロピーの値を付表 8 にまとめた。

6-2-3 化学反応のエントロピー変化

反応 $a\text{A} + b\text{B} \longrightarrow c\text{C} + d\text{D}$ について，101.3 kPa，25 ℃（298.15 K）の標準状態におけるエントロピー変化 ΔS_{298}° は，標準反応熱の場合と同様の方法で計算できる。つまり A，B，C，D の標準エントロピーを $S^\circ(\text{A})$，$S^\circ(\text{B})$，$S^\circ(\text{C})$，$S^\circ(\text{D})$ とすると，ΔS_{298}° は次式で与えられる。

$$\Delta S_{298}^\circ = [cS^\circ(\text{C}) + dS^\circ(\text{D})] - [aS^\circ(\text{A}) + bS^\circ(\text{B})] \quad 6\text{-}33$$

また 25 ℃（298.15 K）以外の任意の温度 T におけるエントロピー変化 ΔS_T° は，図 6-9 の経路を考えることで次式で与えられる。

$$\Delta S_T^\circ = \Delta S_{298}^\circ + \int_{298.15}^{T} \frac{\Delta C_p}{T} \text{d}T \quad\quad 6\text{-}34$$

ここで，ΔC_p は $[cC_{p,\text{m}}(\text{C}) + dC_{p,\text{m}}(\text{D})] - [aC_{p,\text{m}}(\text{A}) + bC_{p,\text{m}}(\text{B})]$ である。

WebにLink
図 6-9 で示した経路に基づき，式 6-34 を導いてみよう。

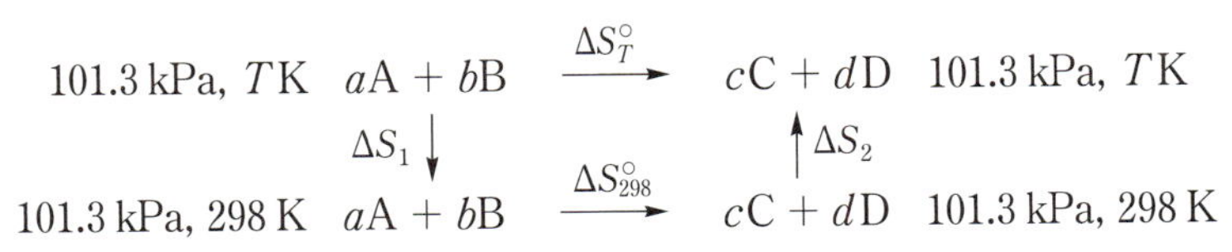

$$
\begin{array}{ccc}
101.3\text{ kPa}, T\text{ K} \quad aA + bB & \xrightarrow{\Delta S_T^\circ} & cC + dD \quad 101.3\text{ kPa}, T\text{ K} \\
\Delta S_1 \downarrow & & \uparrow \Delta S_2 \\
101.3\text{ kPa}, 298\text{ K} \quad aA + bB & \xrightarrow{\Delta S_{298}^\circ} & cC + dD \quad 101.3\text{ kPa}, 298\text{ K}
\end{array}
$$

図6-9 任意の温度におけるエントロピー変化を求める経路

6.3 自由エネルギーと変化の方向[18]

[18] **+α プラスアルファ**
自由エネルギーとは、ギブスエネルギーとヘルムホルツエネルギーのことである。

[19] **Don't Forget!!**
分子論的には、「乱雑」となる方向である。

熱力学第二法則は、断熱系（$Q = 0$）ではエントロピーが増加（$\Delta S > 0$）する方向に変化が起こり[19]、エントロピーが極大値（$\Delta S = 0$）に達すると平衡状態となることを示す。宇宙（= 系 + 外界）は断熱系であるため、常にこのことが成り立つ。宇宙のエントロピー変化 ΔS_{uni} は系のエントロピー変化 ΔS と外界のエントロピー変化 ΔS_{sur} の和であるため、$\Delta S_{uni} = \Delta S + \Delta S_{sur} \geqq 0$ で与えられる。ここで等号は可逆過程、不等号は不可逆過程に対応する。

6-3-1 等温・定圧変化

等温条件下において、系が平衡状態1から平衡状態2に変化するとする。外界の温度を T_{ex} とし、この状態変化において系が吸収した熱量を Q とすると、外界は系と比べてずっと大きいため熱の移動は常に準静的（可逆的）に起こると考えてよい。したがって外界のエントロピー変化 ΔS_{sur} は、$\Delta S_{sur} = -\dfrac{Q}{T_{ex}}$ で与えられる。$\Delta S_{uni} = \Delta S + \Delta S_{sur} \geqq 0$ に代入すると、$\Delta S \geqq \dfrac{Q}{T_{ex}}$ となる。熱力学第一法則 $\Delta U = Q + W$ を用いると、$\Delta U - T_{ex}\Delta S \leqq W$ と変形できる。ここで T_{ex} は外界の温度であるが、可逆過程、不可逆過程によらず、少なくとも最初の状態である平衡状態1と最後の状態である平衡状態2においては系の温度 T と T_{ex} は等しいとおける（可逆過程では変化の途中でも $T = T_{ex}$ が成り立つ）ので、これらの状態間の変化量を考えるときは、次式と書ける。

$$\Delta U - T\Delta S \leqq W \qquad 6\text{-}35$$

ここで、新たな量 G を以下のように定義する。G を**ギブスエネルギー**という[20]。

[20] **+α プラスアルファ**
ギブスエネルギーをギブスの自由エネルギーと呼ぶこともある。

$$G = (U + pV) - TS = H - TS \qquad 6\text{-}36$$

右辺はすべて状態量であるため、G も状態量である。またエンタルピー H は示量因子であることより、G も示量因子である。等温条件にさらに定圧条件を加えると、式6-36の変化量は $\Delta G = \Delta U + p\Delta V - T\Delta S$ となり、式6-35は $\Delta G \leqq W + p\Delta V$ と書き換えることができる。仕事として体積変化にともなう仕事、$W = -p\Delta V$ だけの場合

は，次式となる．

$$\Delta G \leqq 0 \qquad 6\text{-}37$$

したがって等温・定圧の条件下においては，系の状態変化は系のギブスエネルギー G が減少する方向に起こり，G が極小値（$\Delta G = 0$）に達すると平衡状態となる．ただし，仕事は体積変化にともなう仕事のみの場合である．演習問題 6-B2 と 6-B3 を解くことで，このことを確かめてみよう．

とくに標準状態（101.3 kPa, 25 ℃）における生成物 1 mol 当たりのギブスエネルギーを**標準生成ギブスエネルギー** ΔG_f° といい，単体の $H_2(g)$，$N_2(g)$ などは巻末の付表 8 に示すように 0 である．5-3-2 項の標準反応熱（標準反応エンタルピー）の計算と同じように，標準反応ギブスエネルギー ΔG° を求めることができる．標準反応ギブスエネルギーとは，反応における標準生成ギブスエネルギーの変化分（生成系と反応系の差）のことである．この ΔG° を用いて平衡定数を計算することを 9-2 節「平衡組成の計算」の中で詳しく示している．

6-3-2 等温・定積変化

次に等温・定積条件下における系の状態変化について考えよう．さらに別の状態量 A を以下のように定義する．A を**ヘルムホルツエネルギー**という*21．U は示量因子であるため，A も示量因子である．

$$A = U - TS \qquad 6\text{-}38$$

等温条件下においては，その変化量 ΔA は $\Delta A = \Delta U - T\Delta S$ となり式 6-35 に代入することで，$\Delta A \leqq W$ を得る．仕事として体積変化による仕事のみを考えると，定積条件下では $W = 0$ であるため，次式となる．

$$\Delta A \leqq 0 \qquad 6\text{-}39$$

したがって等温・定積の条件下においては，系の状態変化は系のヘルムホルツエネルギー A が減少する方向に起こり，A が極小値（$\Delta A = 0$）に達すると平衡状態となる．ただし仕事はしない場合（$W = 0$）である．

*21 ➕α プラスアルファ
ヘルムホルツエネルギーをヘルムホルツの自由エネルギーと呼ぶこともある．

6-4 熱力学の関係式

6-4-1 マクスウェルの関係式

状態変化が準静的（可逆的）に起こるわずかに異なる 2 つの状態を考えよう．それらの状態変化にともなう内部エネルギー変化 dU は，熱力学第一法則（式 5-4 と式 5-19）より次式で与えられる．

$$dU = dQ_{rev} + dW_{rev} = dQ_{rev} - pdV \qquad 6\text{-}40$$

さらに熱力学第二法則（式 6-13）を代入することで次式を得る．

$$dU = TdS - pdV \qquad 6-41$$

次にエンタルピーの定義式（式5-12）$H = U + pV$ より，H の微小変化は次式となる。

$$dH = dU + Vdp + pdV \qquad 6-42$$

式6-41を式6-42に代入することで次式を得る。

$$dH = TdS + Vdp \qquad 6-43$$

最後にギブスエネルギーの定義式 $G = H - TS$（式6-36）とヘルムホルツエネルギーの定義式 $A = U - TS$（式6-38）より，それぞれ以下の式を導くことができる。

$$dG = -SdT + Vdp \qquad 6-44$$
$$dA = -SdT - pdV \qquad 6-45$$

式6-41は U が S と V の関数であることを示している。つまり $U = U(S, V)$ である。したがって S が S から $S+dS$，V が V から $V+dV$ まで変化することによる U の変化量は，U の全微分で与えられる。

$$dU = \left(\frac{\partial U}{\partial S}\right)_V dS + \left(\frac{\partial U}{\partial V}\right)_S dV \qquad 6-46$$

式6-41と式6-46を比較することで，次の関係式を得る。

$$T = \left(\frac{\partial U}{\partial S}\right)_V, \quad -p = \left(\frac{\partial U}{\partial V}\right)_S \qquad 6-47$$

さらに $U = U(S, V)$ であることより，次の関係式が成り立つ[*22]。

$$\left[\frac{\partial}{\partial V}\left(\frac{\partial U}{\partial S}\right)_V\right]_S = \left[\frac{\partial}{\partial S}\left(\frac{\partial U}{\partial V}\right)_S\right]_V \qquad 6-48$$

式6-47を式6-48に代入することで，次の関係式を得る。

$$\left(\frac{\partial T}{\partial V}\right)_S = -\left(\frac{\partial p}{\partial S}\right)_V \qquad 6-49$$

式6-43より H は S と p の関数であり，式6-44より G は T と p の関数であり，また式6-45より A は T と V の関数であることから以下の関係式を導くことができる。

$$T = \left(\frac{\partial H}{\partial S}\right)_p, \quad V = \left(\frac{\partial H}{\partial p}\right)_S \qquad 6-50$$

$$\left(\frac{\partial T}{\partial p}\right)_S = \left(\frac{\partial V}{\partial S}\right)_p \qquad 6-51$$

$$-S = \left(\frac{\partial G}{\partial T}\right)_p, \quad V = \left(\frac{\partial G}{\partial p}\right)_T \qquad 6-52$$

$$-\left(\frac{\partial S}{\partial p}\right)_T = \left(\frac{\partial V}{\partial T}\right)_p \qquad 6-53$$

WebにLink
式6-44と式6-45を導いてみよう。

[*22] **＋α プラスアルファ**
関数 $z = f(x, y)$ に対する偏導関数，$f_{xy} = \left[\frac{\partial}{\partial x}\left(\frac{\partial f}{\partial y}\right)_x\right]_y$ と $f_{yx} = \left[\frac{\partial}{\partial y}\left(\frac{\partial f}{\partial x}\right)_y\right]_x$ について，f_{xy} と f_{yx} が存在し，かつ連続であれば，$f_{xy} = f_{yx}$ が成り立つ。

$$-S = \left(\frac{\partial A}{\partial T}\right)_V, \quad -p = \left(\frac{\partial A}{\partial V}\right)_T \qquad 6-54$$

$$\left(\frac{\partial S}{\partial V}\right)_T = \left(\frac{\partial p}{\partial T}\right)_V \qquad 6-55$$

式 6-49，式 6-51，式 6-53，式 6-55 の関係式を**マクスウェルの関係式**という。これらの式はいかなる仮定も用いていないため，固体，液体，気体の状態に関係なくまたすべての物質において成り立つ。式 6-53 と式 6-55 は実測不可能な左辺の量を実測可能な右辺の量に変換するため，とくに有益な式である。

Webにリンク

式 6-50，式 6-52，式 6-54 から，マクスウェルの関係式である式 6-51，式 6-53，式 6-55 を導いてみよう。

6-4-2 ギブス-ヘルムホルツの式

ギブスエネルギーの定義式である式 6-36 と式 6-52 より次式を得る。

$$H = G + TS = G - T\left(\frac{\partial G}{\partial T}\right)_p \qquad 6-56$$

右辺を書き換えることで次式が得られる[*23]。

$$H = -T^2 \frac{\left[\left(\frac{\partial G}{\partial T}\right)_p T - G\right]}{T^2} = -T^2 \left[\frac{\partial}{\partial T}\left(\frac{G}{T}\right)\right]_p \qquad 6-57$$

一方ヘルムホルツエネルギーの定義式である式 6-38 と式 6-54 より，次の関係式を得ることができる。

$$U = -T^2 \left[\frac{\partial}{\partial T}\left(\frac{A}{T}\right)\right]_V \qquad 6-58$$

式 6-57 と式 6-58 を**ギブス-ヘルムホルツの式**という。平衡定数の温度依存性を表す重要な式であるファント・ホッフの式[*24] は，式 6-57 を用いて導出される。

[*23] **+α プラスアルファ**

以下の関係式を使用する。

$$\left[\frac{\partial}{\partial T}\left(\frac{G}{T}\right)\right]_p = \frac{\left(\frac{\partial G}{\partial T}\right)_p T - G}{T^2}$$

式 6-57 は H の代わりに変化量 ΔH を考えると，G は ΔG となることから，以下の式となる。

$$\Delta H = -T^2 \left[\frac{\partial}{\partial T}\left(\frac{\Delta G}{T}\right)\right]_p$$

[*24] **+α プラスアルファ**

ファント・ホッフの式は，9-3-2 項の「温度の影響」において示されている。

6・5 化学ポテンシャル

これまで扱ってきた系は，系と外界の間で熱や仕事の形でエネルギーが移動する閉鎖系であった。この節ではこれらのエネルギー移動に加えて，物質の移動も起こる図 6-10 に示す開放系を扱うことにする。

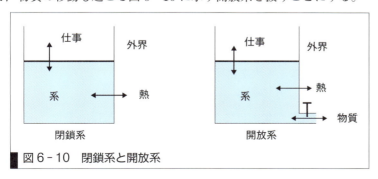

図 6-10　閉鎖系と開放系

*25

+α プラスアルファ

巨視的立場から見ると内部エネルギー U は系が内部に蓄えているエネルギーであるが，微視的立場から見ると系に存在する分子が持つ運動エネルギーと分子間の相互作用から生じるポテンシャルエネルギーである。したがって，系の内部エネルギーは系に存在する分子数(物質量)に比例する。

開放系では，系と外界の間で物質が出入りするため系に存在する分子数は変化する。dn を出入りした物質量とすると，開放系における熱力学第一法則は次式で与えられる*25。

$$dU = dQ_{rev} + dW_{rev} + \mu dn \quad \text{6-59}$$

ここで比例定数 μ を**化学ポテンシャル**という。C 個の成分からなる混合物系では，次式となる。

$$dU = dQ_{rev} + dW_{rev} + \mu_1 dn_1 + \cdots + \mu_C dn_C = TdS - pdV + \sum_{i=1}^{C} \mu_i dn_i \quad \text{6-60}$$

式 6-60 は，U が S, V, n_1, n_2, $\cdots$, n_C の関数であることを示しており，数学的には U の全微分で表せる。

$$dU = \left(\frac{\partial U}{\partial S}\right)_{V, n_i} dS + \left(\frac{\partial U}{\partial V}\right)_{S, n_i} dV + \sum_{i=1}^{C} \left(\frac{\partial U}{\partial n_i}\right)_{S, V, n_j(j \neq i)} dn_i \quad \text{6-61}$$

式 6-60 と式 6-61 を比較することで，次の関係式を得る。

$$T = \left(\frac{\partial U}{\partial S}\right)_{V, n_i}, \quad -p = \left(\frac{\partial U}{\partial V}\right)_{S, n_i}, \quad \mu_i = \left(\frac{\partial U}{\partial n_i}\right)_{S, V, n_j(j \neq i)} \quad \text{6-62}$$

ギブスエネルギー G を用いた場合は，次式となる。

$$dG = -SdT + Vdp + \sum_{i=1}^{C} \mu_i dn_i \quad \text{6-63}$$

WebにLink
これらの関係式を導いてみよう。

同様に式を展開することで，次の関係式を得る。

$$-S = \left(\frac{\partial G}{\partial T}\right)_{p, n_i}, \quad V = \left(\frac{\partial G}{\partial p}\right)_{T, n_i}, \quad \mu_i = \left(\frac{\partial G}{\partial n_i}\right)_{T, p, n_j(j \neq i)} \quad \text{6-64}$$

ここで，μ_i は成分 i の**部分モルギブスエネルギー**とも呼ばれる。

WebにLink
演習問題の解答

演習問題 A　基本の確認をしましょう

6-A1　n [mol] の理想気体を平衡状態 1 (温度 T_1 [K], 圧力 p_1 [Pa], 体積 V_1 [m³]) から平衡状態 2 (温度 T_2, 圧力 p_2, 体積 V_2) へ変化させた。エントロピー変化 ΔS を与える式を導け。

6-A2　カルノーサイクルについて，温度 T [K] 対エントロピー S [J·K⁻¹·mol⁻¹] の図を示せ。

6-A3　アセチレンの水素化反応

$$C_2H_2^{(g)} + 2H_2^{(g)} \longrightarrow C_2H_6^{(g)}$$

について，327 ℃ におけるエントロピー変化 $\Delta S°_{600}$ [J·K⁻¹·mol⁻¹] を求めよ。25 ℃ における標準エントロピーと定圧モル熱容量は付表 8 の値を用いよ。

演習問題　B　もっと使えるようになりましょう

6-B1 容器全体を断熱壁で覆ったあと，一定圧力下において20℃の水1 molを入れた容器と80℃の水1 molを入れた容器を接触させた。水の定圧モル熱容量は75.55 J·K^{-1}·mol^{-1}とする。

(1) 接触後の平衡温度 T [K] を求めよ。

(2) 系である水のエントロピー変化 ΔS [J·K^{-1}] を求め，この変化は自然に起こる不可逆過程であることを示せ[*26]。

[*26] 系は断熱壁で覆われているため，断熱系である。

6-B2 101.3 kPa，0℃において，1 molの水が氷に相転移するときのギブスエネルギー変化 ΔG [J] を求めよ。0℃における氷の融解熱は6.008 kJ·mol^{-1}とする。また得られた ΔG の値より，この変化は可逆過程であるか不可逆過程であるか，説明せよ。

6-B3 101.3 kPa，－10℃に過冷却された1 molの水が，－10℃の氷に相転移するときのギブスエネルギー変化 ΔG [J] を求めよ。0℃における氷の融解熱は6.008 kJ·mol^{-1}，0～－10℃における水と氷の平均定圧モル熱容量はそれぞれ75.15，34.83 J·K^{-1}·mol^{-1}とする。また得られた ΔG の値より，この変化は可逆過程であるか不可逆過程であるか，説明せよ。

> **あなたがここで学んだこと**
>
> この章であなたが到達したのは
> - □ 熱力学第二法則を理解し，説明できる
> - □ エントロピー変化，ギブスエネルギー変化を計算できる
> - □ 熱力学第三法則を理解し，説明できる
> - □ 化学反応における標準エントロピー変化を理解し，説明できる
> - □ 断熱系，および等温・定圧条件下と等温・定積条件下にある系について，変化の方向と平衡条件を説明できる
>
> 　前章および本章で学んだ熱力学は抽象的な表現・内容が多いため，一度授業を受け，一冊の本を読むだけで理解することは難しい（筆者は高専3年生のとき初めて熱力学の授業を受けたが，まったくわからなかった）。しかし熱力学の知識は，これから学ぶ7章の「相平衡と溶液」や9章の「化学平衡」の内容を理解するために必要なだけでなく，さまざまな生物や化学の現象を定量的に解釈するうえでも不可欠である。このため将来化学分野における研究者，技術者となる皆さんにとって，身につけておかなければならない重要な知識である。具体的な問題について，繰り返し「考える」ことを通して少しずつ理解を深めてほしい。

7章

相平衡と溶液

ウィスキーの蒸留装置
アルコール発酵で得られた醸造酒を蒸留することでテキーラやウィスキーといった蒸留酒が製造される。

石油精製の蒸留塔
石油を蒸留して，沸点により製油所ガス，ナフサ，ガソリン，灯油，軽油，重油などに分離される。

　平地の大気圧は101.3 kPa付近であり，純粋な水は100℃で沸騰する。高山では気圧が減少するため，100℃以下で沸騰する。かつてはこれを利用して水の沸点から山の標高を測定していた。沸点や凝固点などを熱力学から予測する学問を相平衡理論という。化学工業では蒸留により混合物から純度の高い化合物を精製する。石油精製では高さ50 mにもおよぶ巨大な常圧蒸留塔を用いて原油からガソリンや灯油といった石油製品を製造し，酒造では大麦などを酵母によってアルコール発酵させた醸造酒を蒸留し，ウィスキーや焼酎といったアルコール濃度の高い蒸留酒を造る。蒸留操作は相平衡理論と深く関係している。相平衡理論をもとに安定に存在する各圧力や温度，組成を示した図が状態図である。状態図を読むことができれば各圧力における沸点，蒸留後の組成を求めることができる。

●この章で学ぶことの概要

　この章では相の平衡と溶液の性質について学習する。相律から，自由に変えられる変数である自由度を算出する。2種類の物質からなる混合物（2成分系）の状態図の読み方と利用方法を学習する。平衡となる圧力の温度依存性を表すクラウジウス–クラペイロンの式から各圧力における沸点の算出法を学習する。これらの学習内容は蒸留塔の設計など化学工学分野で重要である。さらに気液平衡条件から，理想的な溶液と理想的な希薄溶液を定義する。溶質の添加による溶媒の沸点上昇，凝固点降下や浸透圧と，それを用いた簡易な分子量測定法も学ぶ。

> **予習** 授業の前にやっておこう!!
>
> 熱力学
> 　熱力学第一法則と第二法則の結合：$dU = dQ_{rev} + dW_{rev} = TdS - pdV$
> 　ギブスエネルギーの定義：$G = U - TS + pV = H - TS$
> 　等温定圧下でギブスエネルギーが極小（$dG = 0$）になると平衡に達する。
>
> 蒸気圧と沸点
> 　蒸気圧：指定された温度で気体と液体が平衡にあるときの圧力
> 　沸点：指定された圧力で気体と液体が平衡にあるときの温度
> 　標準沸点：標準圧力（$p = 1\,\text{atm} = 101.3\,\text{kPa}$）のときの沸点
>
> 濃度
> 　（体積）モル濃度：**溶液** $1\,\text{dm}^3$ 中に含まれる**溶質**の物質量
> 　質量モル濃度：$1\,\text{kg}$ の**溶媒**に溶解している溶質の物質量
> 　モル分率：全成分の総物質量に対する各成分の物質量

1. 熱力学に関する上記の 2 式から次式を誘導せよ。

    $$dG = Vdp - SdT$$

    Webにリンク　予習の解答

2. $0\,℃$，$0.100\,\text{MPa}$，$1\,\text{mol}$ の理想気体を温度一定で圧縮し，$0\,℃$，$0.250\,\text{MPa}$ としたときのギブスエネルギー変化を求めよ。

3. $39.8\,\text{wt\%}$ の硝酸溶液の密度は $1.25\,\text{g·cm}^{-3}$ である。体積モル濃度，質量モル濃度を求めよ。

7 1 相転移と相律

7-1-1 相転移と相平衡

物質の**相**とは，化学的組成と物理的性質が均一な状態のことである。固，液，気は相である。相を構成する**成分**とは化学的に独立な化学種[*1]を指す。相から他の相への自発的な変化を**相転移**という。固体が液体になる**融解**，液体が気体になる**蒸発**，固体が気体になる**昇華**は相転移である。温度，圧力，組成の変化で安定な相が交代するために相転移は起こる。$101.3\,\text{kPa}$ において，水は $0\,℃$ 以下では氷が，$0\,℃$ 以上では液体の水が安定である。このため $101.3\,\text{kPa}$ で氷を加熱すると，$0\,℃$ で氷が融解する。$101.3\,\text{kPa}$，$0\,℃$ の水と氷のように複数の相が共存し，平衡状態となることを**相平衡**という。

[*1] **プラスアルファ**
塩化ナトリウム水溶液ではナトリウムイオン，塩化物イオン，水が存在するが，ナトリウムイオンと塩化物イオンの量は等しいため，独立ではない。このため，$C = 2$ となる。

7-1-2 相平衡の条件

図 7-1 のように成分 A が α 相，β 相に分離しており[*2]，各相の**化学ポテンシャル**をそれぞれ $\mu_A^{(\alpha)}$ と $\mu_A^{(\beta)}$ $[\text{J·mol}^{-1}]$ とする。α 相から β 相に A が $dn_A\,[\text{mol}]$ だけ移ると，系のギブスエネルギー変化 $dG\,[\text{J}]$

[*2] **ヒント**
たとえば α 相を液相，β 相を気相と考えると，ここで議論されているのは液体が蒸発して気体となる現象となる。

は次式となる[*3]。

$$dG = -\mu_A^{(\alpha)} dn_A + \mu_A^{(\beta)} dn_A$$
$$= \{\mu_A^{(\beta)} - \mu_A^{(\alpha)}\} dn_A \qquad 7-1$$

2相の平衡時には $dG = 0$ となるため，化学ポテンシャルは等しくなる。

$$\mu_A^{(\beta)} = \mu_A^{(\alpha)} \qquad 7-2$$

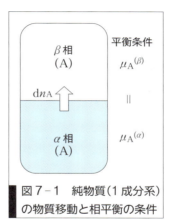

図7-1 純物質（1成分系）の物質移動と相平衡の条件

[*3] **プラスアルファ**
化学ポテンシャルの定義から
$$\left\{\frac{\partial G^{(\beta)}}{\partial n_A}\right\}_{T,p} = \mu_A^{(\beta)}$$
この移動のとき温度，圧力を一定とすると，β 相のギブスエネルギー変化は次式で与えられる。
$$dG^{(\beta)} = \mu_A^{(\beta)} dn_A$$
α 相は dn_A だけ減少するので
$$dG^{(\alpha)} = \mu_A^{(\alpha)} d(-n_A)$$
$$= -\mu_A^{(\alpha)} dn_A$$

7-1-3 相律と自由度

相の状態は圧力，温度，濃度により記述できる。成分 1, 2, 3…C, 相 1, 2, 3…P からなる系が平衡にあるとする。相状態を記述するのに必要な濃度は相ごとに $(C-1)$ 個なので，合計で $P(C-1)$ 個だけ必要となる[*4]。完全な状態の記述には圧力と温度も必要なので，$P(C-1) + 2$ だけ必要となる。成分1の相平衡の条件は次式となる。これは $P-1$ 個の方程式からできている。

$$\mu_1^{(1)} = \mu_1^{(2)} = \cdots = \mu_1^{(P)} \qquad 7-3$$

成分 2, 3…C についても同様の方程式が立てられるため，総数は $C(P-1)$ となる。したがって，自由に変えることができる変数の数すなわち**自由度** F は，状態を記述するために必要な変数の数から条件式の総数を差し引いて次式となる。この式は**ギブスの相律**と呼ばれる。

$$F = P(C-1) + 2 - C(P-1) = C - P + 2 \qquad 7-4$$

[*4] **プラスアルファ**
A，B の 2 成分系
$x_B = 1 - x_A$
（x_B は x_A により決まる）
A，B，C の 3 成分系
$x_C = 1 - x_A - x_B$
（x_C は x_A と x_B により決まる）
各相において，モル分率の総和は 1 となる。これが束縛条件となり，状態を記述するために必要となる変数の数は C 個より 1 減少し，$(C-1)$ 個となる。

例題 7-1 次の状態で平衡にある相，成分，自由度を答えよ。
(1) 融点におけるベンゼン
(2) 気相と平衡にあるエタノール水溶液
(3) 食塩水

解答 (1) $P = 2$（液相, 固相），$C = 1$（ベンゼン），$F = 1 - 2 + 2 = 1$
(2) $P = 2$（液相, 気相），$C = 2$（エタノール, 水），$F = 2 - 2 + 2 = 2$
(3) $P = 1$（液相），$C = 2$（NaCl, 水），$F = 2 - 1 + 2 = 3$

7-2 純物質の相平衡

7-2-1 純物質の状態図

純物質（1成分系）の相平衡では圧力と温度の2つが状態変数である。式 7-4 を用いると，1成分系では $C = 1$ であるため，次式となる。

$$F = 3 - P \qquad 7-5$$

相が1つのとき$F=2$で圧力も温度も自由に選ぶことができる。相が2つのとき$F=1$で温度を選ぶと圧力は決まる。相が3つのとき$F=0$となり，温度も圧力も選ぶことができない。2章で学んだように**状態図**は各温度，圧力において最も安定な相を示している（2章図2-3 水の状態図参照）。相が1つのときは種々の組み合わせの温度と圧力をとることができるため，状態図では"面"として表される。同様に相が2つのときは"線"，相が3つのときは"点"として表される。状態図は平衡時の相を表すが，状態図で示された相以外の相も観測できる。これは相転移の速度が遅いことに起因する。たとえば炭素はダイヤモンドとグラファイトの2つの相をとることができるが，通常の温度において安定な相はグラファイトである。このような場合，ダイヤモンドは準安定相と呼ばれる[*5]。

7-2-2 クラウジウス-クラペイロンの式

純物質において2相の平衡は7-2-1項のとおり状態図において線で表される。これを数式化できれば容易に蒸気圧や沸点を求めることができる。式7-2で示したとおり，化学ポテンシャルが等しいとき相平衡となる。平衡を維持したまま，温度をdT [K]だけ変化させるには，2つの相の化学ポテンシャルは同じだけ変化する必要があるため次式となる。

$$d\mu_A^{(\beta)} = d\mu_A^{(\alpha)} \qquad 7-6$$

予習で学んだように熱力学関数の関係式から，次式となる[*6]。

$$d\mu^{(\beta)} = V_m^{(\beta)} dp - S_m^{(\beta)} dT \qquad 7-7$$

$$d\mu^{(\alpha)} = V_m^{(\alpha)} dp - S_m^{(\alpha)} dT \qquad 7-8$$

$V_m^{(\beta)}$ [$m^3 \cdot mol^{-1}$]と$S_m^{(\beta)}$ [$J \cdot K^{-1} \cdot mol^{-1}$]はそれぞれ$\beta$相における1 mol当たりの体積とエントロピーである。式7-6～式7-8を用いると次式となる。

$$\frac{dp}{dT} = \frac{S_m^{(\beta)} - S_m^{(\alpha)}}{V_m^{(\beta)} - V_m^{(\alpha)}} \qquad 7-9$$

$S_m^{(\beta)} - S_m^{(\alpha)}$は$\alpha$相から$\beta$相への相転移のエントロピー変化$\Delta S_{trs}$ [$J \cdot K^{-1} \cdot mol^{-1}$]である。相転移のエンタルピー変化を$\Delta H_{trs}$ [$J \cdot mol^{-1}$]とすると相転移は等温定圧下で起こることから，次式が成り立つ。

$$\Delta S_{trs} = \frac{\Delta H_{trs}}{T} \qquad 7-10$$

$$\frac{dp}{dT} = \frac{\Delta H_{trs}}{T(V_m^{(\beta)} - V_m^{(\alpha)})} \qquad 7-11$$

式7-11は**クラウジウス-クラペイロンの式**と呼ばれ，相転移の圧

[*5] **Let's TRY!!**
熱力学的に水は0℃で凝固するが，ゆっくりと静かに冷却すると0℃以下でも液体の水となる（図2-6参照）。これを過冷却といい，刺激を与えることで急速に凝固する。過冷却にある液体も準安定相である。過冷却を利用したカイロなどが商品化されている。過冷却がカイロにどのように活かされているのか調べてみよう。

[*6] **+α プラスアルファ**
純物質の化学ポテンシャルは1 mol当たりのギブスエネルギーG_mと等しいので次式となる。
$d\mu = V_m dp - S_m dT$

力-温度の関係を表す*7。α 相を液相 l, β 相を気相 g としたとき, ΔH_{trs} は**蒸発エンタルピー** ΔH_{vap} となるため, 次式となる。

$$\frac{dp}{dT} = \frac{\Delta H_{vap}}{T(V_m^{(g)} - V_m^{(l)})} \qquad 7-12$$

$V_m^{(g)} \gg V_m^{(l)}$ とし, 気体を理想気体とすると, 次式となる。

$$\frac{dp}{dT} = \frac{p \Delta H_{vap}}{RT^2} \qquad 7-13$$

$$\frac{1}{p}dp = \frac{\Delta H_{vap}}{RT^2}dT \qquad 7-14$$

式 7-14 で変数 (ここでは p と T) を右辺と左辺に分けたが, これを変数分離という。ΔH_{vap} 一定で式 7-14 を積分すると次式となる。

$$\ln p = -\frac{\Delta H_{vap}}{RT} + C \qquad 7-15$$

*7 **+α プラスアルファ**
相転移は圧力一定で起こるので, 転移エンタルピーは転移による熱と等しい。このため, 転移熱とも呼ばれる。すなわち, 蒸発エンタルピーは蒸発熱とも呼ばれる。

C は積分定数である。$\ln p$ を縦軸, $\frac{1}{T}$ を横軸にとると直線となり, この直線の傾きから ΔH_{vap} を求めることができる。図 7-2 にいくつかの化合物の $\ln p$ と $\frac{1}{T}$ の関係を示した。温度 T_1 における蒸気圧を p_1, T_2 における蒸気圧を p_2 としたとき, 式 7-15 から次式が得られる。

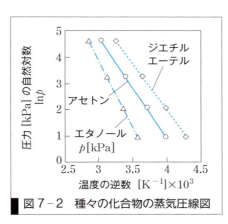

図 7-2 種々の化合物の蒸気圧線図

$$\ln \frac{p_2}{p_1} = -\frac{\Delta H_{vap}}{R}\left(\frac{1}{T_2} - \frac{1}{T_1}\right) \qquad 7-16$$

式 7-16 を用いることで, $p = 101.325\,\text{kPa}\,(= 1\,\text{atm})$ における沸点である標準沸点や 25 ℃ における蒸気圧など既知のデータから任意の温度における蒸気圧や任意の圧力における沸点を推算することができる。しかし, 式 7-15 は狭い温度範囲で成立するが, 広範囲においてはずれが生じる。一般的には実験式である次の**アントワン式**が広く用いられる。

$$\log p = A - \frac{B}{T + C} \qquad 7-17$$

A, B, C は実験により決まる定数で, p の単位を Pa, T の単位を K としたとき, エタノールでは $A = 10.33827, B = 1652.05, C = -41.67$ である。

例題 7-2 エタノールは 48 ℃ で蒸気圧が 26.7 kPa, 蒸発熱が 43.5 kJ·mol^{-1} である。式 7-16 から標準沸点と 25 ℃ の蒸気圧を求めよ[*8]。

解答 48 ℃ を T_1, 標準沸点を T_2, 25 ℃ を T_3 とすると次式となる。

$$\frac{1}{T_2} = \frac{1}{T_1} - \frac{R}{\Delta H_{vap}} \ln \frac{p_2}{p_1}$$

$$= \frac{1}{321.15\,\text{K}} - \frac{8.314\,\text{J·mol}^{-1}\text{·K}^{-1}}{43.5\times 10^3\,\text{J·mol}^{-1}} \ln \frac{101.3\,\text{kPa}}{26.7\,\text{kPa}}$$

$$= 2.86 \times 10^{-3}\,\text{K}^{-1}$$

$$T_2 = 350\,\text{K}$$

$$\ln \frac{p_3}{p_1} = -\frac{\Delta H_{vap}}{R}\left(\frac{1}{T_3} - \frac{1}{T_1}\right)$$

$$= -\frac{43.5\times 10^3\,\text{J·mol}^{-1}}{8.314\,\text{J·mol}^{-1}\text{·K}^{-1}}\left(\frac{1}{298.15\,\text{K}} - \frac{1}{321.15\,\text{K}}\right)$$

$$= -1.257$$

$$p_3 = 26.7\,\text{kPa} \times \exp(-1.257) = 7.60\,\text{kPa}$$

[*8] **Let's TRY!**
アントワン式からもエタノールの標準沸点と 25 ℃ の蒸気圧を求め, 例題の解答と比較してみよう。
$T_2 = 351$ K, $p_3 = 7.89$ kPa

7・3　2成分系の気相‐液相平衡条件と溶液の性質

7・3・1　2成分系の平衡条件

前節では純物質の相平衡について考えた。しかし, 食塩水や空気など多くの物質は混合物である。そこで 2 つの成分からなる単純な混合物について考えよう。2 成分系では $C = 2$ であるから, 式 7-4 は次式となる。

$$F = 4 - P \qquad \qquad 7\text{-}18$$

気相と液相が平衡にあるとき ($P = 2$), $F = 2$ であるから濃度, 圧力, 温度のうち 2 つを自由に選べる。温度を指定したとすると, $F = 1$ となるから濃度を選ぶと圧力は決まる。すなわち, ある温度における溶液の蒸気圧はその濃度により決まる。図 7-3 で示した A と B からなる溶液と気体を考える。B について考えると 2 相の平衡条件は次のとおりである。

$$\mu_B^{(l)} = \mu_B^{(g)} = \mu_B \qquad \qquad 7\text{-}19$$

気体について考えると, 式 7-7 から次式が得られる[*9]。

$$\mu_B = \mu_B^\circ + RT\ln \frac{p_B}{p^\circ} \qquad \qquad 7\text{-}20$$

p_B と μ_B° はそれぞれ温度 T における B の分圧と**標準化学ポテンシャル**であり, p° は標準圧力である。純粋な B を考えると, 次式となる。

$$\mu_B^* = \mu_B^\circ + RT\ln \frac{p_B^*}{p^\circ} \qquad \qquad 7\text{-}21$$

[*9] **+α プラスアルファ**
式 7-7 から次式となる。
$d\mu = V_m dp - S_m dT$
温度一定では次式となる。
$d\mu = V_m dp$
理想気体としたとき, 次式となる。
$d\mu = \frac{RT}{p}dp = RT d\ln p$
ここで, B について考えると, p_B で μ_B となり, p_B° で μ_B° となる。このことを考慮して, 積分すると式 7-20 となる。なお, p° は標準圧力 ($p^\circ = 1$ atm $= 101.3$ kPa) である。

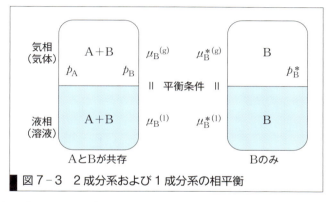

図7-3 2成分系および1成分系の相平衡

μ_B^*とp_B^*はそれぞれ純粋なBの化学ポテンシャルと蒸気圧である[*10]。式7-20と式7-21から，次式が得られる。

$$\mu_B = \mu_B^* + RT \ln \frac{p_B}{p_B^*} \qquad 7\text{-}22$$

式7-22は溶液の化学ポテンシャルを与える重要な式である。

[*10] **+α プラスアルファ**
$\mu_B^\circ : p = p^\circ (101.3\ \text{kPa})$，$T$に依存
$\mu_B^* : p = p_B^*$（純粋なBの蒸気圧），Tに依存

7-3-2 ラウールの法則と理想溶液

気相における分子間の距離は大きいため，理想的には相互作用がないと考える。液相における分子間の距離は気体に比べて著しく小さいため，相互作用を無視することはできない。そこで，分子間の相互作用は分子の種類に依存せずに同様であると考える。これを**理想溶液**と呼ぶ。分子Aと分子Bからなる溶液ではAとA，AとB，BとBの3種類の相互作用があるが，理想溶液ではどれも同じである。この仮定を用いるとp_Bは溶液中のBのモル分率x_Bに比例する。純粋なBでは$x_B = 1$で$p_B = p_B^*$となるから，次式となる。

$$p_B = x_B p_B^* \qquad 7\text{-}23$$

これを**ラウールの法則**と呼び，理想溶液は全濃度域でこれに従う。混合する分子の性質が似て極性が小さい場合（トルエン－ベンゼン溶液など）は，理想溶液として扱える。図7-4にA，Bからなる理想溶液の各成分の分圧，全圧pとモル分率の関係を示す。全圧はモル分率に対して直線的に変化する[*11]。多くの実在溶液はラウールの法則からずれるが（図7-5），溶媒など過剰な成分ではよく一致する。式7-23と式7-22から次式が得られ，この式により改めて理想溶液を定義

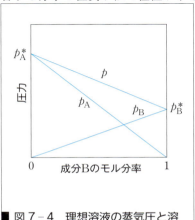

図7-4 理想溶液の蒸気圧と溶液中のBのモル分率の関係

[*11] **+α プラスアルファ**
図7-4において，$x_B = 0$のとき，純粋なAであるから，$p = p_A^*$となり，$x_B = 1$では$p = p_B^*$となる。

できる。

$$\mu_B = \mu_B^* + RT\ln x_B \qquad 7-24$$

したがって，理想溶液の μ_B は $\ln x_B$ に対して直線的に増加する（図7-6）。理想溶液と平衡にある気相中に含まれる B のモル分率を y_B とすると，**ドルトンの法則**と式7-23から次式が得られる。

$$y_B = \frac{p_B}{p} = \frac{x_B p_B^*}{p} = \frac{x_B p_B^*}{x_B p_B^* + (1-x_B) p_A^*} \qquad 7-25$$

7-3-3 ヘンリーの法則と理想希薄溶液

一般的な実在溶液において，溶媒はラウールの法則とよく一致するが，溶質は一致しない。溶媒 A，溶質 B からなる希薄な溶液では，A の分子の数に比べて B の分子の数は著しく小さい。B は A のみに囲まれることから A とのみ相互作用する。このような条件では次式が成り立ち，この式を**ヘンリーの法則**と呼ぶ（図7-5）[*12,13]。

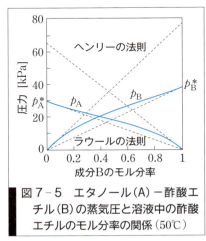

図7-5 エタノール(A)－酢酸エチル(B)の蒸気圧と溶液中の酢酸エチルのモル分率の関係（50℃）

$$p_B = x_B k_H \qquad 7-26$$

ただし，k_H は A と B の種類により決まる定数で，p_B^* と異なる。この法則に従う溶液を**理想希薄溶液**と呼ぶ。式7-22を用いると次式となる。

$$\mu_B = \mu_B^* + RT\ln\frac{x_B k_H}{p_B^*} = \mu_B^* + RT\ln\frac{k_H}{p_B^*} + RT\ln x_B \qquad 7-27$$

k_H と p_B^* は B の種類により決まる定数なので，次式の μ_B° は定数である。

$$\mu_B^\circ = \mu_B^* + RT\ln\frac{k_H}{\mu_B^*} \qquad 7-28$$

これを溶質として考えたときの標準化学ポテンシャルという。μ_B° を用いると，式7-27は次式となる[*14]。

$$\mu_B = \mu_B^\circ + RT\ln x_B \qquad 7-29$$

ヘンリーの法則から液体への気体の溶解，すなわち，**ガス吸収**についても計算できる。ガス吸収は気体混合物の分離操作であり，気体混合物中の特定の有用成分の回収，有害成分の除去などのため工業的に広く用いられている。吸収液すなわち溶媒に溶質となる気体あるいはこれを含む混合気体を接触させると，溶質は液中に溶解していき，ついにはそれ以上溶解できなくなる。このときの液中の溶質濃度を**溶解度**という。溶解度には溶質のモル分率あるいは質量モル濃度などが用いられている。

---

*12 **Don't Forget!!**
溶媒（主成分）はラウールの法則に従う。
溶質（希薄成分）はヘンリーの法則に従う。
図7-5では実際の溶液の蒸気圧はラウールの法則から計算される値に比べて大きいが，系によっては小さいこともある。Web にいくつかの溶液の蒸気圧図を載せた。
Webにリンク

*13 **Let's TRY!!**
式7-26を参考に図7-5にBを溶質とした場合のヘンリー定数を記入してみよう。

*14 **Let's TRY!!**
式7-29から，理想希薄溶液の μ_B と $\ln x_B$ は直線の関係（図7-6）にある。図7-6中に μ_B° を記入してみよう。

7-3-4 溶液の活量

図7-6のとおり，多くの実在溶液の各成分の化学ポテンシャルはラウールの法則に従わない濃度領域がある。実在溶液の成分Bの化学ポテンシャルμ_Bがラウールの法則（式7-24）から計算される値に比べて，$RT\ln\gamma_B$だけ大きいとしたとき，μ_Bは次式で与えられる。

$$\mu_B = \mu_B^* + RT\ln x_B + RT\ln\gamma_B = \mu_B^* + RT\ln\gamma_B x_B \quad 7-30$$

$$a_B = \gamma_B x_B \quad 7-31$$

このa_Bを用いると，実在溶液は理想溶液と同様の式となる。

$$\mu_B = \mu_B^* + RT\ln a_B \quad 7-32$$

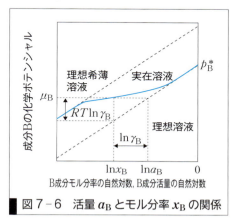

図7-6　活量a_Bとモル分率x_Bの関係

ここでa_Bは**活量**と呼ばれ，理想溶液としたときの有効な濃度に相当する。γ_Bは成分Bの活量が実際の濃度の何倍に相当するのかを表し，**活量係数**と呼ばれる。a_Bはx_Bより大きい場合（エタノール－酢酸エチル）も，小さい場合（クロロホルム－アセトン）もある[*15]。$x_B = 1$近く（溶媒）ではラウールの法則に従うため，a_Bはx_Bに，γ_Bは1に近い。

希薄溶液の溶質はヘンリーの法則（式7-29）に従うため，溶質の活量はヘンリーの法則から次式で定義される。

$$\mu_B = \mu_B^\circ + RT\ln a_B \quad 7-33$$

溶液中の溶質の濃度は質量モル濃度を使うと便利であるため，$m_B^\circ = 1\,\mathrm{mol\cdot kg^{-1}}$の化学ポテンシャルを基準とし，モル分率の代わりに質量モル濃度m_Bを用いることが多い。この基準を用いると，式7-33は次式となる。このときの標準化学ポテンシャルは先に導入した値と異なる[*16]。

$$a_B = \gamma_B \frac{m_B}{m_B^\circ} \quad 7-34$$

また，式7-23の，理想溶液基準の活量を置き換えることで，実在溶液の分圧を計算できる。

$$p_B = a_B p_B^* = \gamma_B x_B p_B^* \quad 7-35$$

[*15] **Let's TRY!!**
図7-6で，$a_B > x_B$となっているが，$a_B < x_B$となる場合もある。このときの活量係数はどのような値となるか。

[*16] **＋αプラスアルファ**
活量の基準は以下のとおりである。
溶媒：ラウールの法則
　　　純溶媒基準
溶質：ヘンリーの法則
(1) ヘンリーの法則から推算される純溶質基準
(2) ヘンリーの法則から推算される$1\,\mathrm{mol\cdot kg^{-1}}$の溶液中の溶質基準

例題 7-3 (1) 四塩化炭素(A)-クロロホルム(B)溶液が理想溶液であるとして、溶液中のBのモル分率が0.750である溶液の30℃における蒸気圧と気相中のBのモル分率を求めよ。ただし、30℃における蒸気圧は、四塩化炭素 18.9 kPa、クロロホルム 31.9 kPa とする。

(2) 25℃における水(A)に対するメタン(B)のヘンリー定数は 4.19×10^4 kPa であるとして、分圧が 10.1 kPa のメタンの水への溶解度をモル分率と質量モル濃度で求めよ。

(3) アセトンのモル分率が 0.60 のアセトン(A)-2-プロパノール(B)溶液の 50℃における蒸気圧を求めよ。理想溶液基準のAとBの活量係数はそれぞれ $\gamma_A = 1.11$ と $\gamma_B = 1.21$、純粋なAとBの蒸気圧はそれぞれ 81.7 と 21.9 kPa である。

解答 (1) $p = x_A p_A^* + x_B p_B^* = (1-x_B)p_A^* + x_B p_B^*$
$= (1-0.75) \times 18.9 \text{ kPa} + 0.75 \times 31.9 \text{ kPa} = 28.7 \text{ kPa}$

$$y_B = \frac{p_B}{p} = \frac{x_B p_B^*}{p} = 0.75 \times \frac{31.9 \text{ kPa}}{28.7 \text{ kPa}} = 0.835$$

(2) $x_B = \dfrac{p}{k_H} = \dfrac{10.1 \text{ kPa}}{4.19 \times 10^4 \text{ kPa}} = 2.41 \times 10^{-4}$

溶液全体を n [mol] とすると質量モル濃度 m_B は次のようになる。

$$m_B = \frac{n_B}{W_A} = \frac{n x_B}{n(1-x_B)M_A}$$

$$= \frac{2.41 \times 10^{-4}}{(1-2.41 \times 10^{-4}) \times 18.02 \times 10^{-3} \text{kg} \cdot \text{mol}^{-1}}$$

$$= 1.34 \times 10^{-2} \text{ mol} \cdot \text{kg}^{-1}$$

(3) $p = p_A + p_B = a_A p_A^* + a_B p_B^* = \gamma_A x_A p_A^* + \gamma_B x_B p_B^*$
$= 1.11 \times 0.60 \times 81.7 \text{ kPa} + 1.21 \times (1-0.60) \times 21.9 \text{ kPa}$
$= 65.0 \text{ kPa}$

7・4 2成分系の気相-液相状態図

7・4・1 2成分系の気相-液相状態図と蒸留

2成分系において気相と液相が平衡にあるとき、自由度は2である。圧力が指定されているとき、温度を選ぶと濃度は決まる。よって、縦軸に温度、横軸に濃度をとると状態図をかける[17]。図 7-7 に 101.3 kPa におけるヘプタン-ベンゼン系の状態図を示す。AとBはそれぞれ純粋なヘプタンとベンゼンの沸点を示す。A-C-B より下の領域では液相のみ、A-D-B より上の領域では気相のみが存在する。A-C-B と A-D-B で囲まれた領域では2相が共存し、液相中のベンゼンの

[17] ＋αプラスアルファ
逆に温度を固定して、圧力を縦軸、濃度を横軸にした状態図もかくことができる。

モル分率 x_B は A−C−B で，気相中のベンゼンのモル分率 y_B は A−D−B で表される。A−C−B を**液相線**，A−D−B を**気相線**と呼ぶ。温度 θ_1 で 2 相が平衡にあるとき液相組成は C，気相組成は D となり，平衡にある 2 点を結ぶ C−D を**タイライン**と呼ぶ。C の溶液を加熱すると θ_1 で沸騰が始まり，蒸気の組成は D となる。さらに加熱すると沸騰しながら温度は上昇し，液相組成は液相線，気相組成は気相線に沿って変化する。θ_2 に到達すると，液相は E，気相は F となり沸騰は終了し，完全に気体となる[*18]。C の溶液から得られた蒸気 D を冷却して凝縮させると C よりベンゼン濃度の高い溶液 G が得られる。このように蒸発と凝縮により特定成分の濃度を増加させる操作を**蒸留**と呼ぶ。先の蒸留で得られた溶液 G を再蒸留するとさらに濃度の高い蒸気 H が得られ，蒸留操作を数回繰り返すと高純度のベンゼンが得られる。この操作を**分別蒸留**という。工業的には原料を連続的に供給し，分別蒸留する連続多段蒸留が用いられている[*19]。縦軸に気相組成 y_B，横軸に液相組成 x_B をとった x-y 線図（図 7-8）を用いると蒸留操作による組成を容易に求められる。x_B の溶液を蒸留すると組成は A となり，A を再蒸留すると C となる。C は次のように得られる。A を横に移動し $y_B = x_B$ の直線上の B をとり，これを縦に移動して曲線とぶつかった点が C である。

Web にLink
2 成分系における固液平衡も同様な状態図をかくことができる。固相−液相の状態図は気相−液相の状態図に比べてより複雑で種類が多い。Web にいくつかの気相−液相と固相−液相の状態図を示した。

[*18] **プラスアルファ**
C の組成の気体を冷却すると，θ_2 で凝縮が始まる。

[*19] **工学ナビ**
連続的に原料を供給して一回の蒸留を行うことをフラッシュ蒸留という。

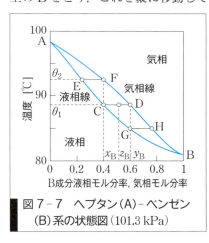

図 7-7 ヘプタン(A)-ベンゼン(B)系の状態図 (101.3 kPa)

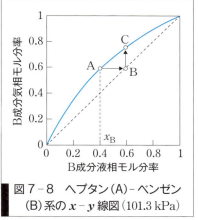

図 7-8 ヘプタン(A)-ベンゼン(B)系の x-y 線図 (101.3 kPa)

図 7-7 においてベンゼンを z_B だけ含む混合物が温度 θ_1 で平衡にあるとき，液相と気相のベンゼンのモル分率をそれぞれ x_B と y_B とする。2 相にあるヘプタンとベンゼンの全物質量を n，液相中の全物質量を $n^{(1)}$ とすると，ベンゼンは気相と液相に分配されるため，次式が成り立つ。

$$n z_B = n^{(1)} x_B + (n - n^{(1)}) y_B \qquad 7\text{-}36$$

これを整理すると次式となり，**てこの原理**と呼ぶ[*20]。

$$\frac{n^{(1)}}{n} = \frac{y_B - z_B}{y_B - x_B} \qquad 7\text{-}37$$

[*20] **Let's TRY!**
気相中の全物質量を $n^{(g)}$ とすると，次式が得られる。
$n^{(1)}(z_B - x_B) = n^{(g)}(y_B - z_B)$
この式を式 7-36 から誘導し，図 7-8 から $z_B - x_B$ の意味を考え，なぜ**てこの原理**と呼ばれるのか調べてみよう。

7-4-2 実在溶液の気相-液相状態図と共沸混合物

図7-7のように理想溶液に近い溶液の液相線は極大点を持たない（演習問題7-B3参照）が，実在溶液には図7-9のような極大点や極小点を持つものもある。たとえば101.3 kPaにおける水-エタノール系ではエタノールのモル分率0.904（96.0 wt%[21]）で極小点，クロロホルム-アセトン系ではアセトンのモル分率0.360（21.5 wt%）で極大点となる。極大点あるいは極小点（M点）では溶液と蒸気の組成が等しくなるため，組成がM点の溶液を加熱すると同一組成の蒸気が発生する。このような溶液を**共沸混合物**，組成を**共沸組成**と呼ぶ。極小点をもつ図7-9(b)においてx_BがM点よりも低い溶液を加熱すると発生する蒸気のx_Bは増加する。蒸留を繰り返すとM点に近づき，M点に到達すると蒸留前後で組成は変化しない。よって，エタノール水溶液の蒸留では96 wt%以上の濃度のエタノールを得られず，アルコール度数の最も高い蒸留酒の濃度は96 wt%となる。より高濃度のアルコールを製造するには特殊な蒸留法（共沸蒸留や抽出蒸留）を用いる必要がある。

[21] **＋α プラスアルファ**
wt%は，混合物中の成分1が占める質量の比を定義したものである。質量m_1[kg]の成分1と質量m_2[kg]の成分2からなる混合物では成分1のwt%は次式で求められる。
$$\frac{m_1}{m_1+m_2}\times 100\ [\%]$$

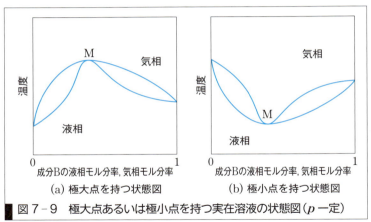

図7-9 極大点あるいは極小点を持つ実在溶液の状態図（p一定）

7-4-3 水蒸気蒸留

水とアニリンなど相互に不溶な液体が共存するとき，液相が2相に分離する。気相では均一に混合し，各液相は純物質からなるため，各成分の蒸気圧は純粋な各成分の蒸気圧と等しい。よって，次式が成り立つ。

$$p = p_A + p_B = p_A^* + p_B^* \qquad 7\text{-}38$$

式7-38とドルトンの法則を用いると気相中のモル分率は次式で与えられる。

$$\frac{y_A}{y_B} = \frac{p_A^*}{p_B^*} \qquad 7\text{-}39$$

純物質の蒸気圧は温度により決まるため，温度を決めるとその他の変数は決まる[22]。式7-38から混合物の全圧pは各成分単独の蒸気圧に比べて高いため，混合物の沸点は各成分単独の沸点に比べて低い。この

[22] **Let's TRY!!**
相律からこの平衡における自由度を求め，この事実を確認しよう。

方法を用いると，高沸点化合物を容易に蒸留できる[*23]。通常，片方の液体は水であるため，この方法は**水蒸気蒸留**と呼ばれ，工業的に広く用いられている。式 7–39 は水蒸気蒸留で得られる留出物中の各成分の物質量の比は蒸気圧の比と等しいことを示す。

[*23] **工学ナビ**
高沸点化合物を蒸留する方法には水蒸気蒸留のほか，減圧蒸留もある。

例題 7-4 (1) 図 7–7 あるいは図 7–8 を用いて，ベンゼンのモル分率 0.20 のヘプタン–ベンゼン溶液に関する次の問いに答えよ。
(a) 101.3 kPa において，この溶液の沸騰が始まる温度を求めよ。
(b) (a) の温度で気相中に含まれるベンゼンのモル分率を求めよ。
(c) この溶液の沸騰が完全に終了する温度を求めよ。
(d) ベンゼンのモル分率を 0.70 以上とするには蒸留を何回行えばよいか[*24]。
(2) ヘプタン 2.50 mol，ベンゼン 7.50 mol を混合して，94 ℃ とした。液相の全物質量を求めよ。

解答 (1) 図を用いて，(a) 94 ℃，(b) 0.33，(c) 96 ℃，(d) 3 回
2 回目の蒸留で $y_B = 0.60$，3 回目の蒸留で $y_B = 0.75$ となる。図 7–7 と図 7–8 の両方の図を用いて確認してみよう。
(2) (1) の結果を用いると次のとおりである。

$$n^{(1)} = n\frac{y_B - z_B}{y_B - x_B} = (2.50 + 7.50)\,\mathrm{mol} \times \frac{0.33 - 0.25}{0.33 - 0.20} = 6.2\,\mathrm{mol}$$

[*24] **Let's TRY!**
連続多段蒸留では (d) の考え方と異なる。マッケーブ–シーレ法について調べ，(d) の答えと比較してみよう

7・5 束一的性質

食塩水は純水に比べて凝固点が低い。このような溶質の添加による溶媒の凝固点の低下を**凝固点降下**と呼ぶ[*25]。希薄溶液では，添加した溶質の粒子（分子，イオン）の数が同じとき，溶質の種類に依存せず低下する温度は等しい。このような性質を**束一的性質**（そくいつてき）と呼ぶ。溶媒に溶質を添加すると，気圧の低下である**蒸気圧降下**，沸点の上昇である**沸点上昇**，溶媒の**浸透**が観測されるが，蒸気圧降下，沸点上昇，浸透を阻止するのに必要な圧力である**浸透圧**もまた束一的性質である。

[*25] **Let's TRY!**
凝固点降下により，海水は 0 ℃ で凍らない。すなわち，NaCl や $CaCl_2$ などの塩を 0 ℃ の氷にかけると氷が解けて水溶液が発生する。このことを利用して，道路の雪を解かす融雪剤としてこれらの塩が散布されている。また，氷と塩の組み合わせは実験室などで冷却に使われる寒剤として利用されるが，塩の添加で温度が下がる理由を考えてみよう。

7-5-1 蒸気圧降下

溶媒 A に不揮発性の溶質 B を加えたとき，ラウールの法則から蒸気圧は次式となる。

$$p_A = x_A p_A^* \qquad 7\text{–}40$$

溶液の蒸気圧 p_A と純溶媒の蒸気圧 p_A^* の差，すなわち，溶質の添加による蒸気圧降下 Δp は次式となる。

$$\Delta p = p_A^* - p_A = p_A^* - x_A p_A^* = (1 - x_A) p_A^* = x_B p_A^* \qquad 7\text{–}41$$

p_A^* は溶媒 A の種類により決まり，溶質 B の種類には依存しないことから，降下する蒸気圧は溶質の種類に依存せずモル分率が同じとき等しい．すなわち，蒸気圧降下もまた束一的性質である．

7-5-2 沸点上昇

蒸気圧降下により，溶液の沸点は上昇する．溶媒 A に不揮発性の溶質 B を加えたときの気相－液相平衡を考えると図 7-10 となる．液相は A と B で構成され，気相は A のみで構成される．このときの平衡条件は次式となり，液相の溶媒の化学ポテンシャルが減少する[*26]．

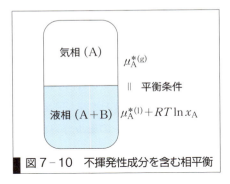

図 7-10 不揮発性成分を含む相平衡

$$\mu_A^{*(g)} = \mu_A^{*(l)} + RT \ln x_A \qquad 7-42$$

A の蒸発ギブスエネルギーを用いて，整理すると次式となる．

$$\ln x_A = \frac{\mu_A^{*(g)} - \mu_A^{*(l)}}{RT} = \frac{\Delta G_{vap}}{RT} \qquad 7-43$$

T で微分し，ギブス－ヘルムホルツの式を用いると次式となる[*27]．

$$\frac{\partial \ln x_A}{\partial T} = -\frac{\Delta H_{vap}}{RT^2} \qquad 7-44$$

T_b を純粋な A の沸点とすると，$T = T_b$ のとき $\ln x_A = \ln 1 = 0$，$T = T$ のとき $\ln x_A = \ln x_A$ であるから，積分すると次式となる．

$$\ln x_A = \frac{\Delta H_{vap}}{R}\left(\frac{1}{T} - \frac{1}{T_b}\right) = -\frac{\Delta H_{vap}}{R}\frac{T - T_b}{TT_b} = -\frac{\Delta H_{vap}}{R}\frac{\Delta T}{TT_b} \qquad 7-45$$

$\Delta T = T - T_b$ は沸点上昇である．希薄溶液では $TT_b \approx T_b^2$ および $\ln x_A = \ln(1 - x_B) \approx -x_B$ が成り立つため，次式となる[*28]．

$$\Delta T = \frac{RT_b^2}{\Delta H_{vap}}x_B \qquad 7-46$$

x_B の代わりに質量モル濃度 m_B を用いると次式となる．

$$\Delta T = \frac{RT_b^2 M_A}{\Delta H_{vap}}m_B = K_b m_B \qquad 7-47$$

$$K_b = \frac{RT_b^2 M_A}{\Delta H_{vap}} \qquad 7-48$$

K_b [K·mol^{-1}·kg] は**沸点上昇定数**と呼ばれ，溶媒 A の種類のみにより決まる．K_b が既知の溶媒の沸点上昇を測定すれば m_B がわかり，添加した溶質の質量と m_B から分子量を計算できる．分光分析による測

[*26] **Don't Forget!!**
束一的性質はすべて，溶質の添加によって起こる溶液中の溶媒の化学ポテンシャルの低下に起因する．

[*27] **+α プラスアルファ**
式 6-44 から次式が成り立つ．
$dG = Vdp - SdT$
$G = G(p, T)$ とすると全微分は次式となる．
$dG = \left(\frac{\partial G}{\partial p}\right)_T dp + \left(\frac{\partial G}{\partial T}\right)_p dT$
以上から次の式が得られる．
$\left(\frac{\partial G}{\partial p}\right)_T = V, \left(\frac{\partial G}{\partial T}\right)_p = -S$
$\frac{G}{T}$ を p 一定で T で微分し，ギブスエネルギーの定義から次のギブス－ヘルムホルツの式 (式 6-57) が得られる．
$\left\{\frac{\partial}{\partial T}\left(\frac{G}{T}\right)\right\}_p = \frac{T\left(\frac{\partial G}{\partial T}\right)_p - G}{T^2}$
$= \frac{TS - G}{T^2} = -\frac{H}{T^2}$

[*28] **+α プラスアルファ**
$\ln(1-x)$ をテイラー展開すると次式となる．
$\ln(1-x) = -x + \frac{1}{2}x^2 + \cdots$
x が小さいとき，2 次以降を省略できるので次式となる．
$\ln(1-x) \approx -x$
このときは $n_B \ll n_A$ となるため，次式が成り立つ．
$x_B = \frac{n_B}{n_A + n_B} \approx \frac{n_B}{n_A}$

定技術が確立される以前は，沸点上昇や凝固点降下で分子量が測定されていた。

7-5-3 凝固点降下

溶質添加により溶媒の凝固点は降下する。これは沸点上昇と同様に液相の溶媒の化学ポテンシャルの減少によるものであり，凝固点降下 ΔT は次式で求められる。

$$\Delta T = \frac{RT_m^2 M_A}{\Delta H_{fus}} m_B = K_f m_B \qquad 7-49$$

T_m は溶媒 A の凝固点，ΔH_{fus} は溶媒 A の融解エンタルピーであり，$K_f [\mathrm{K \cdot mol^{-1} \cdot kg}]$ は**凝固点降下定数**と呼ばれる。

7-5-4 浸透圧

一定の大きさ以下の分子のみを透過する膜を**半透膜**と呼ぶ。細胞膜は半透膜の一種で，水分子のみを透過する。人工的にもポリアクリロニトリルなどの半透膜が合成され，医療では細胞外液中の水やイオン濃度を制御できなくなった腎不全患者の腎臓の機能を代替する**人工透析**に利用されている。図 7-11 のように溶媒分子のみを透過できる半透膜を隔てて，濃度の異なる 2 液を接触させると，溶媒

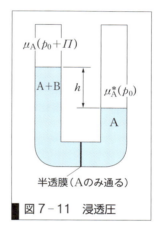

図 7-11 浸透圧

分子が濃度の高い溶液に移動する。この現象を**浸透**という。平衡条件は以下のとおりである。

$$\mu_A^*(p_0) = \mu_A(p_0 + \Pi) \qquad 7-50$$
$$\Pi = \rho g h \qquad 7-51$$

2 液の圧力差である $\Pi [\mathrm{Pa}]$ は式 7-51 で与えられ，**浸透圧**と呼ばれる。ρ は溶液の密度，g は重力加速度，h は液面の高さの差である。浸透圧のために溶媒分子は自発的に濃度が高いほうから低いほうへ移動するが，高濃度側に浸透圧以上の圧力を加えると逆方向に移動する。これを**逆浸透**という。逆浸透により蒸留なしに濃度を変えられるため，海水の淡水化やジュースの濃縮など，工業的にも広く用いられている[*29]。溶液を理想溶液とすると，次式となる。

$$\mu_A^*(p_0) = \mu_A^*(p_0 + \Pi) + RT \ln x_A \qquad 7-52$$

熱力学関数の関係式から，次式が得られる。

$$\left(\frac{\partial \mu_A}{\partial p}\right)_T = V_A \qquad 7-53$$

[*29] **Let's TRY!!**
浸透圧以上の圧力を加え，浄水を精製する膜を逆浸透膜（RO 膜）と呼ぶ。逆浸透膜を用いて，海水から浄水を得るのに必要な圧力を計算し，工業的に用いられている圧力と比較してみよう。

V_A は純粋な A の 1 mol 当たりの体積であり，V_A が圧力に依存しないとすると次式となる。

$$\mu_A^*(p_0 + \Pi) = \mu_A^*(p_0) + \int_{p_0}^{p_0+\Pi} V_A dp = \mu_A^*(p_0) + \Pi V_A \qquad 7-54$$

希薄溶液では，$\ln x_A \fallingdotseq -x_B$ なので，体積モル濃度 [B] を用いると次式となる。

$$\Pi = \frac{x_B RT}{V_A} = \frac{RT}{V_A} \frac{n_B}{n_A} = \frac{n_B}{V} RT = [B] RT \qquad 7-55$$

浸透圧も溶質の種類に依存しない束一的性質である。浸透圧からも分子量を決定できる。

例題 7-5 (1) ある化合物 B 21.0 g を四塩化炭素 760 g に溶解させると，この溶媒の凝固点が 2.18 K 降下した。この化合物の分子量を求めよ。四塩化炭素の凝固点降下定数 K_f は 30.0 K·mol^{-1}·kg であるとする[*30]。

(2) 40℃の 13.7 g·dm^{-3} のポリビニルアルコール(分子量 1.40×10^5)水溶液の浸透圧を求めよ[*31]。

解答 (1) 四塩化炭素を A とする。

$$\Delta T = K_f m_B = \frac{K_f W_B}{W_A M_B}$$

$$M_A = \frac{K_b W_B}{W_A \Delta T} = \frac{30.0 \text{ K·mol}^{-1}\text{·kg} \times 21.0 \text{ g}}{0.760 \text{ kg} \times 2.18 \text{ K}} = 380 \text{ g·mol}^{-1}$$

(2) 水を A，ポリビニルアルコールを B とし，質量濃度を ρ_B とする。

$$\Pi = [B] RT = \frac{\rho_B RT}{M_B}$$

$$= \frac{13.7 \text{ kg·m}^{-3} \times 8.314 \text{ J·mol}^{-1}\text{·K}^{-1} \times 313.15 \text{ K}}{1.40 \times 10^2 \text{ kg·mol}^{-1}}$$

$$= 255 \text{ Pa}$$

[*30] **ヒント** 質量モル濃度は溶媒 1 kg に溶解している溶質の物質量である。単位換算を忘れずにしよう。

[*31] **Let's TRY!** 凝固点降下に比べて，浸透圧の測定は生体分子などの高分子量の化合物の分子量決定に有効である。例題による圧力は水柱で 2.6 cm の高さとなることを踏まえ，その理由を考えてみよう。なお，水の K_f は 1.86 K·mol^{-1}·kg である。

WebにLink 演習問題の解答

演習問題 A　基本の確認をしましょう

7-A1 下の表はジエチルエーテルの温度と蒸気圧の関係を示している。蒸気圧と温度の関係式を書き，蒸発エンタルピーを求めよ。

温度 [℃]	15	25	40	55
蒸気圧 [kPa]	45.0	67.0	114.9	186.2

7-A2 理想溶液を仮定しベンゼン-トルエン溶液の 25℃における蒸気圧と溶液および蒸気組成の関係をグラフにかけ。25℃における純粋なベンゼンとトルエンの蒸気圧はそれぞれ 12.7 と 3.8 kPa である。

7-A3 25°Cにおける水に対する二酸化炭素のヘンリー定数は1.67×10^5 kPaであるとして，分圧が50.0 kPaの二酸化炭素の水への溶解度をモル分率と質量モル濃度で求めよ．

7-A4 40℃におけるエタノールのモル分率が0.200のエタノール水溶液の蒸気圧はそれぞれ8.00 kPaである．純粋なエタノールの蒸気圧を17.9 kPa，ヘンリー定数を95.2 kPaとして，溶媒とみなすときと溶質とみなすときのエタノールの活量係数を求めよ．

7-A5 不揮発性であるグリセリン（分子量92.09）19.0 gを水500 gに溶かした溶液の(a) 25℃での蒸気圧降下，(b) 沸点上昇を求めよ．水の蒸気圧は25℃で3168 Pa，沸点上昇定数は0.521 K·mol^{-1}·kgである．

7-A6 p-キシレンは92.4℃で水蒸気蒸留できる．p-キシレンと水の蒸気圧はそれぞれ24.6と76.7 kPaとして，留出物の組成を求めよ．

演習問題 B　もっと使えるようになりましょう

7-B1 氷の上でスケートをはくとすべりやすくなる理由の1つに圧力融解説がある．この説によると接地面積の小さいスケートをはくと氷に高い圧力が加わり，氷の凝固点が降下し，氷が融解する．圧力が上昇すると凝固点が降下する理由を説明せよ．ただし，水と氷の密度はそれぞれ0.99987と0.91670 g·cm^{-3}で融解熱は6.01 kJ·mol^{-1}とする[*32]．

7-B2 25℃でトルエン0.40 molとベンゼン0.60 molを混合して，8.0 kPaとした．**7-A2**のグラフを用いて，溶液中のベンゼンの物質量を求めよ．

7-B3 **7-A2**のデータおよびベンゼンとトルエンの蒸発熱がそれぞれ30.72と33.18 kJ·mol^{-1}であるとして101.3 kPaにおけるベンゼンとトルエンの状態図をかけ[*33]．

7-B4 相平衡条件をもとに式7-49を誘導せよ[*34]．

7-B5 25℃である水溶液の浸透圧は66.4 kPaである．この溶液の凝固点を求めよ．ただし，水の凝固点降下定数を1.86 K·mol^{-1}·kgとする．

[*32] ヒント
固液平衡をクラウジウス-クラペイロンの式に適用する．

[*33] ヒント
クラウジウス-クラペイロンの式から各温度の純物質の蒸気圧を求める．全圧が決まっているため，各温度の組成が求められる．

[*34] ヒント
凝固点降下であること，融解エンタルピーを使うことに注意して符号を考えよう．

あなたがここで学んだこと

この章であなたが到達したのは
- □ ギブスの相律から自由度を算出できる
- □ クラウジウス–クラペイロンの式から蒸気圧を算出できる
- □ 2成分系の気体–液体状態図を理解し，平衡濃度，沸点を読み取り，蒸留による組成の変化を予測できる
- □ 理想溶液と理想希薄溶液の蒸気圧を計算できる
- □ 活量の定義を理解し，実在溶液の蒸気圧および沸点を算出できる
- □ 束一的性質を理解し，沸点上昇，凝固点降下や浸透圧から分子量を算出できる

化学工業において，蒸留，ガス吸収，液液抽出，晶析，調湿といった物質の分離操作や移動操作は重要な要素である。この章で学んだ相平衡や溶液理論はこれらの操作に重要であるため，将来，化学技術者となる者に大いに役立つであろう。沸点上昇や浸透圧などの束一的性質は分子量測定のみならず蒸留装置の設計や海水の淡水化，血液中の臨床分析など幅広い分野で利用されている。

8章 電解質溶液

ファント・ホッフ

オストワルド

アレニウス　　　(PPS)

アレニウスは，1887年に電解質が水中でイオンに解離するという電離説を初めて提唱したが，当時はまったく受け入れられなかった。しかし，ファント・ホッフとオストワルドは，アレニウスの考えを支持していた。その他，コールラウッシュやラウールらの研究成果もあり電離説がようやく認められた。「電離説による化学の進歩への重大な貢献」ということで，アレニウスは，1903年にノーベル化学賞を受賞し，その後の，電解質溶液の解明と電気化学の発展に大きく貢献した。近年の電気化学は，新規な電気分解法や高度表面処理技術，環境浄化技術，リチウムイオン二次電池や燃料電池などの研究に注目が集まっている。とくに，本多-藤嶋効果の発見（1967年）に端を発する，太陽光を利用して直接水を電気分解するという人工光合成研究では，日本は世界をリードしている。水素社会という言葉も最近よく聞かれるようになった。化石燃料からではなく無尽蔵でクリーンな太陽光を利用して，環境にやさしい水素を安価で製造できるようになれば，人類が待望していた夢の技術となる。環境・エネルギー問題の解決のためにも電気化学分野の果たすべき役割は，今後ますます大きくなるであろう。

● この章で学ぶことの概要

電解質水溶液は非電解質水溶液に比べて特異な性質を示す。それは，溶液中に存在するイオンの性質に基づく。この章では，電解質溶液の電気伝導性，電場中でのイオンの挙動，電離平衡などを取り上げる。

予習 授業の前にやっておこう!!

電解質の電離平衡は，一般の化学平衡と同じように考えることができる。化学平衡についての詳細は 9 章で学ぶが，基礎的事項は，すでに一般化学でも学んでいる。ここでは，質量作用の法則について確認してみよう。

可逆反応の反応式を一般化して書くと，次のようになる。

$$a\text{A} + b\text{B} \rightleftarrows c\text{C} + d\text{D}$$

（反応物質）　　（生成物質）

このときの平衡定数 K は，質量作用の法則により次のように表現される。

$$K_c = \frac{[\text{C}]^c[\text{D}]^d}{[\text{A}]^a[\text{B}]^b} \quad [\ ]:\text{体積モル濃度を示す}$$

1. 次の反応の平衡定数 K を表す式を答えよ。
   (1) $CH_3COOH + C_2H_5OH \rightleftarrows CH_3COOC_2H_5 + H_2O$
   (2) $4HCl + O_2 \rightleftarrows H_2O + 2Cl_2$
2. 次の熱化学方程式で表される反応が平衡状態になっているとき，(1)〜(3)のような条件変化を与えると，それぞれ平衡は左右どちらに移動するか。
   　　$CO(g) + 2H_2(g) = CH_3OH(g) + 92 \text{ kJ}$
   (1) 温度を高くする　(2) 圧力を高くする　(3) CH_3OH を取り除く
3. ある金属抵抗体に 20.0 V の電位差（電圧）を与えたところ，0.500 A の電流が流れた。オームの法則からこの金属抵抗体の抵抗を求めよ。

WebにLink
予習の解答

8　1　電解質の電離

*1 **＋α プラスアルファ**
これに対して，砂糖（ショ糖）のように水に溶けてもイオンに電離しないものを非電解質という。

*2 **＋α プラスアルファ**
これらについては，アレニウスの電離説（8-4 節）で，より詳細に説明する。

一般に塩類や酸，塩基と呼ばれる化合物の大部分は水に溶解すると，電気を導く。このような物質を**電解質**という[*1]。電解質が水溶液中でイオンに解離することをとくに**電離**という[*2]。また，電離する割合を**電離度** α といい，この電離度の大小によって**強電解質**と**弱電解質**に分類できる[*3]。強電解質は溶液中でほぼ完全に電離しており，一方，弱電解質は一部だけの電離が起こり，非解離の溶質分子と電離後のイオン間に化学平衡が成立している。この化学平衡は**電離平衡**とも呼ばれる。

$$\alpha = \frac{\text{電離した分子数}}{\text{溶解した全分子数}} = \frac{\text{電離した溶質の濃度}}{\text{溶解した溶質の濃度}} \qquad 8-1$$

強電解質：電離度が 1 に近く，ほぼ完全に電離する。
　　（HCl や HNO_3 などの強酸，NaOH などの強塩基，多くの塩類）

弱電解質：電離度がきわめて小さく，普通は 0.01 〜 0.06 程度。
　　（CH_3COOH や H_2CO_3 などの弱酸，NH_3 などの弱塩基）

例題 8-1 25℃において，0.100 mol·dm^{-3} の酢酸の電離度は 0.0130 である。生成した水素イオンと電離していない酢酸分子の体積モル濃度を求めよ。

解答 酢酸は一部が電離し，次のような電離平衡が成立する。

$$CH_3COOH \rightleftharpoons CH_3COO^- + H^+$$

電離前	0.100	0	0
平衡時	$0.100(1-\alpha)$	0.100α	0.100α

よって，$[H^+] = 0.100\alpha = 0.100 \times 0.0130 = 0.00130$ mol·dm^{-3}

$[CH_3OOH] = 0.100(1-\alpha) = 0.100 \times (1-0.0130)$
$= 0.0987$ mol·dm^{-3}

*3 **工学ナビ**

濃度 0.1 mol·dm^{-3} での代表的な酸・塩基水溶液の電離度 α を下表に示す。

酸	電離度
HCl	0.93
CH$_3$COOH	0.013

塩基	電離度
NaOH	0.84
NH$_3$	0.013

8・2 電解質溶液の電気伝導性

8・2・1 抵抗率と電気伝導率

電解質水溶液はイオンが電気伝導に関与し，イオン伝導性[*4]であるが，金属の電気伝導と同じように，電解質水溶液についてもオームの法則が成立する。つまり，電解質溶液に2枚の電極を平行に入れ，電極間に電位差 ΔV [V] を与え電流 I [A] が流れたとき，電解質溶液の電気抵抗 R [Ω] との関係は次式で示される。

$$I = \frac{\Delta V}{R} \qquad 8-2$$

また，溶液の電気抵抗 R [Ω] は，電極間の距離 l [m] に比例し，断面積 A [m^2] に反比例する（金属導体も電解質溶液も同じ式で表現される）。

$$R = \rho \frac{l}{A} = \frac{1}{\kappa} \times \frac{l}{A} \qquad 8-3$$

ここで ρ [Ω·m] は**抵抗率**（比抵抗）で，単位長さの立方体の電解質溶液の抵抗である。抵抗率の逆数を**電気伝導率**（比電導率）κ [S·m^{-1}] という[*5]。

溶液の電気伝導率 κ は式 8-3 で求まるが，電極間の距離と面積が必要である。そこで，実際には，あらかじめ電気伝導率 κ_0 が既知の溶液（たいていは KCl 水溶液が用いられる）を満たし，その抵抗 R_0 を求め，セル固有のセル定数を求めておく[*6]。

$$(セル定数) = \frac{l}{A} = \kappa_0 R_0 \qquad 8-4$$

セル定数が求まると，任意の溶液の電気伝導率 κ は次式で求まる。

$$\kappa = \frac{1}{R} \times \frac{l}{A} = \frac{(セル定数)}{R} \qquad 8-5$$

8・2・2 モル伝導率

電解質溶液の伝導率は電解質の濃度によって変化する。これは，電気を伝えるイオンの数が増加するためである。そこで，電解質の電気伝導

*4 **プラスアルファ**

金属や半導体の場合は，電子伝導性である。

*5 **プラスアルファ**

電気伝導率 κ はカッパー（ギリシャ文字）と読む。単位 [S] はジーメンスと読み，大文字の S である。また，[S] = [Ω^{-1}] の関係になる。

*6 **プラスアルファ**

代表的な電気伝導率測定用セルの構造を以下に示す。

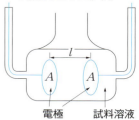

電極　試料溶液

セル定数 $\left(\frac{A}{l}\right)$ は，セルの形状にのみ依存し，電解質溶液の種類には依存しない。また，KCl 水溶液の電気伝導率を下表に示す（25℃）。

濃度 [mol·dm^{-3}]	κ [S·m^{-1}]
1.0	11.134
0.1	1.2856
0.01	0.1409

性を評価するため，単位濃度当たりの伝導率である**モル伝導率** Λ [S·m²·mol⁻¹] を定義する。

$$\Lambda = \frac{\kappa}{c} \qquad 8-6$$

ここで，κ は電気伝導率，c は体積モル濃度 [mol·m⁻³]*⁷ である。

*⁷ **＋α プラスアルファ**
一般的に c の単位は [mol·dm⁻³] が用いられるが，ここでは [mol·m⁻³] としていることに注意。

8-2-3 弱電解質と強電解質

前述のモル伝導率 Λ の定義により，Λ は電解質濃度には無関係に一定の値になることが予想される。しかし，実際には，**モル伝導率 Λ は電解質濃度 c が増加すると減少してくる。**

数種類の電解質溶液のモル伝導率と濃度の関係を図8-1に示す。塩酸や塩化カリウムはモル伝導率が高く，Λ が $\sqrt{c}$ の増加とともに，ほぼ直線的に減少する。これに対して，酢酸では，$\sqrt{c}$ がゼロに近い領域では，Λ が $\sqrt{c}$ の増加とともに急激に低下し，高濃度ではかなり低い値を示している*⁸。このように電解質溶液のモル伝導率の挙動から電解質

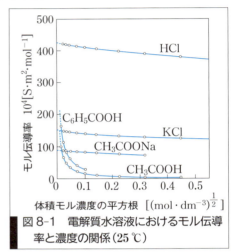

図 8-1　電解質水溶液におけるモル伝導率と濃度の関係(25℃)

(日本化学会編「化学便覧基礎編Ⅱ改訂5版」，丸善 (2004) より)

を2種類に分類でき，前者は**強電解質**，後者は**弱電解質**と呼ばれる。

$\sqrt{c}$ をゼロまで補外することで求められる Λ を**無限希釈におけるモル伝導率** Λ^∞ という*⁹。また，コールラウッシュは強電解質の希薄溶液では Λ と $\sqrt{c}$ の間に直線関係があることを見出した。

$$\Lambda = \Lambda^\infty - a\sqrt{c} \qquad 8-7$$

これを，**コールラウッシュの平方根の法則**という。ここで，a は電解質の種類と濃度によって定まる定数である。

*⁸ **Let's TRY!!**
弱電解質の Λ が濃度によって著しく変化するのは，アレニウスの提案する電離平衡 (8-4-1 項参照) を考えることで説明できる。各自で考えてみよう。

*⁹ **＋α プラスアルファ**
図8-1より，弱電解質では，補外により Λ^∞ を求めることは難しい。

8-2-4 イオン独立移動の法則

コールラウッシュはいろいろな強電解質について Λ^∞ を測定し，興味ある規則性を見出した。共通のイオンを持つ1対の塩の Λ^∞ の値を表8-1に示す。たとえば，共通の陽イオン K⁺ を持つ溶液の Λ^∞ の差 (KCl − KNO₃) は 4.90 であり，この値は共通の陽イオン Li⁺ イオンの場合の Λ^∞ の差 (LiCl − LiNO₃) 4.93 と同程度である。つまり，塩化物と硝酸塩の差はほぼ一定であり，相手のイオンによらない。これは，

表 8-1 共通のイオンを持つ1対の塩の無限希釈におけるモル伝導率

$\Lambda^\infty \times 10^4\,[\mathrm{S\cdot m^2\cdot mol^{-1}}]$

	Λ^∞		Λ^∞	差
KCl	149.86	KNO$_3$	144.96	4.90
LiCl	115.03	LiNO$_3$	110.1	4.93
差	34.83	差	34.86	

共通の陰イオンを持つ場合も同様である。これらの結果より，無限希釈ではすべての電解質は完全にイオンに解離しており，個々のイオンは他のイオンの影響を受けずにまったく独立に伝導に寄与するといえる。電解質が ν_+ 個の陽イオンと ν_- 個の陰イオンに解離するとき，λ_+^∞ と λ_-^∞ をそれぞれ陽イオンと陰イオンの無限希釈におけるモルイオン伝導率とすると，次式が成立する。

$$\Lambda^\infty = \nu_+ \lambda_+^\infty + \nu_- \lambda_-^\infty \qquad 8-8$$

これを**コールラウッシュのイオン独立移動の法則**という[*10]。

[*10] ＋α プラスアルファ
簡単にコールラウッシュの法則とも呼ばれる。

例題 8-2 25℃の水溶液中における HCl，NaCl，CH$_3$COONa の無限希釈モル伝導率は，それぞれ，0.04262，0.01265，0.00910 S·m^2·mol^{-1} である。CH$_3$COOH の無限希釈モル伝導率を求めよ。

解答 強電解質の Λ^∞ の組み合わせを考え，以下の式から求める。

$\Lambda^\infty(\mathrm{CH_3COOH}) = \Lambda^\infty(\mathrm{CH_3COONa}) + \Lambda^\infty(\mathrm{HCl}) - \Lambda^\infty(\mathrm{NaCl})$
$\qquad\qquad\qquad = 0.00910 + 0.04262 - 0.01265$
$\qquad\qquad\qquad = 0.03907\,\mathrm{S\cdot m^2\cdot mol^{-1}}$

8・3 イオン移動度と輸率[*11]

8-3-1 イオンの移動速度

溶液中のイオンの移動速度は電位勾配すなわち電場の強さに比例する。単位電場 $1\,\mathrm{V\cdot m^{-1}}$ におけるイオンの移動速度を**イオン移動度** $u\,[\mathrm{m^2\cdot s^{-1}\cdot V^{-1}}]$ という。

$$u\,[\mathrm{m^2\cdot s^{-1}\cdot V^{-1}}] = \frac{\text{イオンの移動速度}\,v\,[\mathrm{m\cdot s^{-1}}]}{\text{電場の強さ}\,X\,[\mathrm{V\cdot m^{-1}}]} \qquad 8-9$$

無限希釈におけるイオン移動度を u_+^∞，u_-^∞ で表すと，無限希釈でのモル伝導率 Λ^∞ はイオン移動度に比例すると考えることができる。

$$\Lambda^\infty = F(u_+^\infty + u_-^\infty) \qquad 8-10$$

ここで，F はファラデー定数[*12]である。上式と式 8-8 から，

$$\lambda_+^\infty = F u_+^\infty,\quad \lambda_-^\infty = F u_-^\infty \qquad 8-11$$

が得られる。したがって，イオン移動度は次式で与えられ，モルイオン伝導率の値から求めることができる。

[*11] ＋α プラスアルファ
この節では，1-1型電解質 BA の電離を前提として，式を展開している。
BA → B$^+$ + A$^-$

[*12] ＋α プラスアルファ
ファラデー定数については，12-4-2項を参照のこと。

$$u_+^\infty = \frac{\lambda_+^\infty}{F}, \quad u_-^\infty = \frac{\lambda_-^\infty}{F} \qquad 8-12$$

表 8-2 には，無限希釈におけるイオン移動度を示した。H^+ と OH^- は他のイオンに比べて著しく移動速度が大きいことがわかる。これは，他のイオンが電場中での電気泳動のみによって移動するのに対し，H^+ と OH^- は異なった機構で伝導に寄与するためである*13。

表 8-2 無限希釈におけるイオン移動度 $u^\infty \times 10^8 \, [\text{m}^2 \cdot \text{s}^{-1} \cdot \text{V}^{-1}] \, (25\,℃)$

イオン	u_+^∞	イオン	u_-^∞
H^+	36.3	OH^-	20.5
Li^+	4.01	Cl^-	7.91
Na^+	5.19	Br^-	8.10
K^+	7.62	I^-	7.96
Ca^{2+}	6.17	CH_3COO^-	4.24

8-3-2 輸率

電解質溶液中で電流が流れるとき，陽イオンと陰イオンがそれぞれ運ぶ電気量の割合を**輸率**という。陽イオンの輸率を t_+，陰イオンの輸率を t_- とすると

$$t_+ = \frac{u_+}{u_+ + u_-}, \quad t_- = \frac{u_-}{u_+ + u_-}, \quad t_+ + t_- = 1 \qquad 8-13$$

となる。イオンの移動速度とイオン伝導率には比例関係があるので

$$t_+ = \frac{\lambda_+}{\lambda_+ + \lambda_-} = \frac{\lambda_+}{\Lambda}, \quad t_- = \frac{\lambda_-}{\lambda_+ + \lambda_-} = \frac{\lambda_-}{\Lambda} \qquad 8-14$$

となる。無限希釈では，次式となる。

$$t_+^\infty = \frac{\lambda_+^\infty}{\Lambda^\infty}, \quad t_-^\infty = \frac{\lambda_-^\infty}{\Lambda^\infty} \qquad 8-15$$

> **例題 8-3** 無限希釈溶液における NaCl 中の Na^+ の輸率は 0.3962 である。Cl^- の輸率およびモルイオン伝導率を求めよ。ここで，NaCl の無限希釈モル伝導率は $126.45 \times 10^{-4} \, \text{S} \cdot \text{m}^2 \cdot \text{mol}^{-1}$ である。
>
> **解答** まず陰イオン Cl^- の輸率を求める。
>
> $$t_-^\infty = 1 - t_+^\infty = 1 - 0.3962 = 0.6038$$
>
> 次に，Cl^- のモルイオン伝導率は，
>
> $$\lambda_{Cl^-}^\infty = 0.6038 \times 126.45 \times 10^{-4} = 76.35 \times 10^{-4} \, \text{S} \cdot \text{m}^2 \cdot \text{mol}^{-1}$$

8-4 アレニウスの電離説

8-4-1 アレニウスの電離説

ファラデーは，1834 年に電気分解に関しての有名なファラデーの法

Webにリンク

Li^+，Na^+，K^+ のイオン半径はそれぞれ 0.068，0.0097，0.133 nm であり，Li^+ が最も小さい。しかし，イオンの移動度は，表 8-2 からもわかるようにイオン半径が最も大きい K^+ が高く，イオン半径が小さい Li^+ は低い値を示す。これはなぜか説明せよ。

*13 **+α プラスアルファ**

水中には，たくさんの水分子が水素結合によって鎖状に重なった構造になっている。プロトン H^+ は水溶液中ではヒドロニウムイオン H_3O^+ として存在し，鎖状になっている隣接した水分子を介してプロトンが受け継がれていき，結果的にプロトンが移動したことになる（プロトン転移），という機構が考えられている。OH^- についても同様なプロトン転移機構で説明されている。

則を発表し，荷電粒子をイオンと名づけた。しかし，イオンの生成由来については，明確には説明していなかった。

電解質が水中で電離するということを初めて提案したのはアレニウス[*14]である。アレニウスは，「電解質は水溶液中で電場が存在しなくてもイオンに解離する」。また，「電解質溶液内で未解離の溶質分子と，その解離により生成するイオンとの間には平衡が成立する」という理論を 1887 年に提出した。これを**アレニウスの電離説**[*15]という。

たとえば，1-1 型電解質 BA では，次の平衡が成立するものと考えた。

$$BA \rightleftarrows B^+ + A^- \qquad 8-16$$

溶液を希釈すると電離が進行し，無限希釈ではこの平衡は完全に右側に移る。したがって，無限希釈におけるモル伝導率 Λ^∞ は，電離により生成する全イオンの尺度となる。一方，ある濃度 c におけるモル伝導率 Λ は，その濃度での電離により生成するイオンの尺度を示すと考えられる。そこで，アレニウスは，**電離度** α が次式で与えられるとした。

$$\alpha = \frac{\Lambda}{\Lambda^\infty} \qquad 8-17$$

アレニウスは，すべての電解質で電離説の適用を考えたが，その後，電解質には，強電解質と弱電解質があることがわかり，**電離説のなかの電離平衡の理論は弱電解質であてはまる**。

8-4-2 オストワルドの希釈律

オストワルドは，アレニウスが提案した電離平衡に質量作用の法則を適用して，モル伝導率 Λ の濃度依存性を示す希釈律を導出し，アレニウスの考えの正しさを証明した。

体積モル濃度 c の電解質 BA の電離平衡は次式で示される。

$$BA \rightleftarrows B^+ + A^- \qquad 8-18$$
$$c(1-\alpha) \quad c\alpha \quad c\alpha$$

これに，質量作用の法則を適用すると，電離定数 K_c[*16]は次式となる。

$$K_c = \frac{[B^+][A^-]}{[BA]} = \frac{c\alpha \times c\alpha}{c(1-\alpha)} = \frac{c\alpha^2}{1-\alpha} \qquad 8-19$$

上式に，式 8-17 を代入すると次式が得られる。

$$K_c = \frac{c\Lambda^2}{\Lambda^\infty(\Lambda^\infty - \Lambda)} \qquad 8-20$$

この式を**オストワルドの希釈律**と呼ぶ。

例題 8-4 B_2A 型の弱電解質水溶液の場合，電離定数はどのように表されるか（濃度 c，電離度 α とする）。

解答 次のような電離平衡が成立する。

[*14] 工学ナビ
アレニウス(1859〜1927)，スウェーデンの化学者。電離説によりノーベル化学賞を受賞(1903)。また，二酸化炭素による地球温暖化を最初に警告した。

[*15] 工学ナビ
アレニウスは，希薄溶液で成立する束一的性質（蒸気圧降下，沸点上昇，凝固点降下，浸透圧）に関する法則が，電解質溶液では成立しないことに注目した。たとえば，浸透圧に関しては，式 7-55 は次式に訂正される。
$$\Pi = ic_B RT$$
ここで，i はファント・ホッフ因子と呼ばれ，NaCl のような 2 元電解質では約 2 となる。つまり，浸透圧 Π が非解離の分子に比べて i 倍大きくなる。

[*16] +αプラスアルファ
平衡定数（電離定数）は温度によって決まる定数である。温度が一定であれば一定となる。

$$\begin{array}{ccccc}
& B_2A & \rightleftharpoons & 2B^+ & + & A^{2-} \\
\text{はじめ} & c & & 0 & & 0 \\
\text{平衡時} & c(1-\alpha) & & 2c\alpha & & c\alpha
\end{array}$$

$$K_c = \frac{[B^+]^2[A^{2-}]}{[B_2A]} = \frac{(2c\alpha)^2 c\alpha}{c(1-\alpha)} = \frac{4c^2\alpha^3}{1-\alpha}$$

8　5　電解質の活量とイオン強度

8-5-1 電解質の活量

電解質溶液はイオン間に相互作用が働くため非理想溶液である。したがって，濃度の代わりに**活量**が用いられる[*17]。各イオンの活量とその活量係数 γ_+，γ_- は次のように定義される[*18]。

$$a_+ = \gamma_+ m_+, \quad a_- = \gamma_- m_- \qquad 8-21$$

しかし，電解質溶液では，イオンは互いに影響をおよぼし合うので，個々のイオンの活量を分離して別々に測定することはできない。そこで，平均イオン活量と平均イオン活量係数が次のように定義されている。

① **平均イオン活量** $a_\pm$：陽イオンの活量 a_+ と陰イオンの活量 a_- の幾何平均

② **平均イオン活量係数** $\gamma_\pm$：陽イオンの活量係数 γ_+ と陰イオンの活量係数 γ_- の幾何平均

イオンの全数 ν を $\nu = \nu_+ + \nu_-$，z_+，z_- は陽イオンと陰イオンの電荷数とすると，一般に $M_{\nu_+}A_{\nu_-}$ で表される電解質では，次式のように電離する[*19]。

$$M_{\nu_+}A_{\nu_-} = \nu_+ M^{z+} + \nu_- A^{z-} \qquad 8-22$$

平均イオン活量および平均イオン活量係数は次式のように表される。

$$a_\pm = (a_+^{\nu_+} \times a_-^{\nu_-})^{\frac{1}{\nu}} \qquad 8-23$$

$$\gamma_\pm = (\gamma_+^{\nu_+} \times \gamma_-^{\nu_-})^{\frac{1}{\nu}} \qquad 8-24$$

また，電解質の質量モル濃度を m とすると，電解質が完全に電離する場合には，次式で表される。

$$m_+ = \nu_+ m, \quad m_- = \nu_- m \qquad 8-25$$

式 8-23 に式 8-21，式 8-24 および式 8-25 を代入して，次式を得る。

$$a_\pm = \gamma_\pm (\nu_+^{\nu_+} \times \nu_-^{\nu_-})^{\frac{1}{\nu}} m \qquad 8-26$$

さらに，平均イオン質量モル濃度 $m_\pm$ を以下のように定義する。

$$m_\pm = (m_+^{\nu_+} \times m_-^{\nu_-})^{\frac{1}{\nu}} = (\nu_+^{\nu_+} \times \nu_-^{\nu_-})^{\frac{1}{\nu}} m \qquad 8-27$$

以上より，平均イオン活量 $a_\pm$ は次式となる。

$$a_\pm = \gamma_\pm m_\pm \qquad 8-28$$

また，電解質としての活量 a との関係は次のようになる。

$$a = a_+^{\nu_+} \times a_-^{\nu_-} = a_\pm^{\nu} \qquad 8-29$$

[*17] **Let's TRY!!**
非理想性を示す実在溶液における活量や活量係数の一般的な説明は，7-3節に記載されている。併せて理解しよう。

[*18] **＋α プラスアルファ**
すでに 7-3 節でも述べられているが，厳密には，活量は標準状態を基準とする無次元量となる。よって，以下の式が正しい表現である。

$$a_i = \gamma_i \frac{m_i}{m_i^\circ}$$

基準：$m_i^\circ = 1 \text{ mol·kg}^{-1}$

[*19] **＋α プラスアルファ**
たとえば，NaCl のような 1-1 型電解質では，以下のようになる。電離反応は，NaCl → Na$^+$+Cl$^-$ となり，平均活量および平均活量係数は次式で表される。

$$a_\pm = (a_{Na^+} \times a_{Cl^-})^{\frac{1}{2}}$$

$$\gamma_\pm = (\gamma_{Na^+} \times \gamma_{Cl^-})^{\frac{1}{2}}$$

以上をまとめてみると以下のように整理できる。

$$a = \gamma m, \quad a_+ = \gamma_+ m_+, \quad a_- = \gamma_- m_-, \quad a_\pm = \gamma_\pm m_\pm \qquad 8-30$$

例題 8-5 $La_2(SO_4)_3$ の電離を考える。電離反応を示し，$La_2(SO_4)_3$ の活量と平均イオン活量の関係を示せ。

解答 $La_2(SO_4)_3$ は次のように電離する。

$$La_2(SO_4)_3 \longrightarrow 2La^{3+} + 3SO_4^{2-}$$

電解質の活量 a と平均イオン活量 $a_\pm$ は式 8-29 より次式となる。

$$a = (a_{La^{3+}})^2 (a_{SO_4^{2-}})^3 = a_\pm^5$$

例題 8-6 質量モル濃度 $m = 0.500\ \mathrm{mol \cdot kg^{-1}}$ の $ZnSO_4$ について，それぞれのイオンの活量を求めよ（電解質の平均活量係数 $\gamma_\pm$ は 0.0630 とする）。

解答 $ZnSO_4$ は強電解質であり，電離反応は $ZnSO_4 \longrightarrow Zn^{2+} + SO_4^{2-}$ となる。$m_+ = m_- = m$, $\gamma_+ = \gamma_- = \gamma_\pm$ と仮定する。

$$a_{Zn^{2+}} = \gamma_+ m_+ = \gamma_\pm m = 0.0630 \times 0.500 = 0.0315$$

$$a_{SO_4^{2-}} = \gamma_- m_- = \gamma_\pm m = 0.0630 \times 0.500 = 0.0315$$

8-5-2 イオン強度

電解質溶液の性質はイオンの電荷間の相互作用によるところが大きく，その影響を受けている平均活量係数は，溶液中のイオンの数と電荷とそれぞれの密度に関係がある。ルイスとランダルは電解質溶液の非理想性を表すもう1つの尺度として**イオン強度 I** を定義した。

$$I = \frac{1}{2} \sum m_i z_i^2 \qquad 8-31$$

ここで，m_i はイオン i の質量モル濃度，z_i はイオンの電荷数である。$\frac{1}{2}$ は陽イオンと陰イオンの平均を意味する。イオン強度はイオンの電荷までを考慮に入れた濃度の表し方である。

8-5-3 強電解質の理論

アレニウスの電離平衡の理論は，強電解質では成立しないことがのちにわかった。これに対して，デバイとヒュッケルらは，強電解質は，いかなる濃度でも完全に電離し，溶液中のイオン間には電気的相互作用が働き理想的挙動からずれると考えた。このイオン雰囲気におけるイオン－イオン相互作用に関する理論を**デバイ－ヒュッケルの理論**という[20]。

この理論のなかで，25℃ の希薄な強電解質水溶液に対して，電解質の平均イオン活量係数を推定する次式が提案されている。

$$\ln \gamma_\pm = -1.172 |z_+ z_-| \sqrt{I} \qquad 8-32$$

[20]
+α プラスアルファ
デバイ－ヒュッケルの理論の前提は以下のとおりである。
(1) 電解質は強電解質であり，完全に電離している。
(2) 考慮する相互作用はクーロン力だけである。
(3) クーロン力のポテンシャルエネルギーは熱運動のエネルギーに比べて小さい。
(4) イオンのまわりの誘電率はバルクの水と同じである。

ここで，z_+ と z_- はそれぞれ陽イオンと陰イオンの電荷数，I はイオン強度である。この式を**デバイ-ヒュッケルの極限法則**という。

> **例題 8-7** 質量モル濃度 m が 0.0200 mol·kg^{-1} の K$_2$SO$_4$ 水溶液がある。(1) イオン強度と，(2) デバイ-ヒュッケルの極限法則より平均活量係数を求めよ。
>
> **解答** K$_2$SO$_4$ は次のように電離する。K$_2$SO$_4 \longrightarrow$ 2K$^+$ + SO$_4^{2-}$
> K$^+$：$m_+ = 0.0200 \times 2 = 0.0400$，$z_+ = 1$，$m_+ z_+^2 = 0.0400$
> SO$_4^{2-}$：$m_- = 0.0200$，$z_- = -2$，$m_- z_-^2 = 0.0800$
> イオン強度 $I = \dfrac{(0.0400 + 0.0800)}{2} = 0.0600$
>
> 次に平均活量係数を求めると，以下のようになる。
> $\ln \gamma_\pm = -1.172 |(+1)(-2)| \sqrt{0.0600}$　より $\gamma_\pm = 0.563$

8・6 酸と塩基の電離平衡[*21]

8-6-1 水の電離平衡と pH

純水な水は完全な絶縁体ではなく，ごくわずかにイオンに解離する。

$$\text{H}_2\text{O} + \text{H}_2\text{O} \rightleftharpoons \text{H}_3\text{O}^+ + \text{OH}^- \tag{8-33}$$

この平衡定数を K，活量を a で表せば，次式が得られる。

$$K = \frac{a_{\text{H}_3\text{O}^+} \times a_{\text{OH}^-}}{a_{\text{H}_2\text{O}}^2} \tag{8-34}$$

電離度はきわめて小さいので，$a_{\text{H}_2\text{O}}$ は事実上一定とみなせる。また，電離イオンの濃度も小さいので，活量の代わりに濃度を用いることができる[*22]。H$_3$O$^+$ を簡略化して H$^+$ で示し，濃度を [ ] で示すと

$$K \times a_{\text{H}_2\text{O}}^2 = K_\text{w} = [\text{H}^+][\text{OH}^-] \tag{8-35}$$

となる。ここで，K_w は**水のイオン積**と呼ばれる。25℃ における水のイオン積は $K_\text{w} = [\text{H}^+][\text{OH}^-] = 1.00 \times 10^{-14}$ となり，25℃ の純水の [H$^+$] は 1.00×10^{-7} mol·dm^{-3} となる。

水素イオンの活量の常用対数に負号をつけたものを**水素イオン指数**といい，pH で表す。

$$\text{pH} = -\log a_{\text{H}^+} \tag{8-36}$$

pH を用いて水溶液の液性を定めると，酸性　pH$<$7，塩基性　pH$>$7 となる。また近似的に，水素イオンの活量の代わりに体積モル濃度を用いて pH を表す場合が多い。

8-6-2 弱酸，弱塩基の電離平衡[*23]

1. 弱酸の電離平衡　HA を弱酸とすると，その電離平衡は以下のよう

[*21]
Don't Forget!!
酸と塩基の定義は種々あるが，この節では，ブレンステッドとローリーが定義した酸・塩基を用いる。つまり，
酸：H$^+$ を与える物質
塩基：H$^+$ を受け取る物質

[*22]
+α プラスアルファ
イオン濃度が大きいときは，イオン間の相互作用が大となりイオンの実効濃度が変化する。よって，活量係数 γ で補正された活量 a が用いられる（$a = \gamma \times$ 濃度）。希薄溶液においては，活量係数は 1 であり，活量と濃度（質量モル濃度と体積モル濃度も等しくなる）は等しいと考えられる。つまり，希薄溶液では，以下の関係になる。
$a_i = m_i = c_i$

に表される[24]。

$$\text{HA} + \text{H}_2\text{O} \rightleftarrows \text{H}_3\text{O}^+ + \text{A}^- \quad 8-37$$

（簡略化すると　$\text{HA} \rightleftarrows \text{H}^+ + \text{A}^-$）

ここでは，簡略化のために，H_3O^+ を H^+ と記すことにする[25]。
弱酸の電離定数を K_a とすると，次式が得られる。

$$K_a = \frac{[\text{H}^+][\text{A}^-]}{[\text{HA}]} \quad 8-38$$

弱酸の初期濃度を $c\,[\text{mol}\cdot\text{dm}^{-3}]$，電離度を α とすると次式となる。

$$K_a = \frac{c\alpha^2}{1-\alpha} \quad 8-39$$

α が十分に小さく，1 に対して無視できる場合は次式が得られる。

$$\alpha \fallingdotseq \left(\frac{K_a}{c}\right)^{\frac{1}{2}} \quad 8-40$$

よって，水素イオン濃度は次式となる。

$$[\text{H}^+] = c\alpha = (K_a c)^{\frac{1}{2}} \quad 8-41$$

水素イオン濃度を pH で示すと次式が得られる。

$$\text{pH} = \frac{1}{2}(\text{p}K_a - \log c) \quad 8-42$$

ここで，$\text{p}K_a = -\log K_a$ としている。

2. 弱塩基の電離平衡
弱塩基での電離平衡は次式で与えられる。

$$\text{B} + \text{H}_2\text{O} \rightleftarrows \text{BH}^+ + \text{OH}^- \quad 8-43$$

弱塩基の電離定数を K_b，初期濃度を $c\,[\text{mol}\cdot\text{dm}^{-3}]$ とし，弱酸の場合と同様に計算すると，次式が得られる。

$$\text{pH} = 14 - \frac{1}{2}(\text{p}K_b - \log c) \quad 8-44$$

8-6-3 加水分解

水に溶解した塩が，溶媒である水と反応を起こし，弱酸または弱塩基性を示すことを塩の**加水分解**という。弱酸と強塩基あるいは弱塩基と強酸から生じた塩は加水分解反応を起こす[26]。

1. 弱酸と強塩基から生じた塩
この塩の加水分解によって水溶液は塩基性側に傾く。酢酸ナトリウムを例にとると，これは強電解質であるから，まず水に溶けてほとんど完全に電離する。この酢酸イオンは水と反応して，酢酸と水酸化物イオンを生成し，溶液は塩基性を示す。

$$\text{CH}_3\text{COONa} \longrightarrow \text{CH}_3\text{COO}^- + \text{Na}^+ \quad 8-45$$

$$\text{CH}_3\text{COO}^- + \text{H}_2\text{O} \rightleftarrows \text{CH}_3\text{COOH} + \text{OH}^- \quad 8-46$$

---

[23] 工学ナビ
代表的な弱酸と弱塩基の電離定数を以下に示す。

弱酸	$K_a[\text{mol}\cdot\text{dm}^{-3}]$	$\text{p}K_a$
HCOOH	1.77×10^{-4}	3.75
CH_3COOH	1.75×10^{-5}	4.76
$\text{C}_6\text{H}_5\text{COOH}$	6.13×10^{-5}	4.21
H_2CO_3	4.3×10^{-7}	6.37

弱塩基	$K_b[\text{mol}\cdot\text{dm}^{-3}]$	$\text{p}K_b$
NH_3	1.77×10^{-4}	3.75
$\text{C}_2\text{H}_5\text{NH}_2$	1.75×10^{-5}	4.76
$\text{C}_6\text{H}_5\text{NH}_2$	3.83×10^{-10}	9.42

[24] プラスアルファ
酸 HA の共役塩基は A^- であり，塩基 H_2O の共役酸は H_3O^+ である。

[25] プラスアルファ
水溶液中では，H^+ は水と結合しヒドロキソニウムイオン H_3O^+ を形成する。水溶液中で H^+ は単独では存在できない。

WebにLink
式 8-44 を導いてみよう。

[26] プラスアルファ
強酸と強塩基からできた塩は加水分解を示さない。

*27
＋α プラスアルファ
加水分解度は，電離度と同じように，電解質が加水分解される割合を示すものである。

*28
＋α プラスアルファ
添字のhは，加水分解(hydrolysis)を意味する。

WebにLink
加水分解度が小さいと仮定し($h \ll 1$)，式8-49を導いてみよう。

加水分解度*27をhとして，上式を整理すると，以下のようになる。

$$CH_3COO^- + H_2O \rightleftharpoons CH_3COOH + OH^- \quad 8-47$$
$$c(1-h) \qquad\qquad ch \qquad ch$$

また，平衡定数(**加水分解定数**と呼ぶ)をK_h*28とすると，次式を得る。

$$K_h = \frac{[CH_3COOH][OH^-]}{[CH_3COO^-]} \quad 8-48$$

塩の初期濃度を$c\,[\mathrm{mol \cdot dm^{-3}}]$とすると，溶液のpHは次式となる。

$$\mathrm{pH} = 7 + \frac{1}{2}(\mathrm{p}K_a + \log c) \quad 8-49$$

2. 弱塩基と強酸から生じた塩 この場合には，加水分解によって水溶液は酸性を示すようになる。塩の初期濃度を$c\,[\mathrm{mol \cdot dm^{-3}}]$とすると，溶液のpHは次式となる。

$$\mathrm{pH} = 7 - \frac{1}{2}(\mathrm{p}K_b + \log c) \quad 8-50$$

8-6-4 緩衝溶液

弱酸とその塩の混合水溶液，また弱塩基とその塩の混合水溶液は，共通するイオンの存在によって弱酸あるいは弱塩基の電離が抑制される。このような共通イオンの働きを**共通イオン効果**という。また，このような混合水溶液は，少量の酸や塩基が加えられても，溶液のpHはほとんど変化しない。このような溶液を**緩衝溶液**という*29。

弱酸に酢酸，その強塩基である酢酸ナトリウムを加えた場合を例に考えてみる。

$$CH_3COOH \rightleftharpoons CH_3COO^- + H^+ \quad 8-51$$
$$CH_3COONa \longrightarrow CH_3COO^- + Na^+ \quad 8-52$$

酢酸(弱酸)は式8-51のような電離平衡を示し，酢酸ナトリウムは完全に電離する。もともと酢酸は電離度が小さいが，多量のCH_3COO^-が存在することで，さらに酢酸の電離は抑制される(共通イオン効果)。式8-51の平衡は著しく左側に片寄ることになる。この緩衝溶液に少量の酸を加えると，電離して生成したH^+は多量にあるCH_3COO^-と結合しCH_3COOHとなるため，$[H^+]$濃度はほとんど変化しない。

$$CH_3COO^- + H^+ \longrightarrow CH_3COOH \quad 8-53$$

一方，この溶液に少量の塩基を加えると，OH^-は多量に存在するCH_3COOHと反応し$[OH^-]$濃度はほとんど変化しない。

$$CH_3COOH + OH^- \longrightarrow H_2O + CH_3COO^- \quad 8-54$$

弱酸である酢酸(濃度c_a)とその塩である酢酸ナトリウム(濃度c_s)の

*29
工学ナビ
生体内では，細胞内液や血漿が緩衝溶液として働いており，pHを一定にすることで生体内の化学反応条件を一定に保っている。

緩衝溶液の pH を求めてみる．酢酸の解離定数 K_a は次式で表される．

$$K_\mathrm{a} = \frac{[\mathrm{CH_3COO^-}][\mathrm{H^+}]}{[\mathrm{CH_3COOH}]} = \frac{c_\mathrm{s}[\mathrm{H^+}]}{c_\mathrm{a}} \qquad 8-55$$

これを変形し，pH を求めると次式を得る[30]．

$$\mathrm{pH} = \mathrm{p}K_\mathrm{a} + \log\frac{c_\mathrm{s}}{c_\mathrm{a}} \qquad 8-56$$

[30] 化学ナビ
ヘンダーソン–ハッセルバルヒの式という．$c_\mathrm{a} = c_\mathrm{s}$ のとき $\mathrm{pH} = \mathrm{p}K_\mathrm{a}$ になることがわかる．緩衝溶液を調製する際に重要な理論式である．

例題 8-8 酢酸 0.0100 mol と酢酸ナトリウム 0.0200 mol を含む 1 dm³ の水溶液がある．この水溶液の pH を求めよ（ただし，酢酸の $\mathrm{p}K_\mathrm{a} = 4.76$ とする）．

解答 式 8-56 より求まる．

$$\mathrm{pH} = 4.76 + \log\frac{0.0200}{0.0100} = 5.06$$

8-6-5 溶解度積

難溶性の電解質を $\mathrm{M}_{\nu_+}\mathrm{A}_{\nu_-}$ で表すと，飽和溶液中では未溶解の固体と次のような平衡が成り立つ．

$$\mathrm{M}_{\nu_+}\mathrm{A}_{\nu_-} = \nu_+ \mathrm{M}^{z+} + \nu_- \mathrm{A}^{z-} \qquad 8-57$$

$$K = \frac{(a_{\mathrm{M}^{z+}})^{\nu_+} \times (a_{\mathrm{A}^{z-}})^{\nu_-}}{a_\mathrm{MA}} \qquad 8-58$$

固体（純物質）の活量は $a_\mathrm{MA} = 1$ と考えられるので，次式が得られる．

$$K_\mathrm{s} = (a_{\mathrm{M}^{z+}})^{\nu_+} \times (a_{\mathrm{A}^{z-}})^{\nu_-} \qquad 8-59$$

となる．この K_s を**溶解度積**という．溶解度積は平衡定数の一種である．また，溶液のイオンの活量は体積モル濃度で近似することが多い．

演習問題 A　基本の確認をしましょう

8-A1 弱電解質と強電解質の違いについて説明せよ．

8-A2 電極間の距離が 10.0 cm のセルに食塩の希薄溶液を入れ，両極間に 10.0 V の電位差を与えた．$\mathrm{Na^+}$ は 1 時間にどれくらい移動するか．

8-A3 25 ℃で 7.81×10^{-3} mol·dm⁻³ の酢酸の電気伝導率は 0.01381 S·m⁻¹ である．また，$\mathrm{H^+}$，$\mathrm{CH_3COO^-}$ の無限希釈におけるモルイオン伝導率はそれぞれ 0.03498 および 0.00409 S·m²·mol⁻¹ である．この酢酸溶液の (1) 無限希釈モル伝導率，(2) 電離度，(3) 電離定数を求めよ[31]．

8-A4 pH が 5.40 の緩衝溶液を調製したい．2.0 dm³ メスフラスコに酢酸 0.500 mol と酢酸ナトリウムを入れて，純水でメスアップする．酢酸ナトリウムの物質量［mol］を求めよ．ただし，酢酸の $\mathrm{p}K_\mathrm{a}$ は 4.76 である．

WebにLink
演習問題の解答

[31] ヒント
イオン独立移動の法則とアレニウスの電離説を用いる．

8-A5　$0.00500 \text{ mol·dm}^{-3}$ の NaCl 水溶液中の AgCl の溶解度を求めよ。ただし，AgCl の溶解度積を $1.82 \times 10^{-10} \text{ (mol·dm}^{-3})^2$ とする。

演習問題　B　もっと使えるようになりましょう

8-B1　$0.100 \text{ mol·dm}^{-3}$ の KCl 溶液を伝導率測定用セルに入れ抵抗を測定したところ，25 ℃で 39.3 Ω であった。この値からセル定数 $\left(= \dfrac{l}{A} \right)$ を求めよ。次に $0.0100 \text{ mol·dm}^{-3}$ の酢酸水溶液を満たし抵抗を測定したところ，25 ℃で 2986 Ω であった。この溶液の電気伝導率とモル伝導率を求めよ。なお，$0.100 \text{ mol·dm}^{-3}$ の KCl 水溶液の電気伝導率は 25 ℃で 1.286 S·m^{-1} である。

8-B2　酢酸水溶液中での電離度は濃度 $0.150 \text{ mol·dm}^{-3}$ で 1.24 % である。この水溶液の電離定数と pH を求めよ。また，いかなる濃度で 20.0 % 電離するか求めよ。

8-B3　$0.0400 \text{ mol·dm}^{-3}$ の酢酸水溶液がある。(1) pH，(2) 電離度，(3) 酢酸分子のモル濃度を求めよ[*32]（酢酸の $pK_a = 4.76$）。

[*32] ヒント　弱酸の電離平衡を考える。

8-B4　25 ℃，$0.250 \text{ mol·dm}^{-3}$ のアンモニア水溶液の電離度は 0.00842 である。この水溶液におけるアンモニアの電離定数および pH を求めよ[*33]。

[*33] ヒント　弱塩基の電離平衡を考える。

8-B5　25 ℃における次の水溶液の pH を塩の加水分解を考えて求めよ（ただし，酢酸の $pK_a = 4.76$，アンモニアの $pK_b = 4.72$ とする）。
(1) $0.250 \text{ mol·dm}^{-3}$ の酢酸ナトリウム水溶液
(2) $0.0600 \text{ mol·dm}^{-3}$ の塩化アンモニウム

あなたがここで学んだこと

この章であなたが到達したのは
- □電解質水溶液の電気伝導率を計算できる
- □強電解質と弱電解質の違いを説明できる
- □イオン移動度と輸率について説明できる
- □アレニウスの電離説を説明できる
- □種々の酸・塩基水溶液の電離平衡がわかり，pH を計算できる

　本章では電解質溶液中のイオンの挙動について学んできた。荷電粒子（電子とイオン）の授受が関与する反応を電気化学反応といい，これは，物理化学のみならず，無機化学，有機化学，分析化学，生物化学などの化学専門分野とも密接に関係する。さらに，電気化学分野は，電池反応や電気分解とも深くかかわり，新規電池開発，半導体，センサー，新素材，その他のエネルギー変換技術などにも応用される。今後の新材料開発やエネルギー・環境問題の解決のためにも電解質溶液の挙動について学ぶことは意義深いことである。

9章

化学平衡

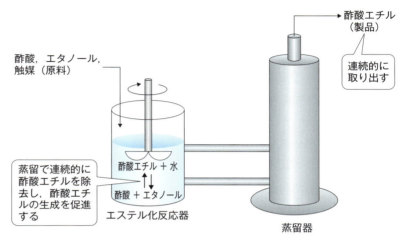

　化学反応がどのような状態から始まり，最終的にどのような状態にいたるかを正しく把握することは，化学産業では重要なことである。一般には，化学反応は反応物から生成物ができて終わるというイメージがあるだろう。しかし，反応物のすべてが生成物にはならない反応もある。

　その一例として，エタノールと酢酸からの酢酸エチルの合成（エステル化）がある。酢酸エチルは有機溶剤や香料として用いられる重要な化学製品であるが，この反応ではエステル化とは逆の酢酸エチルの分解も同時に起こるため，単に原料を混合して反応させるだけでは原料をすべて酢酸エチルに変えることはできない。そのため，生成した酢酸エチルを蒸留により連続的に取り出すなど，製造効率を高める工夫がなされている。

●この章で学ぶことの概要

　本章では，化学平衡の基礎となる熱力学を十分理解してほしい。それがわかれば，実際の反応についての熱力学データを用いて，ある反応条件で最終的に得られる混合物の組成を計算できる。また，それとは反対に，望む組成の混合物を得るための反応条件の予測も可能となる。これらの問題を正しく取り扱えることは，化学プラントの装置設計や操作に携わる者の必須要件である。組成計算の例や演習問題を通じて，化学技術者としてのセンスを養ってほしい。

予習　授業の前にやっておこう!!

実際の問題で化学平衡を扱ううえでは，反応の進行にともなう各成分の量の変化を正しく扱えることが必要である。たとえば，窒素と水素からアンモニアを合成する反応について考えてみよう。いま，この反応が，N_2 1 mol と H_2 3 mol から開始した（NH_3 はない）とする。反応が進行し，N_2 が a [mol] だけ減少したとすると，それにともなって H_2 も $3a$ [mol] だけ減少し，NH_3 は $2a$ [mol] だけ増加するであろう。整理すると，各成分の量の変化は次のようになる。

	N_2	+	$3H_2$	$\rightleftarrows$	$2NH_3$
反応前	1 mol		3 mol		0
平衡	$1-a$ [mol]		$3-3a$ [mol]		$2a$ [mol]

化学平衡を考えるさいには，対象となる反応の標準ギブスエネルギー変化を正しく求めることが必要である。反応の標準ギブスエネルギー変化 $\Delta G°$ は，各成分の標準生成ギブスエネルギー $\Delta G_f°$，標準生成エンタルピー $\Delta H_f°$，標準エントロピー $S°$ などから求めることができる。

1. 次の反応式の係数を，整数で記入せよ。また，NO と O_2 がそれぞれ 1 mol ずつの混合物から反応開始し，NO が a [mol] だけ反応したとすると，最終的な各成分の物質量はどうなるか。

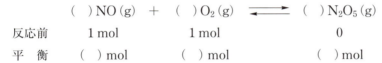
Webにlink 予習の解答

	( ) NO (g)	+	( ) O_2 (g)	$\rightleftarrows$	( ) N_2O_5 (g)
反応前	1 mol		1 mol		0
平衡	( ) mol		( ) mol		( ) mol

2. 上記 1 の反応に含まれる各成分の標準生成ギブスエネルギー $\Delta G_f°$，標準生成エンタルピー $\Delta H_f°$ および標準エントロピー $S°$ のデータを使い（巻末の付表 8 を参照），(1) $\Delta G_f°$ から計算，(2) $\Delta H_f°$ と $S°$ から計算，の 2 通りの方法で 101.325 kPa，298.15 K での反応の $\Delta G°$ を求めよ[*1]。$\Delta G_f°$ から $\Delta G°$ を計算するには，生成物の $\Delta G_f°$ から反応物の $\Delta G_f°$ を引けばよい。5 章で学んだ，標準生成エンタルピー $\Delta H_f°$ から標準反応熱 $\Delta H_{298}°$ を求める方法と同様の手順である。

9　1　化学平衡

[*1]
Don't Forget!!
$\Delta G = \Delta H - T\Delta S$
計算する際には，G，H，S，T の単位に注意すること。

9-1-1　質量作用の法則

ある条件での化学反応の結果，反応物と生成物の量がそれ以上変化しなくなった状態を**化学平衡**（へいこう）という。簡単な例として，次に示す四酸化二窒素の分解反応について考えてみよう。

$$N_2O_4(g) \rightleftarrows 2NO_2(g)$$

平衡状態における N_2O_4 と NO_2 の濃度をそれぞれ [N_2O_4]，[NO_2] で表すことにすると，この反応についての [N_2O_4] と [NO_2] の 2 乗の比はある一定の値になることが知られている。このことを，**質量作用の法則**という。

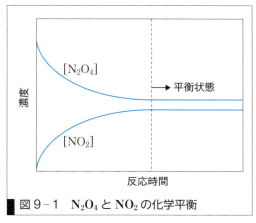

図 9-1　N_2O_4 と NO_2 の化学平衡

たとえば，最初に N_2O_4 だけがある状態から反応を開始すると，反応の進行とともに N_2O_4 が減り，NO_2 が増えてくる。NO_2 が生成すると，左向きの反応（NO_2 から N_2O_4 ができる反応）も起こり始める。十分に時間が経過したあとの両成分の最終的な濃度は，質量作用の法則で表されるような割合となり，その後は濃度変化がみられなくなる（図 9-1）[2,3]。この状態が化学平衡である。

9-1-2　ルシャトリエの原理

たとえば，上記の N_2O_4 と NO_2 の反応が平衡となった状態で混合気体を加圧・圧縮すると，それらの分子が占めることのできる体積は初めよりも小さくなり，より狭い空間に分子が押し込められる。そうすると，NO_2 から N_2O_4 ができる方向（全体の分子の数が減少する方向）に反応が進み，新たな平衡状態になる。逆に減圧した場合には，N_2O_4 が分解して NO_2 が生成するような方向に平衡が移動する。また，同様の平衡移動は，温度や濃度を変えたときにも起こる。このように，平衡状態において条件を変化させると，**変化させた条件の影響を和らげる方向に平衡が移動する**。これを**ルシャトリエの原理**という[4]。

> **例題 9-1**　次に示す反応について，平衡混合物を加圧および減圧した場合にどのような平衡移動が生じるかを述べよ。反応に含まれる成分はいずれも気体である。
> (1)　$NO_2\,(g) + NO\,(g) \rightleftarrows N_2O_3\,(g)$
> (2)　$2CH_3CH=CH_2\,(g) \rightleftarrows CH_2=CH_2\,(g) + CH_3CH=CHCH_3\,(g)$
>
> **解答**　(1) この反応では，反応物（$NO_2 + NO$）の分子数が生成物（N_2O_3）の分子数よりも多い。したがって，加圧した場合には N_2O_3 ができる方向に平衡移動し，減圧した場合には $NO_2 + NO$ ができる方向に平衡移動する。

[2] **Don't Forget!!**
濃度が変化しなくなるといっても，実際に反応が止まっているわけではない。両方向の反応の速度がつり合っているために，見かけ上反応が止まったように見えるのである。

[3] **+α プラスアルファ**
NO_2 と N_2O_4 が両方ある状態から反応を開始しても，最終的には同じ状態になる。

[4] **工学ナビ**
工業上最も有名な例は，ハーバー–ボッシュ法によるアンモニアの製造法であろう。この方法の場合，$N_2\,(g) + 3H_2\,(g) \rightleftarrows 2NH_3\,(g) + 92\,kJ$ の平衡を NH_3 側に移動させるためには，低温・高圧の反応条件が望ましい。そのため，反応を速めるための触媒の使用や，高圧に耐える装置の設計などの工夫がなされている。

WebにLink
温度や濃度が変わると，具体的にはどのような平衡移動が起こるだろうか？

(2) この反応では1種類の化合物から2種類の化合物ができるが，全体の分子数は変化しない。したがって，平衡状態での混合物における各化合物の量の割合は，圧力に依存しない。

9.2 平衡組成の計算

9-2-1 平衡定数

化学平衡での各成分の濃度の関係は，**濃度平衡定数**によって与えられる。一般に，$a\mathrm{A} + b\mathrm{B} \rightleftarrows c\mathrm{C} + d\mathrm{D}$ のような形で表される反応の濃度平衡定数は，各成分の濃度と化学量論係数を用いて，式9-1（生成物濃度の係数乗の積 / 反応物濃度の係数乗の積）で表される[*5]。

$$K_c = \frac{[\mathrm{C}]^c[\mathrm{D}]^d}{[\mathrm{A}]^a[\mathrm{B}]^b} \qquad 9-1$$

[*5] **+α プラスアルファ**
この平衡定数は，厳密には濃度ではなく活量で表されるべきものである。

気相での反応の平衡定数を表す際には，濃度ではなく各成分の圧力を使って表すことがある。$a\mathrm{A} + b\mathrm{B} \rightleftarrows c\mathrm{C} + d\mathrm{D}$ の反応において，A～Dのすべての成分が気体であるとすると，圧力による平衡定数は式9-2のように表される。

$$K_p = \frac{p_\mathrm{C}{}^c p_\mathrm{D}{}^d}{p_\mathrm{A}{}^a p_\mathrm{B}{}^b} \qquad 9-2$$

ここで，$p_\mathrm{A} \sim p_\mathrm{D}$ は各成分の分圧であり，このように表した平衡定数 K_p は**圧平衡定数**[*6]と呼ばれる。次節以降で解説する化学平衡の具体的取り扱いでは，おもに圧平衡定数を用いた問題を取りあげる。

[*6] **Don't Forget!!**
K_p に含まれる分圧 p_i は，正しくは標準圧力 p° との比 $\left(\dfrac{p_i}{p^\circ}\right)$ であり（9-2-2項を参照），ここでは p° を省略して示している。したがって，K_p は無次元数である。

9-2-2 平衡定数とギブスエネルギーとの関係

例として，9-2-1項に出てきた $a\mathrm{A} + b\mathrm{B} \rightleftarrows c\mathrm{C} + d\mathrm{D}$ の圧平衡定数について考えてみよう。反応に関与する成分をすべて理想気体とし，これらの各成分の分圧を $p_\mathrm{A} \sim p_\mathrm{D}$ とすると，各成分の化学ポテンシャル μ_i は次式となる（$i = \mathrm{A} \sim \mathrm{D}$）[*7]。

$$\mu_i = \mu_i^\circ + RT \ln p_i \qquad 9-3$$

[*7] **Don't Forget!!**
対数 $\ln p_i$ は実際には $\ln\left(\dfrac{p_i}{p^\circ}\right)$ である。

ここで，μ_i° は標準化学ポテンシャルであり，**各成分が標準圧力 p°（多くの場合は $1\,\mathrm{atm} = 101.325\,\mathrm{kPa}$）のときの μ_i** である。R は気体定数，T は温度である。

この μ_i の表現を用いて，$a\mathrm{A} + b\mathrm{B} \rightleftarrows c\mathrm{C} + d\mathrm{D}$ のギブスエネルギー変化 ΔG を表すと次式となる。

$$\begin{aligned}
\Delta G &= (c\mu_\mathrm{C} + d\mu_\mathrm{D}) - (a\mu_\mathrm{A} + b\mu_\mathrm{B}) \\
&= \{c(\mu_\mathrm{C}^\circ + RT\ln p_\mathrm{C}) + d(\mu_\mathrm{D}^\circ + RT\ln p_\mathrm{D})\} \\
&\quad - \{a(\mu_\mathrm{A}^\circ + RT\ln p_\mathrm{A}) + b(\mu_\mathrm{B}^\circ + RT\ln p_\mathrm{B})\}
\end{aligned} \qquad 9-4$$

この ΔG が0となった状態で化学平衡となる（そうなるように $p_\mathrm{A} \sim p_\mathrm{D}$

が変化する）ので，上記の ΔG を 0 として変形すると次式の関係を得る。

$$(c\mu_C° + d\mu_D°) - (a\mu_A° + b\mu_B°) = -RT \ln \frac{p_C{}^c p_D{}^d}{p_A{}^a p_B{}^b} \qquad 9-5$$

この式の左辺は，反応の標準ギブスエネルギー変化 $\Delta G°$ に置き換えることができる。また，右辺の対数に含まれる $\frac{(p_C{}^c p_D{}^d)}{(p_A{}^a p_B{}^b)}$ は，圧平衡定数 K_p である。したがって，$\Delta G°$ と K_p の関係は次式となる。

$$\Delta G° = -RT \ln K_p \ , \ K_p = \exp\left(\frac{-\Delta G°}{RT}\right) \qquad 9-6$$

この関係から，理想気体の反応の K_p は，ある決まった標準圧力 $p°$ での $\Delta G°$ によって決まり，実際の反応時の圧力には依存しない値であることがわかる[*8]。

> **例題 9-2** 298.15 K における水素と重水素の同位体交換反応 $H_2(g) + D_2(g) \rightleftharpoons 2HD(g)$ の標準ギブスエネルギー変化は，$\Delta G° = -2.928 \text{ kJ·mol}^{-1}$ である。298.15 K におけるこの反応の圧平衡定数 K_p を求めよ。
>
> **解答** 式 9-6 を用いて，次のとおりに計算できる。
> $$K_p = \exp\left\{\frac{-(-2.928 \times 10^3 \text{ J·mol}^{-1})}{(8.314 \text{ J·K}^{-1}\text{·mol}^{-1})(298.15 \text{ K})}\right\} = 3.258$$
> $\Delta G°$ の単位の取り扱いに注意せよ。

WebにLink
反応の ΔG と $\Delta G°$ の意味の違いを，いま一度確かめておこう。

＋α プラスアルファ
[*8] 実在気体や，気体以外の反応では，平衡定数は反応時の圧力に依存する。

9-2-3 平衡組成の計算

次に示すエタノールの脱水反応について，平衡状態で各成分がそれぞれどのような量になるかを考えてみよう。反応は気相で起こるもの（各成分は理想気体である）とする。

$$C_2H_5OH(g) \rightleftharpoons C_2H_4(g) + H_2O(g)$$

いま，1 mol の C_2H_5OH がある状態から反応が始まるとしよう（反応前には C_2H_4 と H_2O はないとする）。最終的に，C_2H_5OH が最初の量から a [mol] 減少し，C_2H_4 と H_2O がそれぞれ a [mol] ずつ生成した時点で平衡状態に達したとする。したがって，平衡状態では C_2H_5OH の量は $1-a$ [mol]，C_2H_4 と H_2O の量はそれぞれ a [mol] となっているはずである。この状態での気体の全量は $(1-a) + a + a = 1 + a$ [mol] となるので，平衡混合物中での各成分のモル分率は次式となる。

$$x_{C_2H_5OH} = \frac{1-a}{1+a} \qquad 9-7$$

$$x_{C_2H_4} = x_{H_2O} = \frac{a}{1+a} \tag{9-8}$$

この反応が標準圧力 $p°$ のもとで起こっているとすると，圧平衡定数 K_p は $x_{C_2H_5OH}$，$x_{C_2H_4}$，x_{H_2O} を用いて次式のとおりに表すことができる[*9]。

$$K_p = \frac{x_{C_2H_4} x_{H_2O}}{x_{C_2H_5OH}} = \frac{\left(\dfrac{a}{1+a}\right)^2}{\left(\dfrac{1-a}{1+a}\right)} = \frac{a^2}{1-a^2} \tag{9-9}$$

298.2 K でのこの反応の圧平衡定数は $K_p = 0.03656$ なので，$\dfrac{a^2}{1-a^2} = 0.03656$ として a を求めると，$a = \pm 0.1878$ となる。このうち 0.1878 を $x_{C_2H_5OH}$，$x_{C_2H_4}$，x_{H_2O} に代入してそれぞれの値を求めると，$x_{C_2H_5OH} = 0.6838$，$x_{C_2H_4} = x_{H_2O} = 0.1581$ が得られる。このように，平衡定数と各成分の量の関係を適切に表すことができれば，化学平衡での組成を知ることができる。

例題 9-3 例題 9-2 の反応 $H_2(g) + D_2(g) \rightleftharpoons 2HD(g)$ が，101.3 kPa・298.2 K のもとで H_2 1 mol と D_2 1 mol がある状態（HD はない）から開始する。この反応の圧平衡定数は $K_p = 3.26$ である。平衡状態における各成分のモル分率を求めよ。

解答 平衡時に，H_2 と D_2 が最初の量からみてそれぞれ a [mol] 減少したとすると，HD は $2a$ [mol] 生成するはずである。したがって，混合物の全量は $(1-a) + (1-a) + 2a = 2$ mol となる（反応の進行によって全体の物質量が変化しない）。H_2，D_2 および HD のモル分率は次のようになる。

$$x_{H_2} = x_{D_2} = \frac{1-a}{2}$$

$$x_{HD} = \frac{2a}{2} = a$$

これらのモル分率を使って，圧平衡定数 K_p を表すと次のようになる。

$$K_p = \frac{x_{HD}^2}{x_{H_2} x_{D_2}} = \frac{a^2}{\left(\dfrac{1-a}{2}\right)^2} = \frac{4a^2}{(1-a)^2}$$

この K_p に 3.26 を代入すると，a についての 2 次方程式となるので，これを解くと $a = 0.474$，-9.29 を得る。しかし，このうち -9.29 は問題の設定に合わない（反応した量が負ということになってしまう）[*10]。したがって，$a = 0.474$ mol として各成分のモル分率を求めると，$x_{H_2} = x_{D_2} = 0.263$，$x_{HD} = 0.474$ となる[*11]。

WebにLink

この例では，K_p が a の 2 次方程式で表されるため，a は容易に求められる。しかし，反応によっては K_p がより複雑な表現となる場合もあるだろう。そのような場合，どうやって a や x を求めればよいだろうか？

[*9] **Don't Forget!!**
反応が標準圧力 $p°$ のもとで起こる（平衡混合物の全圧が $p°$ である）場合，各成分の分圧 p_i と全圧 $p°$ の比 $\left(\dfrac{p_i}{p°}\right)$ は，理想気体の分圧の法則により各成分のモル分率 x_i に等しい。

[*10] **ヒント**
方程式の解としては複数出てくる場合でも，そのなかから化学的に意味のある解を選ばなければならない。

[*11] **Let's TRY!!**
もし，この反応が $\left(\dfrac{1}{2}\right)H_2(g) + \left(\dfrac{1}{2}\right)D_2(g) \rightleftharpoons HD(g)$ と書かれていて，H_2 と D_2 0.5 mol ずつから反応が始まるとすると，反応の $\Delta G°$ や K_p は例題 9-2 で示したものからどのように変わるだろうか？ また，x_{H_2}，x_{D_2}，x_{HD} はどうなるだろうか？

9・3 化学平衡への諸条件の影響

9-3-1 圧力の影響

前節での平衡組成の計算例では,気相にて C_2H_5OH から C_2H_4 と H_2O ができる反応を取りあげた.ここではこの反応を例として,平衡組成に対する圧力の影響を考えてみよう.ルシャトリエの原理に基づくと,この反応の場合は加圧すると C_2H_5OH の側に平衡移動し,減圧すると $C_2H_4 + H_2O$ の側に平衡移動すると予想される.たとえば,減圧された条件下で平衡となった場合には,標準圧力下での平衡組成に比べて $x_{C_2H_5OH}$ は小さくなり,$x_{C_2H_4}$ と x_{H_2O} は大きくなるはずである.

いま,この反応が圧力 p のもとで起こっており(すなわち平衡混合物の全圧が p である),この p は標準圧力 p° とは異なっているとする.このとき,C_2H_5OH,C_2H_4 および H_2O の分圧は,$x_{C_2H_5OH}$,$x_{C_2H_4}$,x_{H_2O} および p を用いて次のように表すことができる[*12].

$$p_{C_2H_5OH} = p x_{C_2H_5OH} \qquad 9-10$$
$$p_{C_2H_4} = p x_{C_2H_4} \qquad 9-11$$
$$p_{H_2O} = p x_{H_2O} \qquad 9-12$$

これらの分圧を式 9-2 に代入して整理すると,次式を得る[*13].

$$K_p = \frac{p_{C_2H_4}\, p_{H_2O}}{p_{C_2H_5OH}} = \frac{x_{C_2H_4}\, x_{H_2O}}{x_{C_2H_5OH}} \left(\frac{p}{p^\circ}\right)^{1+1-1} \qquad 9-13$$

ここで,**反応にかかわる各成分が理想気体であるとすると,K_p の値は p とは無関係に一定の値となる**(9-2-2 項を参照).$C_2H_5OH(g) \rightleftarrows C_2H_4(g) + H_2O(g)$ では,298.2 K のもとでは $K_p = 0.03656$ であり,この値は混合気体の全圧に依存しない.p が変わっても K_p が一定であるということは,p の変化にともなって $x_{C_2H_4}$,x_{H_2O} および $x_{C_2H_5OH}$ が(K_p を保つように)変わることを意味する.次の例題で,具体的な取り扱いについて把握してほしい.

例題 9-4 全圧が 50.00 kPa のもとで $C_2H_5OH(g) \rightleftarrows C_2H_4(g) + H_2O(g)$ が平衡に達したときの,$x_{C_2H_4}$,x_{H_2O} および $x_{C_2H_5OH}$ をそれぞれ求めよ.全圧以外の反応条件の設定は 9-2-3 項に示したものと同様とする.

解答 $x_{C_2H_5OH}$,$x_{C_2H_4}$ および x_{H_2O} はそれぞれ式 9-7,式 9-8 で与えられる.これらを用いて,式 9-13 に基づいて K_p を表すと次式となる.

$$K_p = \frac{x_{C_2H_4}\, x_{H_2O}}{x_{C_2H_5OH}} \left(\frac{p}{p^\circ}\right) = \frac{\left(\frac{a}{1+a}\right)^2}{\left(\frac{1-a}{1+a}\right)} \left(\frac{p}{p^\circ}\right) = \frac{a^2}{1-a^2}\left(\frac{p}{p^\circ}\right)$$

[*12] **Don't Forget!!** 理想気体の全圧・分圧の関係を確認すること.

[*13] **Don't Forget!!** K_p に含まれる分圧 p_i が正しくは標準圧力 p° との比 $\left(\dfrac{p_i}{p^\circ}\right)$ であることを,いま一度思い出してほしい.

WebにLink 理想気体以外の成分がかかわる反応では,平衡定数は圧力に依存する値となる.平衡定数の圧力依存性がどのように表現されるかも確認しておいてほしい.

この式に，$K_p = 0.03656$，$p = 50.00 \text{ kPa}$ および $p° = 101.3 \text{ kPa}$ を代入すると次式となる。

$$\frac{a^2}{1-a^2}\left(\frac{50.00}{101.3}\right) = 0.03656$$

$$\frac{a^2}{1-a^2} = 0.07407$$

これを解くと $a = \pm 0.2626$ が得られ，これらの解のうち $a = 0.2626$ を用いると $x_{C_2H_5OH} = 0.5840$，$x_{C_2H_4} = x_{H_2O} = 0.2080$ が得られる。これらの値を，標準圧力下での化学平衡について得られる値（$x_{C_2H_5OH} = 0.6838$，$x_{C_2H_4} = x_{H_2O} = 0.1581$）と比べると，標準圧力よりも低い圧力となったことで C_2H_5OH が減少し，C_2H_4 と H_2O が増加する方向へ平衡移動したことがわかる[*14]。

*14 Let's TRY!!
この結果は，ルシャトリエの原理による予測と一致するだろうか。考えてみよう。

9-3-2 温度の影響

化学平衡への温度の影響は，**平衡定数が温度に依存して変化する**ことにより生じる。9-2-2項で示したとおり，理想気体の反応の圧平衡定数は $K_p = \exp\left(\frac{-\Delta G°}{RT}\right)$ という式で与えられる。この表現を，$\Delta G°$ の温度依存性を表すギブスーヘルムホルツの式に適用すると，K_p の温度依存性を表す式 9-14 が得られる。

$$\frac{d \ln K_p}{dT} = \frac{\Delta H°}{RT^2} \qquad 9-14$$

この式は**ファント・ホッフの式**と呼ばれ，化学平衡の温度依存性を考えるさいの基礎となるものである。$\Delta H°$ は反応の標準エンタルピー変化（反応熱）であり，発熱反応では $\Delta H° < 0$，吸熱反応では $\Delta H° > 0$ となる。

式 9-14 から，温度変化に対する K_p の変化のしかたが発熱反応と吸熱反応とで異なることがわかる。具体的には，発熱反応（$\Delta H° < 0$）の場合には $\frac{d \ln K_p}{dT} < 0$ となるので温度が高くなるほど K_p は小さくなり，吸熱反応の場合はこの逆となる（図 9-2）[*15]。次の例題で，具体的な取り扱いを把握してほしい。

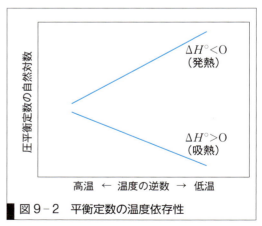

図 9-2　平衡定数の温度依存性

*15 ヒント
このことは，ルシャトリエの原理からも予測できることである。

例題 9-5 次に示すブタンの脱水素反応の 298.15 K における圧平衡定数は，$K_p = 2.847 \times 10^{-15}$ である。この反応の標準エンタルピー変化は $\Delta H° = 118.5 \text{ kJ·mol}^{-1}$（温度に依存しないものとする）である。この反応の，1000 K における圧平衡定数を求めよ。

$$\text{CH}_3\text{CH}_2\text{CH}_2\text{CH}_3 \text{ (g)} \rightleftarrows \text{CH}_3\text{CH}=\text{CHCH}_3 \text{ (g)} + \text{H}_2 \text{ (g)}$$

解答 298.15 K および 1000 K での圧平衡定数をそれぞれ $K_{p,298}$ および $K_{p,1000}$ と表すことにする。$\Delta H°$ を定数として，温度 298.15～1000 K，圧平衡定数 $K_{p,298}$～$K_{p,1000}$ の区間でファント・ホッフの式を定積分すると次式が得られる。

$$\int_{\ln K_{p,298}}^{\ln K_{p,1000}} \mathrm{d}\ln K_p = \int_{298.2}^{1000} \frac{\Delta H°}{RT^2} \mathrm{d}T$$

$$\ln \frac{K_{p,1000}}{K_{p,298}} = -\frac{\Delta H°}{R}\left(\frac{1}{1000} - \frac{1}{298.15}\right)$$

この式に，$K_{p,298} = 2.847 \times 10^{-15}$，$\Delta H° = 118.5 \times 10^3 \text{ J·mol}^{-1}$ および $R = 8.314 \text{ J·K}^{-1}\text{·mol}^{-1}$ を代入して $K_{p,1000}$ を求めると，$K_{p,1000} = 1.061$ が得られる。

> **Webにlink**
> 例題 9-5 では $\Delta H°$ を定数としたが，問題となる温度範囲が広くなると，$\Delta H°$ の温度依存性を考慮して K_p を取り扱う必要が出てくる。そのさいの計算のしかたを確認しておいてほしい。

9-4 不均一反応

9-4-1 固相がかかわる反応の取り扱い

ここまでは，気体の反応の化学平衡を取り扱ってきた。しかし，化学反応は一般に固体・液体などさまざまな状態の成分がかかわって起こるものである。こういった反応を**不均一反応**という。ここからは，反応系に気相と固相が含まれる場合を例として，不均一反応の化学平衡について考えてみよう[16]。

例として，次式で表される塩化アンモニウムの分解反応を取り上げる。この反応に含まれる成分のうち，反応物の塩化アンモニウムは固体であり，生成物のアンモニアと塩化水素は気体である。

$$\text{NH}_4\text{Cl (s)} \rightleftarrows \text{NH}_3 \text{ (g)} + \text{HCl (g)}$$

ここまでに出てきた圧平衡定数の表現にそのまま従うと，K_p は次式のようになる。

$$K_p = \frac{p_{\text{NH}_3} \, p_{\text{HCl}}}{p_{\text{NH}_4\text{Cl}}} \qquad 9-15$$

しかし，この反応の場合は $p_{\text{NH}_4\text{Cl}}$ を除いて，次式のようになる。

$$K_p = p_{\text{NH}_3} \, p_{\text{HCl}} \qquad 9-16$$

このように，固体がかかわる反応の圧平衡定数は，**固体成分の分圧を除いた式**で表される[17]。これは，固体成分は純物質であるため活量が 1 となるからである。次の例題で，いくつかの反応についての表現をみてみよう。

> [16] **工学ナビ**
> 工業的に重要な不均一反応として，固体触媒がかかわる反応がある。触媒には平衡移動を生じさせる作用はないが，反応速度を変化させることで通常は進行しにくいような反応を促進する働きをする。

> [17] **ヒント**
> 反応にかかわる成分の化学ポテンシャルと K_p の関係に立ち返って考えてみると，なぜそうなるかが理解しやすい。例題 9-7 も参考にしてほしい。

例題 9-6 次の反応の圧平衡定数 K_p を表す式を示せ。

(1) $CO_2 (g) + C (s) \rightleftharpoons 2CO (g)$

(2) $Fe_3O_4 (s) \rightleftharpoons 3Fe (s) + 2O_2 (g)$

(3) $NaOH (s) + CO_2 (g) \rightleftharpoons NaHCO_3 (s)$

解答 (1) $K_p = \dfrac{p_{CO}^2}{p_{CO_2}}$　(2) $K_p = p_{O_2}^2$　(3) $K_p = \dfrac{1}{p_{CO_2}}$

9-4-2 固相がかかわる反応の化学平衡

反応に固体成分が含まれる場合でも，基本的な取り扱いはここまでで見てきた気相反応と共通している。固相がかかわる反応では，反応の標準ギブスエネルギー変化 $\Delta G°$ は気相と固相を合わせたすべての成分を含む形で与えられるが，それと関連づけられる圧平衡定数 K_p は気相成分のみの分圧を含む形で与えられることに注意してほしい。次の例題で，固体を含む反応の $\Delta G°$ と K_p の関係について紹介する。この例をみることで，9-4-1項で示した K_p の表現の根拠が理解できるだろう。

例題 9-7 次に示す水酸化カルシウムの分解反応について，各成分の化学ポテンシャルの式を与えたうえで，圧平衡定数 K_p の式を示せ。

$Ca(OH)_2 (s) \rightleftharpoons CaO (s) + H_2O (g)$

解答 $Ca(OH)_2 (s)$，$CaO (s)$ および $H_2O (g)$ の化学ポテンシャル $\mu_{Ca(OH)_2}$，μ_{CaO} および μ_{H_2O} は，それぞれ下記の式で与えられる。

$$\mu_{Ca(OH)_2} = \mu_{Ca(OH)_2}°$$

$$\mu_{CaO} = \mu_{CaO}°$$

$$\mu_{H_2O} = \mu_{H_2O}° + RT \ln p_{H_2O}$$

ここで，$\mu_i°$（i は $Ca(OH)_2$，CaO または H_2O）は標準化学ポテンシャルであり，p_{H_2O} は $H_2O (g)$ の分圧である。固体成分の $Ca(OH)_2 (s)$ と $CaO (s)$ については，気体である $H_2O (g)$ に比べて化学ポテンシャルの圧力依存性がきわめて小さい[*18]。したがって，これらの成分の化学ポテンシャルは，標準化学ポテンシャルだけで表すことができる。

これらの μ を用いて反応の ΔG を表すと，次式となる。

$$\Delta G = \mu_{CaO} + \mu_{H_2O} - \mu_{Ca(OH)_2}$$
$$= \{(\mu_{CaO}° + \mu_{H_2O}° - \mu_{Ca(OH)_2}°)\} + RT \ln p_{H_2O}$$
$$= \Delta G° + RT \ln p_{H_2O}$$

$\Delta G = 0$ とおくと $\Delta G° = -RT \ln p_{H_2O}$ が得られるので，$K_p = p_{H_2O}$ と表されることがわかる[*19]。

例題9-7の反応を例として，固相がかかわる反応の特徴について考えてみる。この例題では，圧平衡定数が p_{H_2O} のみで与えられる

[*18] **+α プラスアルファ**
理想気体の場合は，体積と圧力の関係が $V = \dfrac{RT}{p}$ と表され，ここから $\mu = \mu° + RT \ln p$ が導かれる。しかし，固体の場合は，気体と比較すると体積の圧力依存性はほとんど無視できる。そのため，μ の表現には圧力の項が含まれないことになる。

[*19] **Don't Forget!!**
$\Delta G° = -RT \ln K_p$ との対比でこのように結論される。

（Ca(OH)$_2$やCaOに関する量は含まれない）ことがわかった。このことは，分解反応の平衡状態における水蒸気分圧が原料であるCa(OH)$_2$の量に依存せず温度だけによって決まることを意味する。このような反応での，平衡状態における気体の分圧は**解離圧**と呼ばれる。たとえば，ある温度での反応系中の水蒸気圧がその温度でのCa(OH)$_2$の解離圧よりも低いときは，Ca(OH)$_2$が分解してCaOとH$_2$Oを生じる方向に反応が進む。反対に，反応系中の水蒸気圧が解離圧よりも高いときには，CaOとH$_2$Oが反応してCa(OH)$_2$ができる方向に反応が進むことになる。同様に，ある水蒸気分圧のもとでCa(OH)$_2$が分解してCaOとなる温度も，解離圧の温度依存性によって決まっている。

演習問題 A　基本の確認をしましょう

9-A1 次の反応の圧平衡定数 K_p を，各成分の分圧を使って表せ。

(1) CO(g) + H$_2$O(g) $\rightleftarrows$ CO$_2$(g) + H$_2$(g)

(2) 2SO$_2$(g) + O$_2$(g) $\rightleftarrows$ 2SO$_3$(g)

(3) 4NO$_2$(g) + 6H$_2$O(g) $\rightleftarrows$ 4NH$_3$(g) + 7O$_2$(g)

(4) 2Fe$_2$O$_3$(s) + 2CO(g) $\rightleftarrows$ 4FeO(s) + 2CO$_2$(g)

9-A2 298.15 Kにおける窒素酸化物の反応 NO(g) + NO$_2$(g) $\rightleftarrows$ N$_2$O$_3$(g) の圧平衡定数 K_p を，各成分の標準生成ギブスエネルギー ΔG_f° を用いて求めよ。NO(g)，NO$_2$(g)，N$_2$O$_3$(g) はいずれも理想気体とする。各成分の ΔG_f° は付録の付表8に記載のとおりとする。ここで求めた K_p を，以下の問題 9-A3・9-A4・9-B1・9-B2・9-B3 でも使用せよ。

9-A3 NO(g) + NO$_2$(g) $\rightleftarrows$ N$_2$O$_3$(g) の反応を，101.3 kPa, 298.15 K の条件で NO(g) と NO$_2$(g) がそれぞれ 1 mol の状態から開始する。この反応の平衡状態における各成分のモル分率 x_{NO}, x_{NO_2} および $x_{N_2O_3}$ を求めよ。

9-A4 NO(g) + NO$_2$(g) $\rightleftarrows$ N$_2$O$_3$(g) の反応を，101.3 kPa, 298.15 K の条件で NO(g) が 1 mol, NO$_2$(g) が 2 mol の状態から開始する。この反応の平衡状態における各成分のモル分率 x_{NO}, x_{NO_2} および $x_{N_2O_3}$ を求めよ[20]。

演習問題 B　もっと使えるようになりましょう

9-B1 NO(g) + NO$_2$(g) $\rightleftarrows$ N$_2$O$_3$(g) を，NO(g) と NO$_2$(g) がそれぞれ 1 mol の状態から開始し，混合物の全圧を 200.0 kPa とし

[20]

各成分の x を表す式と，x を使って K_p を表す式の組み立てに注意すること。

た場合，平衡状態における x_{NO}, x_{NO_2} および $x_{N_2O_3}$ のモル分率を求めよ。温度は 298.2 K とする。

9-B2 $NO(g) + NO_2(g) \rightleftarrows N_2O_3(g)$ の反応について，温度 500.0 K における圧平衡定数 K_p を，ファント・ホッフの式を用いて求めよ。各成分の標準生成エンタルピー ΔH_f°（温度に依存しないものとする）は付録の付表 8 に記載のとおりとする。

9-B3 $NO(g) + NO_2(g) \rightleftarrows N_2O_3(g)$ の反応において，101.3 kPa, 298.15 K の条件で $NO(g)$ と $NO_2(g)$ がそれぞれ 1 mol の状態から開始し平衡状態に達したとする。ここで，平衡状態にある混合物に，下記 (1), (2) の条件下で不活性ガスである Ar を 1 mol 添加する（Ar は理想気体とする）。それぞれの場合について，Ar 添加後の平衡状態における N_2O_3 の生成量を求めよ[*21]。いずれの条件でも，温度は 298.15 K に保たれているとする。
(1) 全圧を 101.3 kPa 一定として添加したとき。
(2) 反応系の体積を一定として添加したとき。

9-B4 $CaCO_3(s)$ の解離圧は，1273 K で 392.1 kPa, 1373 K で 1165 kPa である。これらのデータに基づいて，$CaCO_3(s) \rightleftarrows CaO(s) + CO_2(g)$ の標準エンタルピー変化 ΔH°（温度に依存しないものとする）を求めよ。また，1300 K での解離圧を予測せよ[*22]。

[*21] **ヒント**
全圧一定（体積は変化しうる）で Ar を加えた場合は，Ar 添加にともなって各成分の分圧が変化することになる。一方，体積一定で Ar を加えた場合は，系全体の全圧は Ar 添加により上昇するが，もともとあった成分の分圧は変化しない。

[*22] **ヒント**
解離圧を K_p とみなし，ファント・ホッフの式に基づいて計算する。

> **あなたがここで学んだこと**
>
> **この章であなたが到達したのは**
> □ いろいろな条件での化学反応の平衡状態の変化を理解し，説明できる
> □ 熱力学データから平衡定数を計算できる
> □ 平衡定数を使っていろいろな条件での混合物の平衡組成を計算できる
>
> ある条件下での反応の平衡混合物の組成や，望む組成の混合物を得るための反応条件を計算で求める能力は，化学プロセス設計に携わる技術者として必ず備えるべきものである。さらに，化学産業での装置や操作条件の設計のみならず，たとえば大気汚染物質の生成など環境中での反応や，生体中でのさまざまな反応を理解するうえでも，化学平衡は重要な概念である。これからいろいろな分野を学ぶうえで，化学平衡がすべての変化の根底にあることを意識しながらさまざまな化学現象を見るように心がけてほしい。

10章 反応速度

ガザレー式アンモニア合成塔
（経産省近代化産業遺産，宮崎県提供）

化学反応は，爆発的に速く進行するものもあれば，時間をかけてゆっくり進行するものもあり，その進行の速度は反応の種類によってさまざまある。また，同じ化学反応式で表される反応であっても，温度や濃度などの条件が変わると，反応速度は大きく変化する。

　反応の進行を観察するためには，時間に対する各成分の量的変化を取り扱わなければならず，その取り扱いは単純ではない。たとえば5分間で反応物の10％が変化する反応があったとする。この反応を同条件で10分間行うと20％が，15分間で30％が変化するかというと，まずそうはならない。なぜなら反応速度は反応中一定ではなく，反応物の濃度変化にともなって速度も刻々と変化するからである。したがって，ある条件下での各成分物質の時間的変化を推定するためには，反応物や生成物の濃度と反応時間の関係などを数式化する必要がある。その数式化したものが反応速度式であり，その式の導出と利用が重要である。速度式を用いることで，初めて反応の進行を正確に予測することが可能となる。

●この章で学ぶことの概要

　化学反応の進行にともなう反応物や生成物の量的な変化は，実験によって観察することができる。これらの量的変化を時間に対する数量で表すことにより，化学反応の速度を把握できる。

　この章では，実験的に求めた反応物や生成物の時間的変化から，化学反応の速度，すなわち反応速度を数値的に表す方法を学び，さらにその速度を表現するために基本となる反応速度式の導出法やその速度式を使っての反応時間と反応物や生成物の量との関係を求める方法を学ぶ。

予習　授業の前にやっておこう!!

反応速度は，ある一定時間における反応物の減少量あるいは生成物の増加量で表される[*1]。

ある温度で密閉容器に 1.0 mol のヨウ化水素を入れて，次の化学反応を行った。

$$2HI \longrightarrow H_2 + I_2$$

反応を開始してから 5 分後にヨウ化水素の量を測定したら，0.8 mol であった。各問いに答えよ。

1. 反応 5 分後の水素の量は何 mol か求めよ。
2. 5 分間に減少したヨウ化水素の量と同じ時間内に生成した水素およびヨウ素の量を比較せよ。
3. この 5 分間における水素の平均生成速度およびヨウ化水素の平均減少速度を求めよ。

Webにlink
予習の解答

10　1　反応速度の表し方と速度式

10-1-1　反応速度の表し方

化学反応式が A ⟶ P となる最も単純な反応を考えてみる。反応が進行すると反応物 A が時間の経過とともに減少し，同時に生成物 P が増加する。その様子をグラフで表すと，図 10-1 のようになる。

[*1] +α プラスアルファ
一方では，反応速度は反応物の濃度のべき乗に比例することも経験的に知られている。

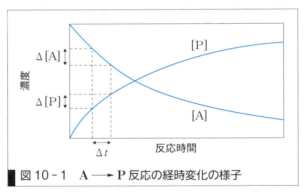

図 10-1　A ⟶ P 反応の経時変化の様子

このとき，この反応の**反応速度** r は，単位時間当たりに減少した反応物 A の濃度 [A]，あるいは単位時間当たりに増加した生成物 P の濃度 [P] で表される[*2]。これを式で表すと，

$$r = -\frac{\Delta[A]}{\Delta t} = \frac{\Delta[P]}{\Delta t} \qquad 10-1$$

となる。ここで，反応物 A の減少速度は，生成物 P の増加速度に等しい。
さらに，この式を微小変化で表すと微分の式となり，次式で表される[*3]。

$$r = -\frac{d[A]}{dt} = \frac{d[P]}{dt} \qquad 10-2$$

すなわち，反応速度は，図 10-1 の濃度変化の曲線において，ある時間における接線の傾きに等しい。この接線の傾きは反応の進行によっ

[*2] ヒント
反応速度の単位は，しばしば mol·dm^{-3}·s^{-1} で表される。

[*3] +α プラスアルファ
時間に対する濃度変化は，微小変化として，一般に微分の式で表すことが多い。

て変化するため，反応速度も常に一定ではなく，反応時間とともに変化することがわかる*4。

化学反応式を次の一般式で表した場合を考えてみる。
$$a\text{A} + b\text{B} + c\text{C} \longrightarrow d\text{D} + e\text{E} + f\text{F} \qquad 10-3$$
反応速度は，次式で表すことができる*5。
$$r = -\frac{1}{a}\frac{d[\text{A}]}{dt} = -\frac{1}{b}\frac{d[\text{B}]}{dt} = -\frac{1}{c}\frac{d[\text{C}]}{dt} = \frac{1}{d}\frac{d[\text{D}]}{dt} = \frac{1}{e}\frac{d[\text{E}]}{dt} = \frac{1}{f}\frac{d[\text{F}]}{dt}$$
$$10-4$$

この式において，[A]や[B]などは，成分AやBの濃度であるが，この濃度の代わりに定容下における各成分の物質量や，気体の場合においては分圧を用いる場合もある。

> **例題 10-1** アンモニアの合成反応（$\text{N}_2 + 3\text{H}_2 \longrightarrow 2\text{NH}_3$）*6 において，$\text{NH}_3$の生成速度が$4 \times 10^{-3}\,\text{mol·dm}^{-3}\text{·s}^{-1}$のとき，$\text{N}_2$と$\text{H}_2$の減少速度はいくらか。
>
> **解答**
> $$-\frac{d[\text{N}_2]}{dt} = 2 \times 10^{-3}\,\text{mol·dm}^{-3}\text{·s}^{-1}$$
> $$-\frac{d[\text{H}_2]}{dt} = 6 \times 10^{-3}\,\text{mol·dm}^{-3}\text{·s}^{-1}$$

10-1-2 反応速度式

反応速度を表す数式を**反応速度式**という。速度式は化学反応式から導き出せるものでも，理論的に導出するものでもなく，実験による解析で導くものである。多くの実験による経験則ではあるが，一般に反応速度は反応物の濃度のべき乗に比例することが多い。

たとえば，A $\longrightarrow$ P の反応において，反応速度rをAの濃度[A]で表すと，
$$r = k[\text{A}]^n \qquad 10-5$$
となる。ここで，指数のnを**反応次数**，比例定数のkを**速度定数**と呼ぶ。速度定数kは，温度が一定であれば一定の値をとる。

さらにこの式と先の微分の式は，同じ反応速度を表しているため等しいので，式10-2と式10-5から次式が得られる。
$$r = -\frac{d[\text{A}]}{dt} = \frac{d[\text{P}]}{dt} = k[\text{A}]^n \qquad 10-6$$
この式が反応速度式である*7。一般に，反応次数が$n = 1$の場合の反応を**1次反応**，$n = 2$の場合を**2次反応**，$n = 3$の場合を**3次反応**と呼ぶ。3次以上の次数の反応を**高次反応**と呼ぶ。

さらに，$a\text{A} + b\text{B} \longrightarrow c\text{C} + d\text{D}$で与えられる化学反応式の場合の

---

*4 **ヒント**
$-\dfrac{d[\text{A}]}{dt}$や$\dfrac{d[\text{P}]}{dt}$は，曲線の接線の傾きである。

*5 **プラスアルファ**
化学反応式の係数と反応物や生成物の変化量が関係することに注意しよう。

*6 **Let's TRY!!**
アンモニア合成におけるハーバー–ボッシュ法では，鉄系触媒を用いて水素と窒素を400〜600℃で200〜1000気圧の高温高圧下で反応させている。この反応は発熱反応であるため，可逆反応における正反応を効率よく進行させるには低温が有利であるが，工業的な合成で高温を用いる理由を考えてみよう。

*7 **プラスアルファ**
反応速度式には，微分式で表す微分型と，それを積分して求めた積分型の2種類の速度式がある。

*8 **Let's TRY!!**
$H_2 + I_2 \rightarrow 2HI$ の反応において，その反応速度が H_2 と I_2 のそれぞれの濃度の1次となる場合の速度式を作ってみよう。

速度式は，一般式として次のように表すことができる*8。

$$r = -\frac{d[A]}{dt} = k[A]^\alpha [B]^\beta \qquad 10-7$$

反応速度は反応物の濃度の積で表され，一般に濃度が増すほど反応が速くなる。ここで，α（アルファ）を A 成分に対する反応次数，β（ベータ）を B 成分に対する反応次数と呼び，この反応全体の反応次数は，それぞれの合計の $(\alpha + \beta)$ となる。また，この反応次数の α や β の値は，化学反応式の係数の a や b とは本質的に無関係であり，実験によって決定される。

*9 **ヒント**
酢酸エチルの加水分解反応では，水は多量に存在するので反応による水の濃度変化がないとみなせる。この反応では実際に酢酸エチル濃度の1乗に比例することから，$\alpha = 1$ であり1次反応と考えることができる。このような反応を擬1次反応という。

例題 10-2 酢酸エチルを多量の水で加水分解したときの反応式は，次のとおりである。この反応の反応速度を各成分の濃度で表した微分型の速度式で示せ。

$$CH_3COOC_2H_5 + H_2O \longrightarrow CH_3COOH + C_2H_5OH$$

解答 多量の水は濃度変化がないとみなせるので，$[H_2O] = $ 一定である。ゆえに，次式となる*9。

$$r = -\frac{d[CH_3COOC_2H_5]}{dt} = k[CH_3COOC_2H_5]^\alpha$$

10-1-3 反応次数の実験的決定法

反応次数の実験による測定法について説明する。
前項でも述べたように，$A \longrightarrow P$ の反応における速度式は，式 10-5 で表現され，両辺の対数をとると次式となる。

$$\log r = \log k + n \log [A] \qquad 10-8$$

*10
指数を含む方程式の両辺に対数をとり，その式をもとにグラフ化して，傾きと切片から係数などを求める方法は，多くの場面で見られる手法である。

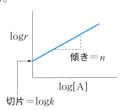

この式から，反応物 A の濃度に対して，反応速度 r がどのように変化するかを実験によって測定し，その結果を横軸に $\log[A]$ を，縦軸に $\log r$ でグラフ化すると，直線関係が得られ，その傾きから反応次数の n の値が，また切片から $\log k$，すなわち速度定数の k の値が求まる*10。
次に，反応物 A の濃度と反応速度 r の関係を実験的に測定する方法を述べる。方法はいろいろあるが，ここでは基本的な方法を解説する。

1. 経時変化から求める方法 初濃度 $[A]_0$ で化学反応を開始し，反応時間とともに A の濃度がどのように変化するかを測定する。その結果，図 10-2 のようなグラフが完成する*11。

*11 **ヒント**
図 10-2 は基本的に図 10-1 と同じである。

このとき，反応速度 r は曲線の接線の傾きである。そこで，ある時間 t における接線の傾きを求め，そのときの濃度 $[A]$ をグラフから読み取る。そうすると，反応物の濃度 $[A]$ と反応速度 r の関係が判明する*12。
得られた $[A]$ と r の関係を，先述したように式 10-8 で整理してプロットし，その直線の傾きから反応次数 n が求まる。

*12 **Don't Forget!!**
反応速度は，一般に反応時間とともに変化することを忘れてはいけない。

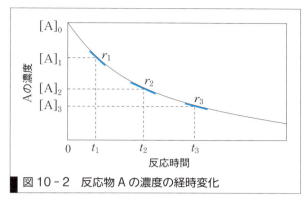

図 10-2　反応物 A の濃度の経時変化

一方，接線の傾きから反応速度を求める方法以外にも，微小な時間変化における A の濃度変化で簡易的に反応速度を求めることもできる。

$$r = -\frac{[A]_2 - [A]_1}{t_2 - t_1} = -\frac{\Delta[A]}{\Delta t} \qquad 10\text{-}9$$

しかし，この方法は精度が劣る[*13]。

このような反応の経時変化の観察によって反応速度を求める方法は，反応時間の経過とともに生成物が増加して逆反応が進行したり，場合によっては不純物の蓄積などが起こり，反応速度を正確に測定することが困難となることがある。

2. 初速度から求める方法　先の方法では，反応時間の経過とともに正確な反応速度の測定が困難になる場合があった。そこで，反応開始直後の速度，すなわち初速度で評価する方法もある[*14]。

図 10-3 は，初濃度を $[A]_0^1$ として反応させたときの A の濃度変化を表したグラフである。この図で $t=0$ における接線の傾きが，この $[A]_0^1$ の濃度における反応速度 r_1 である。同様にして，初濃度を $[A]_0^2$，$[A]_0^3$ …と変えてそれぞれの初速度 r_2，r_3，…を求める。

この方法は，反応時間は短くてすむが，反応を繰り返して実験する必要がある。

以上のそれぞれの方法で，反応物の濃度 $[A]$ の変化による反応速度 r への影響が測定できるが，いずれも接線の引き方に測定者の任意性などが加味されるため，やはり厳密さには欠けるといわざるを得ない。しかし，一般的な方法として速度定数や反応次数を求めるには，これらの方法はとても有効である。この方法は**微分型の速度式**を用いるため**微分法**と呼ばれる[*15]。

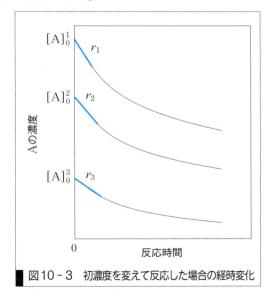

図 10-3　初濃度を変えて反応した場合の経時変化

*13
+α プラスアルファ
時間の間隔幅が大きくなるほど，当然精度は劣る（図 10-1 参照）。

*14
ヒント
反応初期段階では，生成物量がきわめて少ないので，逆反応などの生成物の影響を無視できる。

*15
ヒント
反応物 A の濃度 $[A]$ と反応速度 r の関係を実験で求めたのち，式 10-8 に基づいてデータを整理してグラフにプロットすると，反応次数 n と速度定数 k が求まる。
反応次数は整数とは限らない。もし，このグラフで直線関係が得られなければ，測定方法に問題があるのかもしれない。

+α プラスアルファ
微分法に対して，積分法もある。それは，微分型の速度式を積分して得られた積分型の速度式を用いる。その例は次節で述べる。

3. オストワルドの分離法 ところで，反応物がA，B，C…というように多成分となった場合，各成分の反応次数はどのようになるかを考えてみたい。一般的に化学反応では，反応物が多成分になる場合が多い。

たとえば，A＋B＋C ⟶ Pの化学反応式で表される反応においては，速度式は次式となる。

$$r = -\frac{d[A]}{dt} = k[A]^{\alpha}[B]^{\beta}[C]^{\gamma} \qquad 10\text{-}10$$

ここで，反応次数のα，β，γの値をそれぞれ求める必要があるが，それらを一度に求めることはできない。そのため，まずはそのなかの1つの成分，たとえばAだけに注目して，Aの反応次数であるαを求める。それには，他の成分のBやCが，反応によって濃度変化が生じないように，技術的に濃度を一定に保てばよい。すなわち，BやCの濃度は一定であれば，一定である速度定数kに含まれることになり，1成分での実験と同じ方法で求めることができる[*16]。

濃度を一定にする一つの方法としては，A成分以外の成分を大過剰とする方法がある。大過剰の成分は反応による濃度減少がないとみなすことができるからである。

BとCを大過剰にして反応を行い，A成分の時間に対する濃度変化を測定することで，Aの反応次数αが導き出される。他の成分についても同様にして，すべての成分についての反応次数を求める。この方法は**オストワルドの分離法**と呼ばれる。また，Aが単純に1次反応の場合は，**擬1次反応**として近似できる。

[*16]
[B]と[C]は反応が進んでも変化せず一定であれば，それらの値は速度定数kに含めることができる。よって，式10-10の速度式を
$r = k'[A]^{\alpha}$
と，簡素化することができる。あとは，先に述べた経時変化または初速度から求める方法で[A]とrの関係を測定し，反応次数αを決定する。

例題 10-3 A ⟶ Bの反応が0次反応であった場合，Aの濃度は反応時間とともにどのように変化するか，反応の経時変化を図示せよ。

解答 0次反応なので，$r = -\dfrac{d[A]}{dt} = k$であり，傾き一定の直線となる。ゆえに，図のようになる。

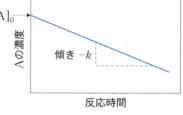

さらに別解として，次の方法もある。

微分型の速度式を初濃度$[A]_0$として反応時間tにおける濃度を$[A]$として積分すると，次式が得られる。

$$\int_{[A]_0}^{[A]} d[A] = -\int_0^t k\, dt$$

$$[A] = [A]_0 - kt$$

[A]対tでプロットすると上の図が得られる。この方法は次節で述べる積分型速度式を用いる方法，すなわち積分法である。

10-2 基本反応の速度式

前節では，微分で表した速度式について述べたが，反応速度の解析には，その式を積分した**積分型の速度式**を用いる場合も多い。そこで基本となる反応の積分型の速度式を導出する[*17]。

10-2-1 1次反応の速度式

化学反応式として，A ⟶ P で表される，最も単純な反応で考えてみる[*18]。

この反応において，反応物 A の減少速度が，その濃度 [A] の1次に比例するならば，速度式は次式で表される。すなわち，1次反応の速度式である。

$$r = -\frac{d[A]}{dt} = k[A] \qquad 10-11$$

この式から，反応物 A の初濃度 $[A]_0$ で反応開始時 ($t=0$) から一定時間後 ($t=t$) の A の濃度を $[A]$ として積分を行うと，次式が得られる。

$$\int_{[A]_0}^{[A]} \frac{d[A]}{[A]} = -k \int_0^t dt \qquad 10-12$$

$$\ln \frac{[A]}{[A]_0} = -kt \qquad 10-13$$

あるいは上式を変形して，次式となる。

$$\ln[A]_0 - \ln[A] = kt, \qquad [A] = [A]_0 e^{-kt} \qquad 10-14$$

ここで，図10-4のように $\ln \frac{[A]}{[A]_0}$ と t の関係をプロットすると，直線関係が得られ，その傾きから速度定数 k が求まる。また，1次反応における速度定数 k の単位は，時間の逆数（たとえば，s^{-1}）である。

図10-4のプロットは，反応次数の決定や確認のために用いられる。このプロットで直線関係が得られれば，その反応は1次反応であることになり，直線関係でなければ，それは1次ではないことが確認できる。

このように積分型の速度式を用いて速度定数や反応次数を確認する方法を**積分法**と呼ぶ[*19]。

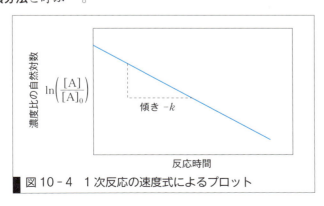

■ 図10-4 1次反応の速度式によるプロット

[*17] ➕α プラスアルファ
微分型速度式に対して，積分型速度式と呼ぶ。
微分式を積分することで得られるが，反応次数を1次や2次など事前に仮定する必要がある。また反応次数は整数に限定される。

[*18] ➕α プラスアルファ
反応速度 r の測定では，反応物の減少速度で評価しても生成物の生成速度で評価してもどちらでもよいので，最も測定しやすい物質に注目して，その時間的変化を観察する。一般には，副生成物などを考慮すると生成物よりも反応物をターゲットにするほうが測定しやすい。

[*19] 工学ナビ
プロットした結果，直線関係が得られなければ，その反応は1次反応ではないことになるので，さらに2次反応の速度式など別の速度式にあてはめてみなければならない。積分法は，試行錯誤法でもある。

例題 10-4 ある1次反応で，反応を開始してから5分後に反応物の量が初期量から10％減少した。10分後および20分後には反応物はそれぞれ何％減少するか。

解答 1次反応の速度式より次のようになる。

$$\ln\frac{0.9[A]_0}{[A]_0} = -k \times 5 \times 60 \quad k = 3.51 \times 10^{-4}\,\text{s}^{-1}$$

$$\ln\frac{x[A]_0}{[A]_0} = -3.51 \times 10^{-4} \times 10 \times 60 \quad x = 0.810\,(19.0\%\text{減少})$$

$$\ln\frac{x[A]_0}{[A]_0} = -3.51 \times 10^{-4} \times 20 \times 60 \quad x = 0.656\,(34.4\%\text{減少})$$

よって，19.0％と34.4％減少する。

例題 10-5 希塩酸を触媒として，多量の水とともに酢酸エチルを加水分解させたところ，5分後に20％の酢酸エチルが反応した。40％の酢酸エチルが反応するには，何分を要するか。

解答 1次反応であるので次のようになる。

$$\ln\frac{(1-0.2)[A]_0}{[A]_0} = -k \times 5 \times 60 \quad k = 7.44 \times 10^{-4}\,\text{s}^{-1}$$

$$\ln\frac{(1-0.4)[A]_0}{[A]_0} = -7.44 \times 10^{-4} \times t \quad t = 687\,\text{s}\,(11.4\,\text{min})$$

よって，11.4分を要する。

10-2-2 2次反応の速度式

2次反応には2種類がある。1つはA ⟶ Pの**単分子反応**で，その反応速度がAの2次になる場合であり，もう1つはA＋B ⟶ Pの**2分子反応**で，その速度がAとBのそれぞれの1次に従う場合である[20]。

1. 単分子反応 A ⟶ Pの化学反応において，2次反応の微分型の速度式は次の式で表される。

$$r = -\frac{d[A]}{dt} = k[A]^2 \qquad 10-15$$

反応物Aの初濃度$[A]_0$で反応開始時$(t=0)$から一定時間後$(t=t)$のAの濃度を$[A]$として積分を行うと，次式となる。

$$\int_{[A]_0}^{[A]} \frac{d[A]}{[A]^2} = -k\int_0^t dt \qquad 10-16$$

$$\frac{1}{[A]} = kt + \frac{1}{[A]_0} \qquad 10-17$$

したがって，Aの濃度の逆数と反応時間tとの間に直線関係が得ら

[20] **+α プラスアルファ**
反応物が1種類の場合が単分子反応で，反応物が2種類になると2分子反応である。

れれば，その反応は2次反応であることがわかる。また，その直線の傾きから速度定数 k が求まる。

2次反応における速度定数 k の単位は，1次反応とは異なり，濃度と時間の逆数（$mol^{-1} \cdot dm^3 \cdot s^{-1}$）となる[*21]。

2. 2分子反応 $A + B \longrightarrow P$ の化学反応で，反応速度が A と B の濃度についてそれぞれ1次であった場合，反応全体では2次となる。このとき，微分型の速度式は次のように表される[*22]。

$$r = -\frac{d[A]}{dt} = -\frac{d[B]}{dt} = \frac{d[P]}{dt} = k[A][B] \qquad 10\text{-}18$$

ここで，反応物 A と B の初濃度をそれぞれ $[A]_0$，$[B]_0$ とし，反応を開始してから t 時間後の濃度を $[A]$，$[B]$ とする。また，その時間に A と B が消費された量を x とすると次式のように変形できる。

$$[A] = [A]_0 - x, \quad [B] = [B]_0 - x$$

$$r = -\frac{d[A]}{dt} = \frac{dx}{dt} = k([A]_0 - x)([B]_0 - x) \qquad 10\text{-}19$$

これを x と t で積分する。

$$\int_0^x \frac{dx}{([A]_0 - x)([B]_0 - x)} = k \int_0^t dt \qquad 10\text{-}20$$

左辺を部分分数に分解してから両辺を積分すると，次式が得られる[*23]。

$$\frac{1}{[A]_0 - [B]_0} \ln \frac{[A][B]_0}{[A]_0[B]} = kt \qquad 10\text{-}21$$

したがって，反応時間 t に対して式 10-21 の左辺の値をプロットして直線関係が得られれば，その反応は反応物 A と B のそれぞれの成分に対して1次であり，全体として2次反応であることが確認できる。

[*21] **Don't Forget!!**
速度定数 k の単位は重要であり，反応次数によって速度定数の単位は異なる。

[*22] **+α プラスアルファ**
$H_2 + I_2 \rightarrow 2HI$ の反応は，2分子の2次反応の一つの例である。

[*23] **Don't Forget!!**
部分分数に分解する方法を確認しよう。
$$\frac{1}{(a-x)(b-x)} = \frac{A}{a-x} + \frac{B}{b-x}$$
として，A と B を求めてみよう。

例題 10-6 ある単分子反応の2次反応で，反応を開始してから5分後に反応物の量が初期量から10％減少した。10分後および20分後には反応物はそれぞれ何％減少するか。

解答 2次反応の速度式より次のようになる。

$$\frac{1}{0.9[A]_0} = k \times 5 \times 60 + \frac{1}{[A]_0} \quad k = \frac{1}{2.70 \times 10^3 [A]_0} \quad [mol^{-1} \cdot dm^3 \cdot s^{-1}]$$

$$\frac{1}{x[A]_0} = \frac{10 \times 60}{2.70 \times 10^3 [A]_0} + \frac{1}{[A]_0} \quad x = 0.818 (18.2\% 減少)$$

$$\frac{1}{x[A]_0} = \frac{20 \times 60}{2.70 \times 10^3 [A]_0} + \frac{1}{[A]_0} \quad x = 0.692 (30.8\% 減少)$$

よって，18.2％ と 30.8％ 減少する。

10-2-3 高次反応の速度式

3次以上の高次の反応についての実例は少ないが，ここでは単分子反応における高次反応の速度式を考えてみたい．

反応次数を n として，**n 次反応の速度式**を導出する．

$A \longrightarrow P$ の化学反応において，n 次反応の微分型の速度式は

$$r = -\frac{d[A]}{dt} = k[A]^n \qquad 10-22$$

となる．2次反応の場合と同様に，反応物 A の初濃度 $[A]_0$ で反応開始時 $(t=0)$ から一定時間後 $(t=t)$ の A の濃度を $[A]$ として積分を行うと，次式が得られる．

$$\frac{1}{n-1}\left(\frac{1}{[A]^{n-1}} - \frac{1}{[A]_0^{n-1}}\right) = kt \qquad 10-23$$

この式は，単分子反応における n 次の速度式の一般式として用いることができる．ただし，n は1以外の正の整数でなければならない．

10-2-4 半減期

化学反応の進行にともない，反応物の濃度が初期濃度の半分になるまでに要する時間を**半減期**と呼び，記号 $t_{1/2}$ で表す．

半減期は，速度定数 k とも密接な関係がある．

1. 1次反応 1次反応の速度式は，式 10-13 や式 10-14 で表される．このとき，反応物 A の濃度 $[A]$ が初濃度の半分 $\left([A] = \dfrac{[A]_0}{2}\right)$ となったときの時間 t が半減期 $t_{1/2}$ である．

したがって，半減期は次式で表すことができる[24]．

$$t_{1/2} = \frac{\ln 2}{k} \qquad 10-24$$

この式から1次反応においては半減期は初濃度に無関係であることがわかり，半減期を測定することで容易に速度定数を求めることができる．

2. 2次反応 2次反応における半減期についても考えてみよう．

単分子反応の2次反応の速度式 10-17 に，$[A] = \dfrac{[A]_0}{2}$ を代入すると，次式が導かれる[24]．

$$t_{1/2} = \frac{1}{k[A]_0} \qquad 10-25$$

したがって，2次反応の半減期は，初濃度の逆数に比例することがわかる．

---

[24] **Let's TRY!!**
1次反応と2次反応の半減期の式 10-24 と式 10-25 をそれぞれ導出してみよう．

例題 10-7 次の1次反応の速度定数を求めよ。

(1) 反応物の濃度が最初の半分になるのに2時間かかった。
(2) 反応開始後，100分たったとき，反応物の濃度が初めの $\frac{1}{10}$ になった。

解答

(1)
$$\ln\frac{\frac{1}{2}[A]_0}{[A]_0} = -k \times (2 \times 60 \times 60)$$
$k = 9.63 \times 10^{-5}\,\mathrm{s}^{-1}$

(2)
$$\ln\frac{\frac{1}{10}[A]_0}{[A]_0} = -k \times 100 \times 60$$
$k = 3.84 \times 10^{-4}\,\mathrm{s}^{-1}$

演習問題 A　基本の確認をしましょう

演習問題の解答

10-A1 ある1次反応で反応物が30％減少するのに30分を要した。

(1) この反応の速度定数を求めよ。
(2) 反応物が40％減少するには，何分を要するか。
(3) 3時間反応させたあと，未反応物は何％残るか。
(4) この反応の半減期を求めよ。

10-A2 ヨウ化水素の分解反応 ($2HI \longrightarrow H_2 + I_2$) は2次反応である。内容積が $1.00\,\mathrm{dm}^3$ の密閉容器に $0.1\,\mathrm{mol}$ のヨウ化水素を入れて，ある一定の温度で分解反応を行った。5分後に発生した水素の量を測定したら，$0.02\,\mathrm{mol}$ であった。

(1) 反応開始5分後のヨウ化水素の量は何molか。
(2) この反応の速度定数を求めよ。
(3) 反応を開始してから10分後には，それぞれの成分の量は何molになるか。

演習問題 B　もっと使えるようになりましょう

10-B1 $A \longrightarrow 2B + C$ の反応において，反応時間によるAの濃度変化を測定したら，以下の表の結果が得られた。この反応の次数と速度定数を求めよ[*25]。

反応時間 [min]	Aの濃度 [mol·dm^{-3}]
0	2.33
150	2.12
300	1.93
500	1.70
800	1.41
1000	1.24

[*25] **ヒント**
積分法を使う場合は，まずは1次反応と仮定して，1次の速度式にあてはまるようにデータを整理し，グラフにプロットする。
直線関係が得られなければ，2次や3次の速度式を使う。いわゆる，試行錯誤法である。

10-B2 $A + B \longrightarrow C$ の2次反応において，AとBの初濃度を同じにして反応を開始し，それらの10％が反応するのに5分を要した。反応物の20％，および50％が反応するには，それぞれどのくらいの時間を要するか[*26]。

*26 **ヒント**
2次反応の速度式を用いるが，2種類の反応物の濃度が同じ場合は，2分子反応の式では計算できない。濃度が等しい場合は，1分子の反応と同じ解析方法になる。

10-B3 $A + B \longrightarrow C$ の2次反応において，Aの初濃度 $0.10\ \mathrm{mol \cdot dm^{-3}}$ に対してBの初濃度を2倍にして反応を開始した。10分後のAの濃度を測定すると $0.085\ \mathrm{mol \cdot dm^{-3}}$ であった。20分後にはAおよびBの濃度はそれぞれどのくらいになるか。

10-B4 気相系での五酸化二窒素の分解反応 $(2N_2O_5 \longrightarrow 4NO_2 + O_2)$ において，実験で求めた反応速度式は $r = k[N_2O_5]$ であることがわかった。N_2O_5 の初濃度が $5.0 \times 10^{-2}\ \mathrm{mol \cdot dm^{-3}}$ であるとき，3分後には NO_2 の濃度が $2.0 \times 10^{-2}\ \mathrm{mol \cdot dm^{-3}}$ となった。NO_2 の濃度が $8.0 \times 10^{-2}\ \mathrm{mol \cdot dm^{-3}}$ となるのは，反応を開始してから何分後であるか。

10-B5 ある物質の分解速度は，その物質に対して2次である。その初濃度が $0.10\ \mathrm{mol \cdot dm^{-3}}$ のとき，反応開始後40分で20％が分解した。

(1) この反応の速度定数を求めよ。

(2) 半減期を求めよ。

(3) 初濃度が $1.00\ \mathrm{mol \cdot dm^{-3}}$ のときでは，40分で何％が分解するか。

あなたがここで学んだこと

この章であなたが到達したのは
- □ 反応速度の定義を説明できる
- □ 微分式で反応速度を表すことができる
- □ 積分型の反応速度式を導出し利用することができる
- □ 反応次数と速度定数を求めることができる
- □ 半減期と速度定数の関係を説明できる

　本章では反応速度を表すために必要な反応速度式の導出方法を学び，その式を使っての反応時間と各成分濃度の関係の求め方を学んだ。反応物や生成物の状態は，実験で観察することができ，それらの濃度やエネルギーの関係は平衡論でも説明できる。しかし，反応の途中の状態は直接的には観察できずブラックボックスである。それを解明するための第一歩が，実は反応速度の解析である。反応速度を解析することは，単なる現象を数値化するだけのものではなく，その先には化学反応の機構を解明するというもう1つの大きな目的があることを念頭に置いて，次の11章に進んで頂きたい。

　また実用面においても，反応装置の大きさや形状の決定にも反応速度が重要である。これらの知識を役立ててほしい。

11章

反応解析

2HI → H$_2$+I$_2$ の反応モデル

　化学の面白さは，物質の変化，すなわち化学反応にあるといえる。化学反応を考えるとき，まずは何が反応物で何が生成物かを確認し，さらにそれらの各成分の量的関係はどのようになるかを見きわめて化学反応式を完成させる。しかし，反応物が突然のごとく生成物に変わるわけではなく，ある経緯を持って生成物へと変わる。その反応途中の状況は残念ながら直接的に観察することができず，ブラックボックスである。その部分の解明に反応速度の解析が重要な役割を担っている。

　化学反応の進行速度は反応途中の状況に強く影響を受ける。そのため，反応速度を解析することで，反応途中の状態や反応機構を推測することが可能となる。反応速度論の目的の1つは反応機構を解析することにあり，それにより初めて化学反応の全体像が見えてくるといえよう。

● **この章で学ぶことの概要**

　10章では，1次反応や2次反応などの基本反応の速度式を学んだ。しかし，実際の化学反応では，いくつかの反応が組み合わさって進行している場合も少なくない。また，反応の中間体などを経由する反応もあり，それらは素反応の組み合わせで反応機構が解析できる。反応機構を解析するためには，第一にその素反応群から反応速度式を導出することが必要となる。一方，反応が進行するためには必ず活性化状態を経由し，そこにいたるためには活性化エネルギーが必要である。このエネルギーも反応速度と密接な関係がある。

　この章では，複合反応の速度式，推定した素反応群から速度式の導出法，および活性化エネルギーと速度定数や反応温度との関係，さらに反応速度に影響を与える触媒作用について学ぶ。

予習 授業の前にやっておこう!!

反応速度は，反応物の濃度の何乗かに比例する場合が多い。その指数を反応次数と呼び，1乗の場合は1次，2乗では2次という。またそのときの比例定数は反応速度定数である。

1. $2N_2O_5 \longrightarrow 4NO_2 + O_2$ の反応において，実験で求めた反応速度式は $r = k[N_2O_5]$ であった。
   (1) この反応の次数を求めよ。
   (2) N_2O_5 の減少速度と NO_2 および O_2 の生成速度には，どのような関係が成り立つか答えよ。

2. $A + 2B \longrightarrow P$ の反応において，その反応速度は $r = k[A][B]^2$ で表されたとする。反応開始後，ある時間における反応速度が $4.0 \times 10^{-5} \, [\text{mol} \cdot \text{dm}^{-3} \cdot \text{s}^{-1}]$ で，そのときのAとBの濃度はそれぞれ $0.25 \, [\text{mol} \cdot \text{dm}^{-3}]$ と $0.40 \, [\text{mol} \cdot \text{dm}^{-3}]$ であった。速度定数 k を求めよ。

11-1 複合反応の速度式

10章では，1回の化学反応だけで完結する反応，すなわち素反応についての速度式を説明した。しかし，実際の化学反応では，その多くは複雑であり，いくつかの素反応が組み合わさって反応を構成していることが多い。たとえば，連続した反応であったり，2つの反応が競争したり，あるいは逆反応が起こったりする。そこで，このように複合化された化学反応の速度式をどのように組み立てるのかを考えてみたい。

11-1-1 逐次反応

次の化学反応式で表されるように，連続して進行する反応を**逐次反応**または**連続反応**と呼ぶ[*1]。

$$A \xrightarrow{k_1} B \xrightarrow{k_2} C \qquad 11\text{-}1$$

ここでは，反応物 A が速度定数 k_1 で B を生成し，さらに生成した B が速度定数 k_2 で C を生成する。A が出発物質であり，C が最終生成物である。また B は反応の途中で生成する物質で中間体という。

この反応についての速度式を導出してみよう。

それぞれの変化が，反応物に対して1次であり，2つの速度定数の k_1 と k_2 の値が同程度で $k_1 \neq k_2$ であるとすると，A，B，C それぞれの速度式は，次のようになる。

$$-\frac{d[A]}{dt} = k_1[A] \qquad 11\text{-}2$$

[*1] Let's TRY!!
水素存在下でのアセチレンの水素化反応などが，逐次反応の例である。
$C_2H_2 \rightarrow C_2H_4 \rightarrow C_2H_6$
他の逐次反応の例を探してみよう。

$$\frac{d[B]}{dt} = k_1[A] - k_2[B] \quad \text{11-3}$$

$$\frac{d[C]}{dt} = k_2[B] \quad \text{11-4}$$

ここで，反応式 11-1 において，A 成分の初濃度（$t=0$ での濃度）を $[A]_0$ とすると，反応開始後の時間 t における各成分の濃度は表 11-1 のようになる。

表 11-1 逐次反応による濃度変化

初濃度（$t=0$）	$[A]_0$	$[B]_0 = 0$	$[C]_0 = 0$
時間 t での濃度	$[A] = [A]_0 - x$	$[B] = x - y$	$[C] = y$

反応によって A 成分の x 量だけ B に変化し，さらに生成した B 成分のうち y 量だけが C に変化したとする。また，この反応は体積一定の条件下とする[*2]。

これらの条件を式 11-2～式 11-4 に入れて整理すると，速度式はそれぞれ次のように表すことができる。

$$-\frac{d[A]}{dt} = -\frac{d([A]_0 - x)}{dt} = \frac{dx}{dt} = k_1([A]_0 - x) \quad \text{11-5}$$

$$\frac{d[B]}{dt} = \frac{d(x-y)}{dt} = k_1([A]_0 - x) - k_2(x - y) \quad \text{11-6}$$

$$\frac{d[C]}{dt} = \frac{dy}{dt} = k_2(x - y) \quad \text{11-7}$$

さらに，この反応における**物質収支**は次式で示される。

$$[A]_0 = [A] + [B] + [C] \quad \text{11-8}$$

これらの 4 つの式から，A，B，C についての積分型の速度式を求めることができる。このうちの 2 成分を求めれば，残りの 1 成分もおのずと決まる。

式 11-5 は，1 次反応の速度式であるので，積分により容易に次式が得られる。

$$\ln\frac{[A]_0}{[A]_0 - x} = k_1 t \quad \text{11-9}$$

ここで，$[A]_0 - x = [A]$ であるので，次式となる。

$$[A] = [A]_0 e^{-k_1 t} \quad \text{11-10}$$

この式 11-10 はある時間 t における A 成分の濃度を示す。

次に，式 11-3 に，式 11-10 を代入すると，次式が得られる。

$$\frac{d[B]}{dt} = k_1[A]_0 e^{-k_1 t} - k_2[B] \quad \text{11-11}$$

これは 1 階線形微分方程式であるので，その解の式を用いて解くと，次式が得られる[*3]。

[*2] +α プラスアルファ
反応により体積変化が生じる場合は，反応による物質量の変化と体積変化を考慮して，それぞれの濃度を算出する必要がある。

[*3] Let's TRY!
1 階線形微分方程式
$$\frac{dy}{dx} + p(x)y = Q(x)$$
の解を求める方法を確認し，式 11-11 から式 11-12 を導出してみよう。

$$[B] = [A]_0 \frac{k_1}{k_2 - k_1}(e^{-k_1 t} - e^{-k_2 t}) \qquad 11-12$$

さらに，式 11-10 と式 11-12 を式 11-8 に代入して整理すると，次式となる．

$$[C] = [A]_0 \left\{1 - \frac{1}{k_2 - k_1}(k_2 e^{-k_1 t} - k_1 e^{-k_2 t})\right\} \qquad 11-13$$

これらの式が各成分濃度の時間に対する関数式，すなわち逐次反応における反応速度式である．

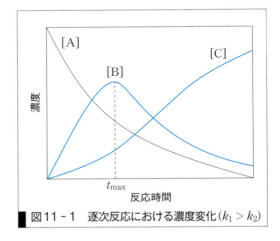

図 11-1 逐次反応における濃度変化 ($k_1 > k_2$)

逐次反応における各成分の濃度変化の例を図 11-1 に示す．この図は速度定数 k_1 の値が k_2 より大きい場合の例である．

逐次反応においては，2つの速度定数 k_1 と k_2 の違いによって濃度変化の様子も変わってくる．たとえば，極端な例として，k_1 より k_2 の値がはるかに大きい場合（$k_1 \ll k_2$），生成したBはすぐさまCに変化するため，Bの濃度の極大値がみられなくなり，A → Cの単純な1次反応として取り扱うことが可能となる．

$$A \xrightarrow[k_1]{\text{遅い}} B \xrightarrow[k_2]{\text{速い}} C \quad (k_1 \ll k_2) \quad \Longrightarrow \quad A \xrightarrow{k_1} C \qquad 11-14$$

例題 11-1 次の逐次反応において，A → B は 1 次反応で，B → C が 2 次反応であった場合，A の減少速度および B と C の生成速度を微分型の速度式で表せ．

$$A \xrightarrow{k_1} B \xrightarrow{k_2} C$$

解答 $-\dfrac{d[A]}{dt} = k_1[A], \quad \dfrac{d[B]}{dt} = k_1[A] - k_2[B]^2, \quad \dfrac{d[C]}{dt} = k_2[B]^2$

11-1-2 可逆反応

一般に，化学反応は**可逆反応**になる場合が多い．しかし，可逆反応であっても，反応の初期段階や反応の転化率がかなり小さいときは，反応物に対して生成物の量が非常に少ないので，逆反応を無視することができる．そうすれば，一般的な単純反応として速度式を立てることができ，反応の解析も容易である[*4]．

[*4] **プラスアルファ** 正反応だけであれば，単純な1次反応の速度式で容易に解析できる．

ところが，生成物の量が多くなるに従い逆反応の進行も促進されるため，それを無視することはできない。そこで，正反応だけでなく，逆反応も考慮した速度式が必要となる。

反応式 11-15 で示される可逆反応を考えてみる。

$$A \underset{k_2}{\overset{k_1}{\rightleftarrows}} B \qquad 11-15$$

ここで，正反応と逆反応の速度定数をそれぞれ k_1 と k_2，また正反応は A の濃度に，逆反応では B の濃度に対してともに 1 次であり，出発物質は A のみであるとする。

A の初濃度を $[A]_0$ とし，反応開始後 t 時間の A と B の濃度をそれぞれ $[A] = [A]_0 - x$，$[B] = x$ とする。x は B への変化量である。

これをもとに，微分型の反応速度式を導くと，次式が得られる[*5]。

$$\frac{dx}{dt} = k_1([A]_0 - x) - k_2 x \qquad 11-16$$

この式をさらに変形すると，式 11-17 となる。

$$\frac{dx}{dt} = (k_1 + k_2)\left(\frac{k_1[A]_0}{k_1 + k_2} - x\right) \qquad 11-17$$

$$\frac{k_1[A]_0}{k_1 + k_2} = m \qquad 11-18$$

ここで，式 11-18 の左辺を m として，式 11-17 を積分すると次式が得られる[*6]。

$$(k_1 + k_2)t = \ln\left(\frac{m}{m - x}\right) \qquad 11-19$$

この式が可逆反応の速度式である。

また，反応時間が無限大，すなわち反応が**平衡状態**に達した場合は，x の生成速度はゼロ $\left(\dfrac{dx}{dt} = 0\right)$ になるので，式 11-16 は次のように表される。

$$k_1([A]_0 - x_e) = k_2 x_e \qquad 11-20$$

ここで平衡時における B の濃度を x_e としている。

さらに，変形すると次式が得られる。

$$\frac{x_e}{[A]_0 - x_e} = \frac{k_1}{k_2} = K \qquad 11-21$$

ここで，K は**平衡定数**である[*7]。平衡定数 K がわかると，式 11-18 における m の値も求まる。

m の値が判明すれば，式 11-19 をもとにして実験データを整理し，縦軸に $\ln\left(\dfrac{m}{m-x}\right)$，横軸に反応時間 t でプロットし，その傾きの $(k_1 + k_2)$ と平衡定数 $K\left(= \dfrac{k_1}{k_2}\right)$ から，正逆反応の両速度定数の k_1 および k_2 が求まる。

[*5] **＋α プラスアルファ**
単位時間当たりの B の生成量は，反応物 A の量に比例して増加し，生成物 B の量に比例して減少する。

[*6] **ヒント**
積分をしやすくするために，式 11-18 を置く。

[*7] **Don't Forget!!**
平衡定数と速度定数の関係を覚えておこう。

11-1 複合反応の速度式

11-1-3 併発反応

同一の反応物から，並列的で競争的に，複数の生成物ができる反応を**併発反応**あるいは**競争反応**という。このような反応は異性化などに多く見られ，たとえば1-ブテンが異性化してシス-2-ブテンとトランス-2-ブテンが生成する反応などである。

$$A \begin{array}{c} \xrightarrow{k_1} B \\ \xrightarrow{k_2} C \end{array} \qquad 11-22$$

出発物質をAのみとし，その初濃度を$[A]_0$，さらにBとCがそれぞれ生成するときの速度定数をk_1とk_2とすると，Aの減少速度およびBとCの生成速度の関係式は次のように表すことができる。

$$-\frac{d[A]}{dt} = \frac{d[B]}{dt} + \frac{d[C]}{dt} \qquad 11-23$$

$$-\frac{d[A]}{dt} = k_1[A] + k_2[A] \qquad 11-24$$

$$\frac{d[B]}{dt} = k_1[A] \qquad 11-25$$

$$\frac{d[C]}{dt} = k_2[A] \qquad 11-26$$

さらに物質収支は，$[A]_0 = [A] + [B] + [C]$であるので，どれか2成分の速度式がわかれば残りの1成分も自動的に決まる。

まずは，式11-24からAに対しての速度式を導出する。

$$\int_{[A]_0}^{[A]} \frac{d[A]}{[A]} = -(k_1 + k_2) \int_0^t dt \qquad 11-27$$

$$\ln \frac{[A]}{[A]_0} = -(k_1 + k_2)t \qquad 11-28$$

$$[A] = [A]_0 e^{-(k_1+k_2)t} \qquad 11-29$$

次に，Bに対しての速度式は，Aの単位時間当たりの減少量がBとCの増加量の合計に等しいことから，次の式で導かれる[*8]。

$$[B] = ([A]_0 - [A]) \frac{k_1}{k_1 + k_2} \qquad 11-30$$

$$[B] = [A]_0 \{1 - e^{-(k_1+k_2)t}\} \frac{k_1}{k_1 + k_2} \qquad 11-31$$

さらに，Cに対しては，次式となる。

$$[C] = [A]_0 \{1 - e^{-(k_1+k_2)t}\} \frac{k_2}{k_1 + k_2} \qquad 11-32$$

併発反応において，特定の反応が他の反応に対してどのくらい速く進行するかを比で表したものを**反応の選択率**と呼ぶ。たとえば，BのC

[*8] 単位時間当たりのBとCの生成割合は，それぞれの速度定数の割合に一致する。

に対する選択率 S_C^B は，次のように表される[*9]。

$$S_C^B = \frac{\frac{d[B]}{dt}}{\frac{d[C]}{dt}} = \frac{k_1[A]}{k_2[A]} = \frac{k_1}{k_2} \qquad 11-33$$

さらに，選択率を各成分の濃度比で表しても，式11-33と同じになる。

$$S_C^B = \frac{[B]}{[C]} = \frac{k_1}{k_2} \qquad 11-34$$

[*9] **＋α プラスアルファ**
選択率は，全生成物に対する特定の生成物の割合で表す場合もある。

11.2 反応機構と速度式

化学反応は，いくつかの**素反応**[*10]が組み合わさって1つの化学反応が進行している場合が考えられ，それぞれの素反応の速度が化学反応全体の反応速度を支配する。

本節では，化学反応を構成する素反応群を仮定し，その仮定した素反応の組み合わせ，すなわち反応機構から反応速度式を導出する方法を述べる。反応機構から導出した速度式と10章で述べたように実際に実験的に求めた速度式との両者を比較することで，反応のメカニズムを推測することが可能となる。

そこで，本節では，1つの例としてA＋B⟶C＋Dの反応式で表す化学反応が表11-2に示すような反応機構から成り立っていると仮定して，**定常状態近似法**と**律速段階近似法**の2種類の方法で速度式を導出してみる。

[*10] **Don't Forget!!**
一度の反応で完結する反応を素反応という。

表11-2　仮定した反応機構

素反応①	A $\underset{k_{-1}}{\overset{k_1}{\rightleftarrows}}$ M＋C	
素反応②	M＋B $\xrightarrow{k_2}$ D	（律速段階[*11]）
全体反応	A＋B ⟶ C＋D	

（M：中間体，k_1, k_{-1}, k_2：速度定数）

[*11] **Don't Forget!!**
一連の反応が連続で起こるとき，全体の反応の反応速度は，そのなかの最も遅い反応によって支配される。その最も遅い反応を**律速段階**と呼ぶ。

11-2-1 定常状態近似法

反応が時間的に一定に進行していて見かけ上変化のない状態を**定常状態**という。その状態では反応中間体Mの時間的濃度変化はゼロと考えることができる。

$$\frac{d[M]}{dt} = 0 \qquad 11-35$$

これを前提として，速度式を導く方法を**定常状態近似法**という。

表 11-2 の素反応①と②から中間体 M の速度式を導くと，次式が得られる。

$$\frac{d[M]}{dt} = k_1[A] - k_{-1}[M][C] - k_2[M][B] = 0 \qquad 11-36$$

これより，次の式が導かれる。

$$[M] = \frac{k_1[A]}{k_{-1}[C] + k_2[B]} \qquad 11-37$$

全体反応の反応速度は，律速段階である素反応②の生成物 D の生成速度で決まるので，この反応の反応速度 r は，次式となる。

$$r = \frac{d[D]}{dt} = k_2[M][B] = \frac{k_1 k_2[A][B]}{k_{-1}[C] + k_2[B]} \qquad 11-38$$

ここで，素反応①の逆反応の速度が，素反応②の反応に比べて十分大きいとすると，$k_2[B] \ll k_{-1}[C]$ であるので，式 11-38 は次のように簡素化できる[*12]。

$$r = \frac{k_1 k_2[A][B]}{k_{-1}[C]} \qquad 11-39$$

式 11-39 が，素反応①と②の仮定に基づき，定常状態近似法を用いて導出した反応速度式である。

11-2-2 律速段階近似法

律速段階とは，一連の反応のなかで最も反応速度の遅い反応のことであり，その反応の速度が全体の反応速度を支配する。素反応群のなかの律速段階に注目して，速度式を導出する方法を**律速段階近似法**と呼ぶ。

そこで，定常状態近似法と同様に，表 11-2 で仮定した反応機構をもとにして，律速段階近似法により速度式を導出してみよう。

素反応②が律速段階であり，反応速度が著しく小さいとすると，素反応①は**擬平衡状態**にあると考えられる。これを**部分平衡仮定**という。

そこで，素反応①に平衡定数 K を用いると，次式が得られる。

$$K = \frac{[M][C]}{[A]} = \frac{k_1}{k_{-1}} \qquad 11-40$$

$$[M] = \frac{k_1[A]}{k_{-1}[C]} \qquad 11-41$$

また，全体反応の反応速度 r は次式で表される。

$$r = \frac{d[D]}{dt} = k_2[M][B] \qquad 11-42$$

ここで式 11-42 に式 11-41 を代入すると，速度式が導かれる[*13]。

$$r = \frac{k_1 k_2[A][B]}{k_{-1}[C]} \qquad 11-43$$

*12 ヒント
素反応②が律速段階なので，最も速度が遅い。したがって，k_2 の値は k_{-1} に比べてきわめて小さいと考えることができる。

*13 プラスアルファ
全体の反応速度は，律速段階である素反応②の速度で決まる。

この式 11-43 は，定常状態近似法で導出した式 11-39 と同じであり，仮定した反応機構で反応が進行しているとすると，定常状態近似法でも律速段階近似法でも同様な速度式が導出される。

これらの近似法により導出した速度式と，実際に実験によって導き出した速度式が一致するならば，仮定した反応機構が正しいと考えられる。また，一致しなければ，新たに別の機構を仮定しその速度式を導出して比較する。このようにして反応のメカニズムを推定することが可能となる。

> **例題 11-2** 化学反応が次の素反応群で進行するとして，定常状態近似法と律速段階近似法を用いてそれぞれの反応速度式を導出せよ。ただし，出発原料は A と B であり，P は生成物である。また化合物 AB は中間体であり，AB から P への生成を律速段階とする。
>
> $$A + B \underset{k_{-1}}{\overset{k_1}{\rightleftharpoons}} AB \overset{k_2}{\longrightarrow} B + P$$
>
> **解答** 定常状態法では $r = \dfrac{k_1 k_2}{k_{-1} + k_2}[A][B]$ が得られ，$k_{-1} \gg k_2$ で近似すると，$r = \dfrac{k_1 k_2}{k_{-1}}[A][B]$ となる。また律速段階近似法でも近似後と同じ式が得られる。

11-3 化学反応とエネルギー

11-3-1 活性化エネルギー

5章で，エンタルピー変化 ΔH を学んでいる。とくに，化学反応におけるエネルギー変化を**反応エンタルピー**と呼ぶ。しかし，化学反応はこの反応エンタルピーのエネルギーで進行するわけではない。化学反応が進行するためには，熱運動している反応分子どうしが衝突して，あるエネルギー以上の高いエネルギーを持った**活性分子（活性錯合体）**を生成して**活性化状態**に到達しなければならない。その活性化状態になるために最小限必要なエネルギーが，**活性化エネルギー**である。

図 11-2 に，反応物と生成物および活性化状態のそれぞれのエネルギー状態を示す。反応物と活性化状態のエネルギー差が活性化エネルギーであり，E_a の記号で表される。ちなみに，反応物と生成物のエネルギー差が反応エンタルピーであり，ΔH で表される[*14]。

活性化状態にある活性分子は非常に不安定であるため，その状態で留まることはできない[*15]。したがって，すぐさまより安定な生成物に変化するか，あるいはもとの反応物に戻る。このとき，生成物側に変化することで化学反応が進行する。活性化エネルギーの山が高ければ，反応

[*14] **＋αプラスアルファ**
反応エンタルピー ΔH は，反応物のエネルギーと生成物のエネルギー差であり，反応の前後の状態だけで決まる値である。
それに対して，活性化エネルギー E_a は，反応の途中の状態（活性化状態）と反応物のエネルギーとの差である。

[*15] **Don't Forget!!**
活性分子のことを活性錯合体と呼ぶことがある。また，活性化状態は反応途中の遷移状態ともいえる。

はゆっくりとしか進行せず，一方低ければ反応は速やかに進行することになる。

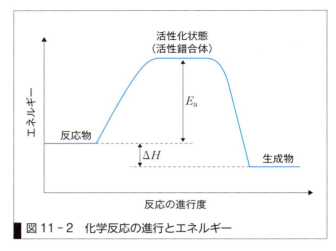

図 11 - 2　化学反応の進行とエネルギー

11-3-2 反応速度の温度依存性

一般に，化学反応の速度は，温度上昇とともに著しく大きくなる。それは，温度上昇により活性化状態に到達する分子の割合が増加するためである。反応温度と速度定数の関係は式 11 - 44 で示される[*16]。

$$k = Ae^{-\frac{E_a}{RT}} \qquad 11\text{-}44$$

この式は，提案者の名前にちなんで**アレニウスの式**と呼ばれ，速度定数 k と反応温度 T（絶対温度 K）の関係を表す。ここで A は頻度因子または前指数因子，E_a は活性化エネルギー（とくにアレニウスの活性化エネルギー）である。また R は気体定数（$R = 8.314$ J·K^{-1}·mol^{-1}）である。

アレニウスは，反応物と活性化状態にある活性分子の間に平衡関係が成り立ち，反応の進行はこの活性分子の濃度に比例すると考察して，化学平衡の温度依存性を表すファントホッフの定圧平衡式とそれまでの経験則を基盤にしてこの式を提案した。アレニウスの考察は，その後の反応速度における**衝突理論**や**遷移状態理論**へと発展している[*17]。

また，アレニウスの式において重要なことは，この式を用いることにより，実験的に求めた速度定数から活性化エネルギーを求めることができることであり，これは反応速度の理論解析の基礎となる。

式 11 - 44 の両辺に対数をとると，次式となる。

$$\ln k = \ln A - \frac{E_a}{RT} \qquad 11\text{-}45$$

反応温度を変えて，それぞれの温度における速度定数 k を測定し，$\ln k$ 対 $\frac{1}{T}$ でプロットすると直線関係が得られ，その傾きが $-\frac{E_a}{R}$ とな

[*16] **Don't Forget!!**
アレニウスの式は，温度と速度定数の関係を表す重要な式であるので，必ず覚えよう。また，反応速度は反応分子のエネルギー分布に影響を受けるため，3 章で学んだボルツマン分布と同様の項がアレニウスの式の中にも存在する。

[*17] **+α プラスアルファ**
反応速度の理論として，衝突理論と遷移状態理論があり，これらは速度定数の熱力学的意味を与える。

り，活性化エネルギー E_a が求まる。また切片から頻度因子 A が求まる。このプロットは，一般に**アレニウスプロット**と呼ばれている[18]。

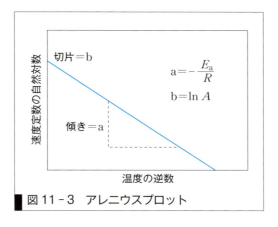

図11-3 アレニウスプロット

[18] **+α プラスアルファ**
反応温度を変えて反応実験を行い，それぞれの反応速度定数を求めてアレニウスプロットすると，その反応の活性化エネルギーを算出することができる。
また，温度 T_1 と T_2 で速度定数がそれぞれ k_1 と k_2 であるとすると次式が導かれる。
$$\ln\frac{k_1}{k_2} = -\frac{E_a}{R}\left(\frac{1}{T_1} - \frac{1}{T_2}\right)$$

例題 11-3 Pt 触媒上でヨウ化水素の分解反応を行ったところ，その速度定数は反応温度 500 ℃で $1.20 \times 10^{-3}\,\mathrm{s}^{-1}$ であり，600 ℃では $3.50 \times 10^{-3}\,\mathrm{s}^{-1}$ であった。この反応の活性化エネルギーを求めよ。

解答 $\ln\dfrac{k_1}{k_2} = -\dfrac{E_a}{R}\left(\dfrac{1}{T_1} - \dfrac{1}{T_2}\right)$ より，次のようになる。

$$\ln\frac{1.20\times 10^{-3}}{3.50\times 10^{-3}} = -\frac{E_a}{8.314}\left(\frac{1}{500+273.15} - \frac{1}{600+273.15}\right)$$

$E_a = 60.1\,\mathrm{kJ\cdot mol^{-1}}$

11-3-3 触媒作用

過酸化水素水に少量の二酸化マンガンを加えると，過酸化水素がすみやかに分解して酸素を発生させることはよく知られている。このとき，二酸化マンガンは反応の前後で変化しておらず，反応中に消費されない。この二酸化マンガンのような働きをする物質を**触媒**という。触媒は，反応物質より相対的に少量で化学反応の速度を著しく増大させ，しかもそれ自身は反応中に消費されない物質と定義される。その触媒の持つ作用を**触媒作用**という[19]。

$$2\mathrm{H_2O_2} \xrightarrow{\mathrm{MnO_2}} 2\mathrm{H_2O} + \mathrm{O_2} \qquad 11\text{-}46$$

触媒は反応中に消費されないので化学量論式には示されない。たとえば，化学平衡は平衡定数 K でもみられるように反応の前後の状態だけで決まる。これは触媒があってもなくても同じである。すなわち，触媒の作用は平衡状態には影響を与えない。したがって，触媒は平衡の位置を変えることはできず，平衡に達するまでの速度を大きくするものである。

触媒が反応速度を大きくする最大の要因は，触媒と反応物との間に何らかの相互作用を持ち，より低い活性化エネルギーの別の反応経路を進むようにするためである[20]。

たとえば，ヨウ化水素の分解反応 $(2\mathrm{HI} \longrightarrow \mathrm{H_2} + \mathrm{I_2})$ では，ある一

[19] **Don't Forget!!**
触媒の定義を確認しよう。

[20] **ヒント**
触媒は，図 11-2 の活性化状態の山の高さを低くする作用を持つ。

定の反応条件において，無触媒の場合は活性化エネルギーが 184 kJ·mol^{-1} 程度であるが，Pt 触媒を使うと 60 kJ·mol^{-1} 程度にまで低下する。このように，触媒作用によって，活性化エネルギーの山が低くなることにより，より反応速度が増大するのである。したがって，触媒は反応の途中の状態に影響を与え，無触媒とは異なる反応機構で反応を進行させているのである。

触媒には，反応物やその溶媒に均質に溶解する**均一系触媒**と，固体触媒など反応物とは異なる相で用いる**不均一系触媒**とに分類され，触媒を用いた化学反応は触媒反応と呼ばれる。触媒反応はほとんどの化学工業プロセスで多用されている。また，近年では NO$_x$ 分解や排ガスの浄化などの環境関連や水素製造や燃料電池などのエネルギー関連でも応用されており，化学反応のあるところには必ずといってよいほど触媒が利用されている[21]。

[21] **工学ナビ**
触媒は，化学工業では不可欠なものであるが，それ以外にも環境保全やエネルギー分野，さらには家庭用品にまでも，幅広く利用されている。
一方，貴重な貴金属や希土類を触媒とする例（自動車排ガス浄化など）もあり，資源の有効利用の観点からリサイクルの対象となっている場合もある。

> **例題 11-4** ヨウ化水素の分解反応を行い，その反応の活性化エネルギーを計算した。無触媒反応では，活性化エネルギーは 184 kJ·mol^{-1} であり，触媒に Pt を用いると 60.0 kJ·mol^{-1} になった。また Au 触媒を用いると 105 kJ·mol^{-1} であった。
>
> 25 ℃でこの反応を行った場合，無触媒反応に比べて，Pt 触媒と Au 触媒を用いた場合の反応速度は，それぞれおよそ何倍になるか。
>
> **解答** 2つのアレニウスの式の比から，$\dfrac{k_A}{k_B} = \exp\left(\dfrac{E_{a,B} - E_{a,A}}{RT}\right)$
> を用いて，$E_{a,Pt} = 6.00 \times 10^4$ または $E_{a,Au} = 1.05 \times 10^5$ と無触媒の $E_{a,無} = 1.84 \times 10^5$ とで $\dfrac{k_A}{k_B}$ 比を計算する。
>
> Pt 触媒：5.31×10^{21} 倍　　Au 触媒：6.93×10^{13} 倍

WebにLink 演習問題の解答

演習問題　A　基本の確認をしましょう

11-A1 可逆反応において，正反応の速度定数が逆反応の2倍であった。この反応が平衡状態に達したときの平衡定数を求めよ。

11-A2 A ⟶ C の反応が，次の素反応の組み合わせで成り立つと仮定して，定常状態近似法を用いて，速度式を導出せよ[22]。
　　素反応 (1)　　A ⟶ B　　（速度定数 k_1）
　　素反応 (2)　　B ⟶ C　　（速度定数 k_2）
ただし，素反応 (2) を律速段階とし，B は反応中間体である。

[22] **ヒント**
この素反応の組み合わせは，A→B→C の逐次反応と同じであり，それぞれの速度定数が $k_1 \gg k_2$ であるなら，A→C の単純な1次反応の速度式と同じになる。

11-A3 化学反応の速度は，温度が 10 ℃ 上がるごとに 2 倍になるとすれば，0 ℃ で 1 時間かかる反応は，50 ℃ ではどれだけの時間で進行するか。

11-A4 ある反応では，反応温度を25℃から10℃だけ上昇させると速度はほぼ2倍になった。この反応の活性化エネルギーを求めよ。

演習問題 B　　もっと使えるようになりましょう

11-B1 2-プロパノールは，触媒上で次の2つの分解反応を同時に起こして，プロピレンとアセトンを生成する。

$$CH_3-CH(OH)-CH_3 \longrightarrow CH_2=CH-CH_3 + H_2O$$
（速度定数 k_1）

$$CH_3-CH(OH)-CH_3 \longrightarrow CH_3-CH(=O)-CH_3 + H_2$$
（速度定数 k_2）

温度一定で，それぞれの反応の速度定数の値が，$k_1 = 3.47 \times 10^{-4}\,s^{-1}$ と $k_2 = 4.65 \times 10^{-4}\,s^{-1}$ であった。

(1) プロピレンに対するアセトンの選択率を求めよ。

(2) 反応後のアセトンの濃度が $0.12\,mol \cdot dm^{-3}$ であったとき，プロピレンの濃度を求めよ。

(3) 2-プロパノールが90％消失するのに要する時間を求めよ。

11-B2 ホスゲン（$COCl_2$）は，塩素（Cl_2）と一酸化炭素（CO）の反応によって合成される。この反応が次の機構で進行するとして，ホスゲンの生成速度を実測可能な塩素と一酸化炭素の濃度の関数で表せ。

① $Cl_2 \rightleftarrows 2Cl$　　（速度定数：正反応 k_1, 逆反応 k_{-1}）

② $Cl + Cl_2 \rightleftarrows Cl_3$　　（速度定数：正反応 k_2, 逆反応 k_{-2}）

③ $Cl_3 + CO \longrightarrow COCl_2 + Cl$　　（速度定数：k_3）

ただし③の反応が律速段階であり，①と②の反応は擬平衡状態にあると考える[*23]。

11-B3 反応温度を変えて酢酸エチルの加水分解反応を行い，30分後に酢酸エチルの分解率を測定した。反応温度15℃では酢酸エチルの10％が分解し，25℃では同じ時間で35％が分解した。次の各問いに答えよ[*24]。

(1) 反応温度15℃と25℃における速度定数をそれぞれ求めよ。

(2) この反応の活性化エネルギーを求めよ。

(3) 反応温度を20℃にした場合，30分後には酢酸エチルの何％が分解するか。

[*23] **Let's TRY!!**
定常状態近似法と律速段階近似法の両方を用いて，導出した式を比較してみよう。同じ式が得られるはずである。

[*24] **ヒント**
$CH_3COOC_2H_5 + H_2O \rightarrow CH_3COOH + C_2H_5OH$
加水分解反応では多量の水を用いるので，反応前後の水の濃度に変化はないとみなせる。したがって，この反応は酢酸エチルの濃度に対して1次である。

*25 アレニウスプロットを用いる。

11-B4 ある1次反応で，反応温度に対する速度定数の変化を測定したら，次の結果が得られた。この反応の活性化エネルギーを求めよ[*25]。

反応温度 [℃]	0	20	40	60
速度定数 [min^{-1}]	1.32×10^{-3}	0.0130	0.125	0.753

あなたがここで学んだこと

この章であなたが到達したのは
- □ 逐次反応や可逆反応，競争反応の速度式を導出できる
- □ 定常状態近似法や律速段階近似法を使って速度式を導出できる
- □ アレニウスの式を使って反応速度の温度依存性を計算できる
- □ 活性化エネルギーと反応の進行を説明できる
- □ 触媒の定義と触媒作用を説明できる

　本章では，複合反応をはじめ，いくつかの素反応の組み合わせから反応速度式を導出する方法，およびアレニウスの式に基づく反応速度と温度の関係について述べた。これらは化学反応における反応過程や反応機構を解明するための基礎となる。さらに，分子運動の概念を加えて衝突理論へ，またポテンシャルエネルギーの概念を加えて遷移状態理論へと発展させることができる。これらの理論をさらに用いることで，反応速度定数やアレニウスの式の本質を知り，化学反応をより深く理解することができる。本章では理論にまではふれなかったが，関心のある者はこれらの理論にもチャレンジしてもらいたい。

　また，触媒開発は夢のある研究であり，古くはアンモニア合成用の鉄触媒や高分子工業の基盤となったポリマー合成触媒の発見に始まり，今日の環境浄化やエネルギー開発など，社会に大きな影響を与える可能性を秘めている。

12章

電池と電気分解

太陽光発電

燃料電池車
(HONDA 提供)

電気は現代生活を支える需要なインフラの1つであるが，発電所で作られる大容量の電気を自在に蓄えることはきわめて難しい。しかし，小型の家電製品を動かす程度の電力に対しては電池に蓄えることができる。少量の電気を蓄えることのできるさまざまな電池が我々の生活の中で使用されている。乾電池のような小型の電池から，ハイブリッドカーや航空機などに使用される大型の充電可能な電池まで，多くの種類の電池が数多く利用されている。また，電気を利用して物質を変換する電気分解の技術は，効率のよい物質変換技術である。電気を蓄えることのできる電池技術や電気分解技術は，環境にやさしく，将来の環境社会においてもきわめて重要である。

●この章で学ぶことの概要

8章では電解質水溶液中でのイオンの挙動について学んだ。本章では，さまざまな電気化学反応を扱う。電気化学反応では電気エネルギーと化学エネルギーの相互変換を考える。熱力学的には電池の反応が自然の方向であり，化学エネルギーが電気エネルギーに変換される。逆に，電気エネルギーを外部から与えることによって，電極反応を進めることができる。

本章では基本的な電池技術を紹介し，電池反応で重要となる起電力，自由エネルギーなどの熱力学関数，平衡定数などの関係を明らかにする。さらに物質変換技術として電気分解の基本とその応用について解説する。

予習 授業の前にやっておこう!!

金属の**イオン化傾向**とは，金属が電子を放出して酸化され，陽イオンになろうとする性質である。たとえば，イオン化傾向の大きい亜鉛(Zn)板を硫酸銅(Ⅱ)水溶液に浸した場合，金属 Zn は溶けて Zn^{2+} イオンになり，Zn よりもイオン化傾向の小さい Cu^{2+} イオンは，Zn 板の電子を受け取り，金属 Cu となって Zn 板の表面に析出する[*1]。

酸化還元は酸素との反応だけでなく，電子の授与に対して定義されたものである。物質が電子を失うとその物質は酸化され，電子を受け取ると還元されたという。酸化や還元はどちらか一方だけが起こるのではなく同時に起こる。

1. 次の物質をイオン化傾向の大きい順に並べよ。
   Li, Fe, Cu, Zn, Mg, Pt
2. 次の反応では，それぞれの元素は還元されるか，それとも酸化されるか。
   $CuS(s) + O_2(g) \longrightarrow Cu(s) + SO_2(g)$
   (1) Cu　　(2) S　　(3) O

WebにLink
予習の解答

12　1　電池の基礎

[*1] Let's TRY!!
イオン化傾向を利用した技術に防錆(さび)技術がある。鉄板を亜鉛メッキすると鉄板が錆びにくくなる理由を調べてみよう。

12-1-1 電池

イオン化傾向の大きい金属亜鉛を希硫酸水溶液に入れると，亜鉛が溶解しながら，次のような酸化還元反応が起こる[*2]。

$$Zn + 2H^+ \longrightarrow Zn^{2+} + H_2\uparrow \qquad 12-1$$

つまり，金属亜鉛がイオン化し，水素が発生し，同時に反応エネルギーが液中に放出され発熱が観察される。この場合，酸化還元反応が起こっているが，このままでは電気エネルギーを取り出すことができない。一方，電池は電極を仲立ちとして，別々の電極で酸化反応と還元反応を行わせており，電気的な仕事を取り出すことができる。

[*2] +α プラスアルファ
Zn と硫酸水溶液が反応し水素が発生する。

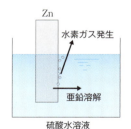

[*3] +α プラスアルファ
電池図(または**電池式**ともいう)は，電池の構造を表した図で，プラスとマイナスの電極と電解質から構成されている。「｜　｜」の中に電解質を書き，両端に電極を書く。

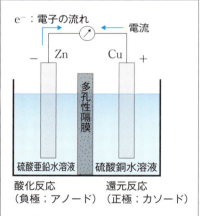

図12-1　ダニエル電池

電池は，2組の**電極**と**電解液**から構成されている。イオン化傾向の違いを利用した電池である**ダニエル電池**(図12-1)を例にとる。この電池を電池図[*3]で表すと次のようになる。

$$Zn \mid ZnSO_4(1M) \parallel CuSO_4(1M) \mid Cu \qquad 12-2$$

ここで，｜：相の境界の記号，‖：液間電位がない液絡*4 の記号である。

電極間に負荷をつなぐと電流が流れ，仕事をするが，電池内の各極および電池内の全体の化学反応は以下のようになる。

左側電極，酸化反応（アノード反応） $Zn \longrightarrow Zn^{2+} + 2e^-$
右側電極，還元反応（カソード反応） $Cu^{2+} + 2e^- \longrightarrow Cu$

全体の反応 $Zn + Cu^{2+} \longrightarrow Zn^{2+} + Cu$ 12-3

それぞれの電極で起こる反応を**電極反応**，または**半電池反応**といい，電池は半電池（電極）を2つつないだものということもできる*5。

12-1-2 電池の起電力

電池の**電位差** E [V] は**起電力**とも呼ばれ，電池を表す式 12-2 で，**右側の電極の電位** ϕ_R **から左側の電極の電位** ϕ_L **を差し引いたもの**で示される*6, 7。

$$E = \phi_R - \phi_L \quad 12-4$$

ダニエル電池において，外部からその起電力より少し高い電位差を逆方向にかけると，各極の電池反応は逆方向に進行する。このように外部の電流の方向によっていずれの方向へも進行する電池を**可逆電池**という。

12-1-3 半電池の種類

1つの電極を電解液に浸したものを**半電池***8 という。電池は半電池を2つ組み合わせたものであるが，半電池には次のように多くの種類がある。

1. 金属電極 金属の電極をその金属イオンを含む溶液に接触させたもので，銅電極の場合は次のように表される。

記号：Cu^{2+} ｜ Cu, 電極反応：$Cu^{2+} + 2e^- \longrightarrow Cu$

2. 気体電極 1種類の気体と，その気体のイオンを含む電解液で構成される。ただし，気体は電気を導かないので，白金などの不活性な電極を仲立ちとして用いる。水素電極は次のように表される。

記号：H^+ ｜ H_2 ｜ Pt, 電極反応：$2H^+ + 2e^- \longrightarrow H_2$

3. 酸化還元電極 2つの異なった酸化状態を含む電解液に白金電極を浸したもので，Fe^{2+} と Fe^{3+} を含む電解液の場合は次のように表される。

記号：Fe^{3+}, Fe^{2+} ｜ Pt, 電極反応：$Fe^{3+} + e^- \longrightarrow Fe^{2+}$

4. 金属・難溶塩電極 金属がその難溶塩に接し，その塩が塩の陰イオンに接しているもので，銀-塩化銀電極の場合は次のように表される*9。

記号：Cl^- ｜ $AgCl(s)$ ｜ Ag

電極反応：$AgCl(s) + e^- \longrightarrow Ag + Cl^-$

12-1-4 電極電位と標準電極電位

電池は半電池を2つ組み合わせたものであるが，それぞれの半電池

---

*4 **＋α プラスアルファ**
液間電位の影響をなくすために，普通は塩橋が用いられる。これは，逆U字管に KNO_3 などの塩類水溶液を入れ寒天などで固めたものである。

*5 **Let's TRY!!**
銅板と亜鉛板を果実であるレモンに刺して作るレモン電池では，使ったレモンを食べてはいけない。その理由を金属イオンの有害性から調べてみよう。

*6 **＋α プラスアルファ**
厳密には，電池の外部回路を流れる電流がゼロになるとき（この測定には，普通は電位計が用いられる）の両端の電位差の極限値を電池の起電力という。この状態では，各単極電位の相内で平衡が成立している。

*7 **＋α プラスアルファ**
電池図の左右を逆にした電池では，起電力の正負が逆になる。

*8 **＋α プラスアルファ**
半電池とは，化学電池の片方の極だけを見た状態。単極ということもある。

*9 **Let's TRY!!**
鏡の反射面を銀で作る場合がある。酸化還元反応である銀鏡反応を利用するが，この場合，銀を析出させる還元剤としては何がよいか。その理由と併せて調べてみよう。

*10

+α プラスアルファ

標準水素電極（SHE）の図を以下に示す。

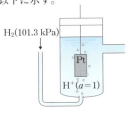

*11

工学ナビ

電極電位の負の電位が大きいほど，金属陽イオンになりやすく，正の電位が大きいほど，金属陽イオンになりにくく，金属として安定である。ただし，金属と溶液の界面に生じる電位は，溶液の種類によって変化し，イオン化傾向の序列が入れ替わることもある。通常の金属イオン化列は，あくまでも標準電極電位の序列をとっている。

の電位は**電極電位**あるいは**単極電位**と呼ばれる。この単極電位の差が電池の起電力となるが，単極電位の絶対値は測定できない。そこで，単極電位はある基準電極に対する相対値で表されている。基準電極としては，標準状態での水素電極である**標準水素電極**（SHE）*10 が選ばれている。

IUPACの規約によれば，「**電極の電位とは，左側に標準水素電極をもち，右側に対象とする電極をもった電池の起電力である**」とされている。すなわち**還元電位**である。

ここで，標準水素電極は，溶液中の水素イオンの活量 a が1で，通気する水素ガスの分圧が標準大気圧のときの水素電極である。この標準水素電極の電位をすべての温度で 0 V と規定する。

記号：Pt｜H_2(101.325 kPa)｜H^+($a=1$)　（標準水素電極）

電池反応に関与する各化学種の活量が 1 という標準状態（単位活量のイオン，気体では標準大気圧 $p = 101.325$ kPa）にあるときの電極電位は**標準電極電位**と呼ばれる。負の電位が高いことは電極が酸化されやすいことを示しており，標準電極電位の順序は金属のイオン化列と一致する*11。また，電池内で，反応に関与するすべての物質が標準状態にあるとき，電池の示す起電力を**標準起電力**と呼ぶ。25℃における代表的な半電池の標準電極電位を付表9に示す。

12　2　電池の熱力学

12-2-1　ギブスエネルギー変化と起電力

電池は化学エネルギーを電気エネルギーに変換する装置である。電池反応で n [mol] の電子が移動するときを考える。電池の両端からリード線に負荷をつなぐと電流が流れて電気的な仕事（nFE）をし，電池自身はこの仕事に等しいだけの化学エネルギー（ギブスエネルギー，ΔG）を失う*12。すなわち，次式が成り立つ。

$$\Delta G = -nFE \qquad 12-5$$

ここで，F は**ファラデー定数**（96485 C·mol^{-1}，12-4-2項で詳しく述べる）である。

いま，可逆電池内で次式のような電気化学反応が起こるものとする。

$$aA + bB \rightleftarrows cC + dD \qquad 12-6$$

この反応のギブスエネルギー変化 ΔG は，次式で与えられる。

$$\Delta G = \Delta G^\circ + RT \ln \frac{a_C^c a_D^d}{a_A^a a_B^b} \qquad 12-7$$

ここで，a_i は i 成分の活量である。また，ΔG° は標準状態（各化学種の活量が 1，25℃，101.325 kPa）におけるギブスエネルギー変化である。式12-5の $\Delta G(=-nFE)$ と $\Delta G^\circ(=-nFE^\circ)$ を式12-7に代入

*12

+α プラスアルファ

電池の原理を図示すると以下のようになる。

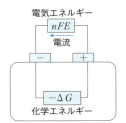

電気的な仕事 $= Q \times E$
　　　　　　$= nF \times E$

し，整理すると，次式が得られる。

$$E = E° - \frac{RT}{nF} \ln \frac{a_C^c a_D^d}{a_A^a a_B^b} \qquad 12-8$$

この式は**ネルンストの式**と呼ばれ，起電力の濃度（活量）依存性を表す関係式である。ここで，$E°$ は標準状態（すべての各化学種の活量が1）における起電力であり，標準起電力である。また，n は反応電子数を示す。

次に，平衡状態[*13]を考えると，$\Delta G = 0$，$E = 0$ となり，式 12-8 より，次式が与えられる[*14]。

$$E° = \frac{RT}{nF} \ln \left(\frac{a_C^c a_D^d}{a_A^a a_B^b} \right)_{平衡} \qquad 12-9$$

$$E° = \frac{RT}{nF} \ln K \qquad 12-10$$

この式より，標準起電力 $E°$ がわかると，電池反応式 12-6 の平衡定数 K を計算によって求めることができる。

12-2-2 電池の起電力と熱力学量

電池反応におけるエントロピー変化 ΔS，エンタルピー変化 ΔH については，式 12-7 より，ギブスエネルギー ΔG がわかっているので，式 6-36 ならびに式 6-52 を用いて次のようになる。

$$\Delta S = -\left(\frac{\partial \Delta G}{\partial T} \right)_p = nF \left(\frac{\partial E}{\partial T} \right)_p \qquad 12-11$$

$$\Delta H = \Delta G + T\Delta S = -nFE + nFT \left(\frac{\partial E}{\partial T} \right)_p \qquad 12-12$$

ここで，$\left(\frac{\partial E}{\partial T} \right)_p$ を起電力の温度係数という。

12-2-3 難溶性塩の溶解度積の算出

電池の標準起電力の値から，難溶性塩の**溶解度積**（8章参照）を算出できる。いま，塩化銀の25℃における溶解度積を求めるため，次のような電池を組み立てる。

$$\text{Ag} \mid \text{Ag}^+\text{Cl}^- \mid \text{AgCl(s)} \mid \text{Ag} \qquad 12-13$$

この電池反応は次のようになる。

左側：酸化反応 $\text{Ag} \longrightarrow \text{Ag}^+ + \text{e}^-$　　$\phi°_L = +0.7991\,\text{V}$

右側：還元反応 $\text{AgCl(s)} + \text{e}^- \longrightarrow \text{Ag} + \text{Cl}^-$　　$\phi°_R = +0.2223\,\text{V}$

全体の反応 $\text{AgCl(s)} \longrightarrow \text{Ag}^+ + \text{Cl}^-$　　$E° = \phi°_R - \phi°_L = -0.5768\,\text{V}$

この電池反応は，次に示す塩化銀の溶解反応と同じである。

$$\text{AgCl(s)} \longrightarrow \text{Ag}^+ + \text{Cl}^- \qquad 12-14$$

式 12-14 の平衡定数 K は AgCl の溶解度積 K_{sp} と等しくなる[*15]。式

[*13] **+α プラスアルファ**
ここでの平衡状態とは，電池の電極を短絡し電流を流し続け，電流を取り去ってしまったあとに到達される平衡である。ここでは，電池の起電力はゼロになる。一方，各単極電位は電極と溶液との間で平衡状態となり，ある電位差（単極電位）に達する。2種の単極電位の差は電池の起電力になる。

[*14] **+α プラスアルファ**
平衡定数 K は以下になる。
$$K = \left(\frac{a_C^c a_D^d}{a_A^a a_B^b} \right)_{平衡}$$

[*15] **+α プラスアルファ**
AgCl は難溶性塩であり，次式が成り立つ。
$$K = \frac{a_{\text{Ag}^+} \times a_{\text{Cl}^-}}{a_{\text{AgCl(s)}}}$$
$$= a_{\text{Ag}^+} \times a_{\text{Cl}^-}$$
$$= [\text{Ag}^+][\text{Cl}^-] = K_{sp}$$
ここで，固相の活量は純物質なので1となり，希薄溶液は活量を濃度で近似できる。

12-10 より，溶解度積を求めると以下のようになる。

$$K = K_{sp} = [Ag^+][Cl^-] = 1.78 \times 10^{-10} \text{ mol}^2 \cdot \text{dm}^{-6}$$

濃淡電池の応用例として，pH（水素イオン指数）の測定を実験によって求めることができる。pH メータとして広く使われている。

Pt｜H_2(101.325 kPa)｜水溶液 X ‖ H^+($a=1$)｜H_2(101.325 kPa)｜Pt

標準水素電極は取り扱いが難しく，実用上は多くの工夫がされている[*16]。

12-2-4 電池の起電力・平衡定数の求め方

電池反応にあずかる各化学種の活量が 1 という標準状態での起電力（標準起電力）は，標準電極電位 $E°$ の表だけから求まる。一方，各化学種の活量が 1 以外の任意濃度においては，ネルンストの式から起電力が求まる。以下の例題で電池の起電力や平衡定数を求めてみよう[*17]。

例題 12-1 電池 Pb｜Pb^{2+}($a=1$) ‖ Sn^{4+}($a=1$), Sn^{2+}($a=1$)｜Pt(25℃) において，次の問いに答えよ。

(1) 電池反応，(2) 25℃における起電力（標準起電力），(3) ギブスエネルギー変化，(4) 平衡定数を求めよ。

解答 付表 9 に示す半電池の標準電極電位より，次式を得る。

(1) 左側：酸化反応　Pb ⟶ Pb^{2+} + 2e^-　　$Φ°_L = -0.1263$ V
　　右側：還元反応　Sn^{4+} + 2e^- ⟶ Sn^{2+}　$Φ°_R = +0.15$ V

　　全体の反応　Pb + Sn^{4+} ⟶ Pb^{2+} + Sn^{2+}

(2) $E° = Φ°_R - Φ°_L = (+0.15) - (-0.1263) = +0.2763$ V

(3) $\Delta G° = -nFE° = -2 \times 96485 \text{ C} \cdot \text{mol}^{-1} \times 0.2763$ V
　　　　　　　$= -5.33 \times 10^4 \text{ J} \cdot \text{mol}^{-1}$

(4) 式 12-10 より，次式となる。

$$\ln K = \frac{E° nF}{RT} = \frac{0.2763 \times 2 \times 96485}{8.314 \times 298.15} = 21.51$$

$$K = 2.19 \times 10^9$$

12-3 実用電池

12-3-1 化学電池の種類

現在，さまざまな電池が開発されているが，化学変化のエネルギーを電気のエネルギーに変換する電池を**化学電池**という。化学電池を大きく分類すると以下のようになる。

・**一次電池**（放電のみ行う使い切りの電池：マンガン乾電池，リチウムボタン電池など）

[*16] **Let's TRY!!**
溶液中の水素イオン濃度を電圧として測定する装置に pH メータがある。pH メータは，起電力と溶液の関係を利用している。pH メータの実用上の改良（ガラス電極，基準電極）などを調べてみよう。

[*17] **+α プラスアルファ**
単位に注意しよう。
電気的仕事は $Q \times E$ である。なお，単位相互間には次の関係がある。
1 J = 1 C・1 V
J = C・V
V = J・C^{-1}

- **二次電池**（充電と放電を繰り返して使用できる電池：鉛蓄電池，ニッケル水素電池など）*18
- **燃料電池**（化学反応する物質を供給しながら発電する電池：メタノール燃料電池，水素燃料電池など）

12-3-2 リチウムイオン二次電池*19

正極にリチウム金属酸化物を用い，負極にグラファイトなどの炭素材料を用いている（図12-2）。電解質中のリチウムイオンが充放電にともなって正極，負極の層間を行き来する。二次電池のなかでも小型であり，エネルギー密度が高いという利点がある（図12-3）。パソコンの電源などの小型のものから，自動車用に使用する大型のものまでが開発されている。高性能二次電池として大きく期待され，現在もさらなる性能向上・大型化・低価格化を目指して，世界中の企業・研究機関が開発にしのぎを削っている。

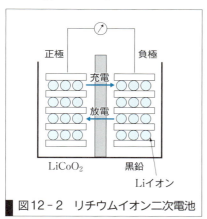

図12-2　リチウムイオン二次電池

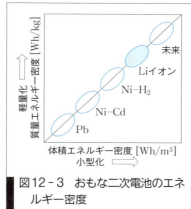

図12-3　おもな二次電池のエネルギー密度

12-3-3 燃料電池*20

燃料（水素，メタノール）と酸化剤（酸素，空気など）を外部から連続的に供給し，燃焼反応を電気化学的に行わせ，化学エネルギーを電気エネルギーに変換する装置である。燃料を外部から供給し続けて発電する機関であり，電池という名前がついているが，発電システムとして考えたほうがよい。エネルギー変換効率がよい，電極反応であるために排ガス（NO_x，SO_x）の発生がなくクリーンであるなどの利点がある。

図12-4には，開発当初の燃料電池である，リン酸型燃料電池*21の原理図を示す。また，電池内での化学反応を以下に示す。

電池図　$(-)H_2$（触媒）｜リン酸水溶液｜O_2（触媒）$(+)$

（負極）水素極　　$H_2 \longrightarrow 2H^+ + 2e^-$　　　　　　　　$\Phi°_L = 0.000$ V

（正極）酸素極　　$\frac{1}{2}O_2 + 2H^+ + 2e^- \longrightarrow H_2O$　$\Phi°_R = 1.229$ V

全体の反応　　　$H_2 + \frac{1}{2}O_2 \longrightarrow H_2O$　　　　　　$E° = 1.229$ V

*18 **Let's TRY!**
二次電池を充電するには，直流が必要である。交流を直流に変換する方法を調べてみよう。

*19 **工学ナビ**
標準電極電位の値からもわかるように，金属リチウムは活性がきわめて高い。この理由で金属リチウムを用いた一次電池も市場に出ている。金属リチウムを二次電池に使用しようとする研究も行われたが，リチウム電極で充放電を繰り返すと樹状の結晶ができるという問題が出た。さらに，金属リチウムの危険性が問題であった。これらを克服するものとしてリチウムイオン二次電池が吉野彰らによって開発された。

*20 **工学ナビ**
燃料電池の原理は，イギリスのハンフリー・デービーによって考案された（1801年）。現在の燃料電池に通じる燃料電池の原型は，イギリスのウィリアム・グローブによって作製された（1839年）。この燃料電池は，白金電極を用い，電解質に希硫酸を使用し，水素と酸素から電力を取り出し，この電力を用いて水の電気分解を行う。

*21 **+α プラスアルファ**
燃料電池は用いる電解質によって，アルカリ型，リン酸型，固体高分子型，固体酸化物型などに分類される。

発電機構は次のようになる。① 水素極では，水素が電子を放出してイオンとなる。② この水素イオンは電解液を通り酸素極へ移動。③ 電子は外部回路を通り酸素極へ移動。④ 酸素極では，酸素，水素イオンと電子が反応して水になる。

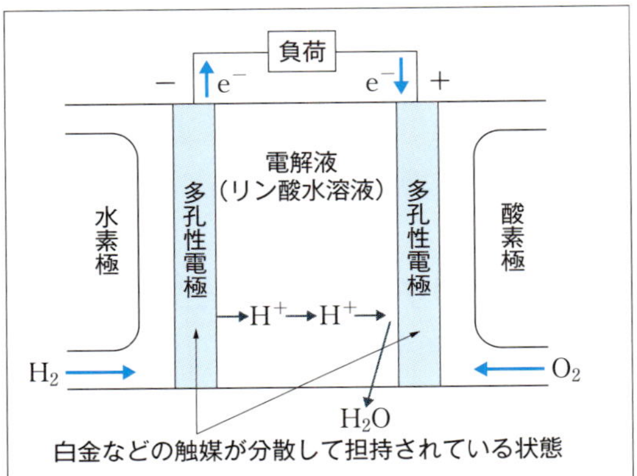

図12-4 燃料電池の原理

この燃料電池は，安価な触媒の開発，水素を供給するインフラの整備などの課題を有するが，化石燃料に代わるクリーンエネルギーとして大きく注目を集めている。

12-3-4 色素増感太陽電池[*22]

光や熱などの物理エネルギーを電気のエネルギーに変換する電池を**物理電池**といい，**太陽電池**などがある。

現在，次世代の太陽光発電の本命として，色素で光を吸収し，電気エネルギーとして利用する**色素増感太陽電池**が注目されている。1991年ローザンヌ工科大学（スイス）のグレッツェル教授が発表した色素増感太陽電池は，二酸化チタン粒子に色素を吸着させた電極（FTO），ヨウ素電解質溶液，白金対極で構成され，通称グレッツェルセルとも呼ばれる。この色素増感太陽電池は，構成部材が安価なので，従来の無機シリコン太陽電池と比較して大幅な低コスト化の可能性を持つ次世代の環境調和型太陽電池として期待されている。

実用化への最大の開発課題は，光エネルギーの変換効率が低い（12.3％，EPFL2009年）こと，耐久性の向上や大面積化があげられる。

[*22] **工学ナビ**
色素増感太陽電池は，酸化チタンを用いた光電気化学反応になっている。酸化チタンを用いた光触媒反応は，次に述べる「本多-藤嶋効果」が研究の起源と考えられる。
1972年，東京大学の本多健一氏と藤嶋昭氏は，酸化チタンを用いた水の光分解に関する論文をネイチャー誌に発表した。これは粉末状の酸化チタンを水中に入れ，光を当てると，水素と酸素に分解され，それぞれの気泡が発生するというものだった。この現象は，発見者の名前をとって「本多-藤嶋効果」と呼ばれる。現在では，人工光合成の研究にもつながっている。

[*23] **工学ナビ**
有機薄膜太陽電池は2種類の有機半導体，電子受容材料と電子供与材料を組み合わせて作る次世代太陽電池の1つ。溶液塗布法の開発が進めば，印刷により，簡便，低コストで生産できることが期待されている。また，電解液などを用いない固体の太陽電池であるため，柔軟性や寿命向上のうえでも有利とされている。変換効率が課題である。

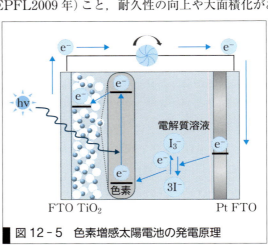

図12-5 色素増感太陽電池の発電原理

12-3-5 有機薄膜太陽電池[*23]

有機薄膜太陽電池は，p型半導体である導電性ポリマーとn型半導体であるフラーレン誘導体[*24]の混合薄膜を用いたバルクヘテロ接合(BHJ)型構造が高効率化のために有力とされている。半導体ポリマーを用いた有機薄膜太陽電池は塗布などによる製造が可能であるため，従来のシリコン系太陽電池に比べて大面積，簡易，安価な製造法が期待でき，軽量でかつ柔軟性に富むため，有望な次世代太陽電池と考えられている。資源的制約もなく材料的にもエネルギー的にも環境調和型となり，将来，宇宙空間での太陽光発電所にも利用できるように設計が可能である。

12-3-6 バイオ電池

生体触媒（酵素やクロロフィルなど）や微生物を使った生物化学的な変化を利用して電気エネルギーを発生させる電池を**バイオ電池**という。バイオマス燃料を利用できるバイオ電池は，発電時に原則的に二酸化炭素の排出がなく，希少元素を使用しないので環境負荷の軽減が期待される。バイオ電池には，生体触媒として酵素を使う場合を酵素バイオ電池，微生物を用いる場合を微生物バイオ電池，および光合成系を応用したバイオ光電池などがある。しかしバイオ電池の実用化には，発電性能の向上，セルの寿命向上，電流密度の改善など多くの課題がある。まだ研究段階のため，今後の展開に期待がかかっている。

[*24]
+α プラスアルファ
フラーレンは，多数の炭素原子で構成されるクラスターの総称である。なかでもサッカーボール形の形状を有し炭素60個からなるクラスター C_{60} は，直径約1nmの代表的なナノ粒子であり，有機電子受容材料として広く研究に用いられている。フラーレン誘導体は，化学反応によりフラーレンに有機分子を取りつけて得られる化合物。フラーレンそのものに比べ，分子設計により光電子機能のチューニングが可能，分子の結晶構造の制御が可能，有機溶媒に対する溶解度が高いなどの特徴を有する。

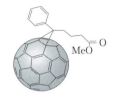

12-4 電気分解とその応用

12-4-1 電気分解と電極

電気分解は，電極表面に電位差を生じさせ，電気エネルギーによって化学反応を起こさせるもので，電力（エネルギー）を消費して化学ポテンシャルの高い物質を生産するという点で，電池と逆の変化に相当する。

電気分解では，電源の負極（−）と連結した電極を**陰極**といい，正極（＋）と連結した電極を**陽極**という。しかし，酸化還元反応は，電池の負極（−）と電気分解の陽極で酸化反応，電池の正極（＋）と電気分解の陰極で還元反応が起こり，電極の名称と反応の内容が一致せず，電極の名称については，十分な注意が必要である。電極の名称として，上記の負極と陽極を**アノード**，正極と陰極を**カソード**ということもある。つまり，酸化反応が起こる電極がアノードであり，還元反応が起こる電極がカソードである[*25]。

12-4-2 ファラデーの法則

ファラデー[*26]は，電流によって生じる化学作用と電気量の関係を定

[*25]
+α プラスアルファ
電気分解において，カソード（陰極）に向かって行く粒子と，アノード（陽極）に向かって行く粒子がある。ファラデーは「行く」という意味のギリシア語にちなみ，その粒子をイオンと名づけ，カソードへ向かう粒子をカチオン，アノードに向かう粒子をアニオンと呼んだ。

量的に研究し，次の**ファラデーの法則**を見出した。

1. 電流と電気量　物体が持つ電荷の量を**電気量**といい，単位はクーロン[C]で表す。電気量は電流が流れる時間で定義され，1アンペア[A]の電流が1秒間[s]流されたときの電気量は1クーロン[C]である。よって，電流 i[A] が時間 t[s] 間に流れたときの電気量 Q[C] は，次のようになる。

$$Q = i \times t \qquad 12-15$$

2. ファラデー定数　$\left(\dfrac{1}{z}\right)$ モルの物質（1グラム当量ともいう[*27]）を変化させるのに必要な電気量が**ファラデー定数** F である。つまり，F は電子 1 mol の持つ電気量である。

$$F = 96485 \text{ C} \cdot \text{mol}^{-1} \qquad 12-16$$

$$F = N_A \times e \qquad 12-17$$

ここで N_A はアボガドロ数，e は電子1個の電荷（**電気素量**，巻末の付表4参照）である。

3. ファラデーの法則

（ⅰ）電気分解によって電極で析出する物質の量は通過した電気量に比例する。

（ⅱ）同じ電気量で変化するイオンの物質量は，イオンの種類に関係なく，そのイオンの価数に反比例する。

　これらは次式によって示される。

$$m = \dfrac{Q}{F} \times \dfrac{M}{z} \qquad 12-18$$

ここで，m[g] は電極上で反応した物質の質量，Q[C] は通過した電気量，F はファラデー定数，M[g·mol^{-1}] は物質のモル質量，z は反応に関与した電子数である。

例題 12-2　硫酸銅水溶液中に 0.473 A の電流を 10 分間通じるとき，陰極に析出する Cu の質量を求めよ。

解答　$Cu^{2+} + 2e^- \longrightarrow Cu$

流れた電気量を求める。

$$Q = i \times t = 0.473 \text{ A} \times 10 \times 60 \text{ s} = 283.8 \text{ C}$$

銅イオンは2価なので，式12-18より

$$m = \dfrac{Q}{F} \times \dfrac{M}{z} = \dfrac{283.8}{96485} \times \dfrac{63.55}{2} = 0.09346 \text{ g}$$

[*26]
工学ナビ

ファラデー（1791～1867）：イギリスの物理化学者。1813年，デービー（H.Davy）の助手として王立研究所に入り，1833年に同研究所の化学教授となる。同年電気分解の法則を導く。ほかにも多くの業績がある。電磁誘導現象の発見（1831年），電場・磁場の概念の確立（1837年），真空放電におけるファラデー暗部の発見（1838年），反磁性物質の発見（1845年）など，物理学での功績が大きい。熱心なキリスト教徒であったことも有名である。

[*27]
＋α プラスアルファ

当量については，現在はあまり使用されなくなったが，電気分解を扱うときには，考えやすい物質量である。化学当量とは，単に当量とも呼ばれるが，①元素の当量，②酸・塩基の当量，③酸化剤・還元剤の当量がある。電気分解では，元素の当量が用いられ，これは，元素の原子量を元素の原子価で割ったものである。

12-4-3 電量計と電流効率

電極上で析出または溶解する物質の質量は通過する電気量に比例する。この原理に基づいて電気量を測定する装置を**電量計**[*28]という。電量計として代表的なものとしては，銅電量計がある。電気分解を行うにあたって，対象とする電気化学反応を進行させるのに使用した電気量のうち，どれだけが実際に利用されたかを知ることは重要である。電量計を用いて，全通過電気量と目的とする電気化学反応に利用された電流量の比率が求まる。これを**電流効率**と呼ぶ。

$$電流効率 = \frac{目的とする電気化学反応に利用された電気量}{全通過電気量} \times 100$$

$$= \frac{実際の析出量}{理論析出量} \times 100 \, [\%] \qquad 12-19$$

[*28] ＋α プラスアルファ
電量計は，ファラデーの電気分解の法則を利用して電気量を精密に測定する装置である。電解液に電流 i を時間 t 流したとき，陰極には銅が析出して質量が m 増加し，陽極では同量の銅が溶解して質量が m 減少する。

12-4-4 塩化ナトリウム水溶液の電気分解

水酸化ナトリウムと塩素は，工業的には，いずれも塩化ナトリウム水溶液を電気分解して作られる。このとき，陰極側にナトリウムイオンが移動してくるが，陰極では，ナトリウムイオンよりイオン化傾向の小さい水素イオンが還元されて水素が発生する。

$$2H^+ + 2e^- \longrightarrow H_2 \uparrow \qquad 12-20$$

このため，陰極付近では水素イオンが消費されて水酸化物イオンの濃度が高くなる。この結果，陰極付近の水溶液中では，ナトリウムイオンと水酸化物イオンの濃度が大きくなり，この水溶液を濃縮すると，水酸化ナトリウムが得られる。

陽極では，塩化物イオンが酸化されて，塩素を発生する。

$$2Cl^- \longrightarrow Cl_2 \uparrow + 2e^- \qquad 12-21$$

陽極で発生する塩素と，陰極付近で生じる水酸化ナトリウムとが反応しやすいので，容器は，陽イオン交換膜で仕切られる。この方法を**イオン交換膜法**という[*29]。

[*29] 工学ナビ
工業的に海水の電気分解は，化学工場で重要な原料となる塩素や水酸化ナトリウムを大量に製造することができる。運転コストの大半を占める電力消費量は大きいが副生する水素も将来のエネルギー源として大いに注目されている。

例題 12-3 海水の電気分解によって水素，塩素，水酸化ナトリウムを製造したい。100 A，24 時間で得られる製品の質量を求めよ。

解答 前見返しの周期表から分子量を求め，各物質の 1 グラム当量を求める。式 12-8 を用いると，次のようになる。

$$流れた電気量 \, Q = i \times t = 100 \, \text{A} \times 24 \times 60 \times 60 \, \text{s}$$
$$= 8.640 \times 10^6 \, \text{C}$$

$$H_2 = (8.640 \times 10^6 \div 96485) \times \frac{2.016}{2} = 90.3 \, \text{g}$$

$$\text{Cl}_2 = (8.640 \times 10^6 \div 96485) \times \frac{70.90}{2} = 3.17 \text{ kg}$$

$$\text{NaOH} = (8.64 \times 10^6 \div 96485) \times 40.00 = 3.58 \text{ kg}$$

12-4-5 銅の電解製錬

硫酸銅(II)の硫酸酸性水溶液を，不純物を含んだ粗銅を陽極に，純銅の薄板を陰極にして電気分解すると，陰極に高純度(99.9％以上)の銅が析出する。

陽極では，銅が酸化され，銅イオンが生成する。

　　陽極：$\text{Cu} \longrightarrow \text{Cu}^{2+} + 2\text{e}^-$　（溶解）　　　　12-22

このとき，不純物として含まれる銅イオンよりイオン化傾向の小さい金や銀などは，陽イオンにならず，陽極の下に沈殿する。これを，陽極泥という。

陰極では，銅イオンが還元されて，銅が析出する。

　　陰極：$\text{Cu}^{2+} + 2\text{e}^- \longrightarrow \text{Cu}$　（析出）　　　　12-23

このとき，銅イオンよりイオン化傾向の大きい亜鉛イオンや鉄イオンは還元されず，溶液中に留まる。

電気分解は，ナトリウムなどのアルカリ金属，アルミニウムの製造[*30]，水の電気分解による水素製造などにも利用される。

12-4-6 電気めっき

電気分解での金属イオンの還元反応を利用して，金属表面に他の金属の薄膜を作ることを**電気めっき**という。めっきしたい金属を陰極にして，表面金属となる金属イオンを含む水溶液を電気分解すると，目的の金属がめっきされる。この方法を**電解めっき**という。一方，最近では電気を使わない**無電解めっき**という方法も用いられるようになり，金属のみならず，プラスチックなどの絶縁体の物質にもめっきができるようになった。また，電気めっき技術と関連して，電気化学反応による腐食・防食に関する技術も重要である[*31]。

---

*30

氷晶石を加熱して溶かし，これにボーキサイトから作ったAl_2O_3を入れて溶かす。炭素電極を用いて融解塩電解すると，陰極からAlが得られる。

*31

Let's TRY!!

金属の腐食・防食の電気化学的な原理について調べてみよう。

WebにLink
演習問題の解答

| 演習問題　A　基本の確認をしましょう |

12-A1 次の文章中の①～⑪の（　）の中に的確な語句を記せ。

化学電池ではカソードで（①）が起こり，（②）で（③）が起こる。カソードは（④ 極），②は，（⑤ 極）と呼ばれる。カソードのほうが②より電位が（⑥）。一方，電気分解（電解槽）では，カソードで（⑦）が起こり，②で（⑧）が起こる。カソードは（⑨ 極），②は，（⑩ 極）と呼ばれる。標準電位の低い化学種は，標準電位がそれよりも高い化学種を（⑪）する熱力学

的傾向を持つ。

12-A2 Cu^{2+} ｜ Cu 対と Cu^+ ｜ Cu 対の標準電位が，+0.340 V と +0.520 V で与えられたとして，$E°(Cu^{2+}, Cu^+)$ を求めよ。

12-A3 次の電池において，電極反応と標準起電力 $E°$ を求めよ。
(1) Pt ｜ H_2 ｜ H^+ ‖ Cu^{2+} ｜ Cu
(2) Na ｜ Na^+ ‖ Ca^{2+} ｜ Ca

12-A4 次の電池の反応を書き，25℃における起電力を求めよ[*32]。
電池 Pt ｜ $Sn^{2+}(a=0.2)$, $Sn^{4+}(a=0.05)$ ‖ $Al^{3+}(a=0.1)$ ｜ Al

12-A5 電池 Cu ｜ $Cu^{2+}(a=0.01)$ ‖ $H^+(a=0.07)$ ｜ $H_2(a=0.8)$ ｜ Pt (25℃) において，次の問いに答えよ。
(1) 電池反応を書け。 (2) 25℃における起電力を求めよ。
(3) ギブスエネルギー変化を求めよ。
(4) この電池は自発的に作用するか答えよ。

12-A6 半電池 Pb ｜ $Pb(NO_3)_2$ と Ag ｜ $AgNO_3$ を組み合わせた電池における標準起電力を求めよ。また，この電池の起電力が 0.9320 V の場合の反応の 25℃におけるギブスエネルギー変化，エンタルピー変化，エントロピー変化を求めよ。ただし，起電力の温度係数を $0.000240\ V·K^{-1}$ とする。

12-A7 燃料電池に応用される次の反応について以下の問いに答えよ。
$$2H_2(g) + O_2(g) \longrightarrow 2H_2O(l)$$
(1) 25℃における標準反応エントロピー変化 $\Delta S_r°$ を求めよ。
(2) この反応をとりまく外界の 25℃における標準反応エントロピー変化 $\Delta S_{r,sur}°$ を求めよ。
(3) 25℃における全体の標準反応エントロピー変化 $\Delta S_{r,total}°$ を求めよ。
(4) この反応は自発的に起こるか否かを答えよ。
(5) 25℃におけるギブスの標準自由エネルギー変化 $\Delta G_r°$ を求めよ。

[*32] **＋α プラスアルファ**
電池反応の各化学種の活量が 1 以外のときは，ネルンストの式で正確な起電力が求まる。しかし，活量が少し変わっても電池の起電力の値 E は，標準起電力の値 $E°$ から大きくは変わらない。そこで，およその電池の起電力 E を標準電極電位の値だけで予想できる。

演習問題 B　もっと使えるようになりましょう

12-B1 (1) 化学ポテンシャルを用いて，$\Delta G°$ と平衡定数の関係式を導け。
(2) (1)に引き続き，ネルンストの式を導け。さらに $E°$ と平衡定数の関係式を導け。

12-B2 標準電極電位のデータを使って，次の反応の 25℃における平衡定数を計算せよ。
(1) $Zn^{2+} + Cu \rightleftarrows Zn + Cu^{2+}$
(2) $Pb + 2Fe^{3+} \longrightarrow Pb^{2+} + 2Fe^{2+}$

12-B3 難溶性の塩 AgBr の溶解を利用して電池を作り，その標準起電力から AgBr の 25℃における溶解度積を求めよ。

12-B4　ダニエル電池 Zn｜Zn^{2+}‖Cu^{2+}｜Cu において，CuSO$_4$ と ZnSO$_4$ の質量モル濃度 m がそれぞれ，0.1 mol·kg^{-1} と 0.5 mol·kg^{-1} のとき，次の2つの場合の25℃での起電力を求めよ．
(1) 各種イオンの活量係数（平均活量係数）$\gamma_\pm$ が1の場合．
(2) 各種イオンの活量として，以下の平均活量係数 $\gamma_\pm$ を用いた場合．
　　(CuSO$_4$：$m=0.1$ で $\gamma_\pm=0.15$)(ZnSO$_4$：$m=0.5$ で $\gamma_\pm=0.5$)

12-B5　次の電池の起電力は25℃で1.1566Vである．
　　　Zn(s)｜ZnCl$_2$($m=0.0102$ mol·kg^{-1})｜AgCl(s)｜Ag
これより，ZnCl$_2$ の平均活量係数を求めよ．

12-B6　次の電池，Pt(s)｜H$_2$(g)｜HCl(aq)｜Hg$_2$Cl$_2$(s)｜Hg(s) の標準起電力は，25℃において $E°=0.26816$ V である．ある濃度の塩酸を用いたときのこの電池の起電力は0.7820Vであった ($p_{H_2}=1$ atm(101.325 kPa)，25℃)．この塩酸のpHを求めよ．

12-B7　Sn^{2+} を含むめっき浴を用いて，10分間製品にスズめっきを行った．めっき後，銅製品の質量は3.278g増加しスズがめっきされた．この際，めっき槽と直列につながれた銅電量計のカソードの質量増加は1.834gであった．このめっき工程においての電流効率を求めよ．

あなたがここで学んだこと

この章であなたが到達したのは
- □電気化学電池について，その構造が理解できる
- □ネルンストの式を用いて，起電力，自由エネルギー，平衡定数の関係を説明できる
- □代表的な実用電池について説明できる
- □電池反応と電気分解を理解し，実用例を説明できる
- □代表的な電解工業について説明できる

　本章では電池反応や電気分解の基本を学び，それらの技術がどのように応用されるかについて学習した．電気を利用する電池技術・電気分解技術は，地球温暖化問題やエネルギー資源問題に対してグローバルに貢献できるとともに，産業技術として国民生活に必須である．産業分野では農業などの独立利用に加えて生産プロセスなどへの応用，また，輸送分野では電気自動車への充電電源として，利用拡大がはかられる．皆さんは，電池の起電力，自由エネルギー，平衡定数の関係を理解し，すでに始まっている再生可能エネルギーの利用や省エネルギーに取り組む未来環境社会に対応する必要がある．将来必要される高性能電池を開発したり，電気分解技術を利用して，新規な材料開発をする仕事に従事できる可能性が広がる．

13章 コロイド・界面化学

浄水場とチーズには共通するコロイド・界面化学の原理がある
(静岡市の清水谷津浄水場,静岡市上下水道局提供)

コロイド・界面と聞いて何を思い浮かべるだろうか? 洗剤の主成分である「界面活性剤」は広く知られているだろう。たしかに,コロイド・界面の分野で,界面活性剤は重要な役割を果たしている。

しかし,洗剤のほかにも,我々の身のまわりでは驚くほど多くのコロイド・界面の技術が応用されている。たとえば,マヨネーズの原料は酢,サラダ油,卵黄である。我々は水と油が混ざらないことを知っている。それではなぜ,酢とサラダ油が混ざった製品であるマヨネーズができるのだろうか? 一方,水と油が混ざった牛乳から油分を取り出した製品がチーズである。そして,チーズ作成と同様の原理が,浄水場における河川水からの不純物の除去技術として工業的にも利用されている。

● この章で学ぶことの概要

物と物の境界である界面は身のまわりのいたる所に存在する。そして,コロイドは界面と密接に関係しているため,コロイドや界面の知識は身のまわりのさまざまな場面で利用できる。

洗剤に代表されるように,コロイド・界面の技術は古くから生活に役立ってきたが,近年は技術も進歩し,工学のみならず,薬学や生物学など多方面で応用されている。とくに,対象とする系のサイズが小さくなるにつれて,そこで生じる現象に対する界面の影響が大きくなるため,ナノテクノロジーの分野ではコロイド・界面の知識は必須である。

この章では,コロイド・界面の基礎知識を学び,身のまわりの現象を説明できるようになることが重要である。将来,どの分野に進んでも,その知識は役に立つだろう。

予習 授業の前にやっておこう!!

1. 沸騰した水に塩化鉄(III)($FeCl_3$)水溶液を加えると，赤褐色の水酸化鉄(III)($Fe(OH)_3$)コロイドが生成される。
   (1) この反応の化学反応式を示せ。
   (2) 沸騰した水に $1\ mol \cdot dm^{-3}$ の $FeCl_3$ 水溶液 $10\ cm^3$ を加えた場合に生成される $Fe(OH)_3$ コロイドの物質量を求めよ。

2. 毛細管を水に浸けると，水が毛細管中を上昇する。上昇する力が $100\ \mu N$ のとき，半径 $250\ \mu m$ の毛細管中を上昇する水(密度 $998.2\ kg \cdot m^{-3}$)の高さを求めよ[*1]。

13　1　コロイドと界面

*1 **ヒント**
上昇した水の重さにより下向きに働く力が，上向きの力とつり合うとき，水の上昇は止まる。

*2 **プラスアルファ**
分散質が $1\ nm$ 程度より小さい分散系を分子分散系，分散質が $1\ \mu m$ 程度より大きい分散系を粗粒子分散系という。

13-1-1 コロイドと界面

　ある媒質中に粒子が散らばっている系を**分散系**といい，その溶媒部分を**分散媒**，粒子部分を**分散質**という(図 13-1)。分散系は分散質のサイズによって分類され，分散質が $1\ nm$ から $1\ \mu m$ 程度の分散系を**コロイド分散系**，分散質を**コロイド粒子**という[*2]。19世紀中ごろ，イギリスのグレアムは水中における物質の拡散速度の研究から，食塩や糖などのイオンや分子に比べてゼラチンやデンプンの拡散速度がかなり遅いことを発見し，後者をコロイドと呼んだことから研究が始まった。

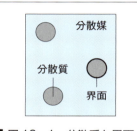

図 13-1　分散系と界面

　分散媒，分散質としてそれぞれ気体，液体，固体を考えることができ，それらの間には境界ができる(図 13-1)。この境界を**界面**という。気体と気体の組み合わせを除く，全部で 5 種類の界面が存在する。それぞれ気体／液体，気体／固体，液体／液体，液体／固体，固体／固体界面である。一方が気体の場合はその境界をとくに**表面**という。

> **例題 13-1**　次に示す分散系の分散媒および分散質は気体，液体，固体のうちどれか答えよ。
> 　(1) スプレー　(2) 炭酸飲料　(3) マヨネーズ　(4) クッキー
> **解答**　(1) 分散媒：気体，分散質：液体　(2) 分散媒：液体，分散質：気体　(3) 分散媒：液体，分散質：液体　(4) 分散媒：固体，分散質：気体

13-1-2 比表面積

粒子の単位質量当たりの表面積を**比表面積**という。密度 $\rho\,[\mathrm{kg \cdot m^{-3}}]$, 半径 $r\,[\mathrm{m}]$ の球状粒子の比表面積 $S\,[\mathrm{m^2 \cdot kg^{-1}}]$ は次式で求められる。

$$S = \frac{3}{\rho r} \qquad 13-1$$

コロイド粒子程度の大きさになると，比表面積は非常に大きくなる。たとえば，多数の小さな孔を有する活性炭やシリカゲルは，比表面積が見かけ上の面積よりかなり大きくなるため，脱臭剤や乾燥剤として有効に機能する。また，人間の腸は多数のヒダを有しているが，これも比表面積を大きくすることで，栄養分や水分の効率よい吸収を助けている。

> WebにLink
> 式13-1を導出してみよう。

例題 13-2 炭を高温で加熱処理して作られる活性炭は表面に不純物を吸着することによって脱臭や水の浄化を行う。初めに半径 0.5 cm の球状活性炭粒子（密度 500 kg·m^{-3}）を用意し，これを半径 5 μm まで破砕したとする。このとき，活性炭の比表面積は何倍になるか求めよ。

解答 式13-1を用いて，それぞれの比表面積を計算する。

半径 0.5 cm のとき $\quad S = \dfrac{3}{500 \times 0.5 \times 10^{-2}} = 1.2\,\mathrm{m^2 \cdot kg^{-1}}$

半径 5 μm のとき $\quad S = \dfrac{3}{500 \times 5 \times 10^{-6}} = 1.2 \times 10^3\,\mathrm{m^2 \cdot kg^{-1}}$

したがって，比表面積は 1000 倍になる。比表面積が大きいほど吸着できる場所が増えるため，たとえ同じ材質であってもサイズを小さくするだけで，吸着性能を高められることがわかる[3]。

[3] **+α プラスアルファ**
一般に，活性炭の比表面積は 800〜1200 m^2·g^{-1} といわれている。これは活性炭 1 g で 25 m プール 2〜3 個分程度の表面積を持つことを意味する。このような大きな比表面積は，活性炭の表面に nm レベルの微細な孔が多数存在するために実現される。

13-2 コロイド分散系

13-2-1 コロイド分散系の分類

分散媒と分散質の状態の組み合わせによって，コロイド分散系は表13-1のように分類される[4]。

表13-1　コロイド分散系の分類

		分散質		
		気体	液体	固体
分散媒	気体	（存在しない）	霧 エーロゾル	煙 エーロゾル
	液体	泡	牛乳 エマルション	塗料 サスペンション
	固体	スポンジ	水分を含んだ シリカゲル	着色ガラス

気体中に液体や固体の粒子が分散している系を**エーロゾル**[5]，液体中に液体の粒子が分散している系を**エマルション**，液体中に固体の粒子が

[4] **Let's TRY!!**
ペンキは液体中に固体の粒子が分散しているサスペンションの例である。ペンキ中の固体粒子の原料について調べてみよう。

[5] **工学ナビ**
大気汚染物質としてよくニュースで見かける微小粒子状物質（Particulate Matter (PM) 2.5）はエーロゾルである。エアロゾルとも呼ばれる。

分散している系を**サスペンション**という。また，流動性を持つ分散系を**ゾル**，流動性を持たない分散系を**ゲル**という。シリカゲルやゼリー，豆腐はゲルの代表例である。

13-2-2 コロイド分散系の安定性

13-2-1項で示したコロイド分散系は，分散媒と分散質の親和性が低いことから**疎液コロイド**と呼ばれる[*6]。たとえば，水と油を攪拌するとエマルションを調製できるが，水と油は親和性が低いので，時間の経過とともにエマルションは再び水と油に分離してしまう。このように，疎液コロイドは熱力学的に不安定であるが，再び分離するまでの時間が長い場合は速度論的に安定とみなせる[*7]。この再び分離するまでの時間を比較することで，コロイド分散系の安定性を評価することができる。

> [*6] **+α プラスアルファ**
> 分散媒と分散質の親和性が高いコロイド分散系は親液コロイドと呼ばれる。親液コロイドには，界面活性剤ミセルや高分子コロイドなどがある。

> [*7] **+α プラスアルファ**
> マヨネーズはエマルションであり，いずれは水と油に分離する（熱力学的に不安定）。ただし，それは1年や2年という時間の長さであり，1日や2日で分離することはない。この意味で安定とみなすことができる（速度論的に安定）。

コロイド分散系の安定性はコロイド粒子間に働く引力と斥力の大小関係によって決まる。コロイド粒子間引力はおもにファン・デル・ワールス力に由来する。一方，代表的なコロイド粒子間斥力は静電斥力である。通常，コロイド粒子は分散媒中で帯電しているた

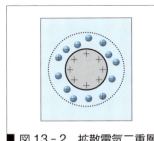

図 13-2　拡散電気二重層

め，粒子と反対符号の電荷を持つイオン（**対イオン**）が粒子の周囲に集まりやすく，**拡散電気二重層**と呼ばれるイオン雲が形成される（図13-2）。2つのコロイド粒子が近づいて拡散電気二重層が重なると，斥力が働き始める。

コロイド粒子間に働く引力と斥力を考慮したコロイド分散系の安定性に関する理論が**DLVO理論**である[*8]。DLVO理論は，コロイド粒子の凝集に関して経験的に知られている**シュルツ-ハーディの法則**を理論的に説明する。シュルツ-ハーディの法則とは，コロイド分散系に電解質を添加したとき，コロイド粒子が急速に凝集を始める濃度（**臨界凝集濃度**）$c_\mathrm{f}\,[\mathrm{mol \cdot dm^{-3}}]$ は対イオンのイオン価 z の6乗の逆数に比例するという法則である。

> [*8] **+α プラスアルファ**
> DLVOはソ連の研究者 B. デリヤギン（Boris Derjaguin），L. ランダウ（Lev Landau）とオランダの研究者 E. フェルウェイ（Evert Verwey），T. オーバービーク（Theo Overbeek）の頭文字を表している。

$$c_\mathrm{f} \propto \frac{1}{z^6} \qquad \text{13-2}$$

> **例題 13-3**　河川の水には粘土が主成分の負に帯電したコロイド粒子が含まれている。浄水場では，河川の水からこれらのコロイド粒子を取り除くために，凝集剤を添加する。凝集剤として NaCl を添加したときの臨界凝集濃度は 150 mmol·dm^{-3} であった。では，MgCl$_2$，AlCl$_3$ を添加したときの臨界凝集濃度 c_f を求めよ

解答 コロイド粒子は負に帯電しているので，対イオンのイオン価 z は NaCl で 1 価，$MgCl_2$ で 2 価，$AlCl_3$ で 3 価である。したがって，式 13-2 から，臨界凝集濃度 c_f は次のように計算できる。

$MgCl_2$ を添加した場合　　$\dfrac{150}{2^6} = 2.34$ mmol·dm^{-3}

$AlCl_3$ を添加した場合　　$\dfrac{150}{3^6} = 0.206$ mmol·dm^{-3}

このように，対イオンのイオン価が大きいほうが凝集効果は高いため，浄水場ではコロイド状の汚濁物質に対する凝集沈殿剤としてポリ塩化アルミニウム（PAC：パック）がよく使われている[*9]。

*9 Let's TRY!
PAC による汚濁物質の凝集沈殿を，それぞれの物質の持つ電荷（帯電状態）から説明できるようになろう。

13-2-3 コロイド粒子の運動

水中の花粉を顕微鏡で観察すると，花粉は激しく運動しているように見える。**ブラウン運動**と呼ばれるこの現象は，熱運動している溶媒分子が粒子に衝突することで引き起こされている。ブラウン運動は不規則であり，一定時間 t [s] に粒子が移動する平均距離 $\overline{x}$ [m] は次式

$$\overline{x} = \sqrt{2Dt} \qquad 13-3$$

で与えられる。D [m^2·s^{-1}] は**拡散係数**といい，次の**ストークス–アインシュタインの関係式**

$$D = \frac{k_B T}{6\pi \eta r} \qquad 13-4$$

で与えられる。ここで，k_B [J·K^{-1}] はボルツマン定数，T [K] は絶対温度，η [Pa·s] は分散媒の粘度，r は粒子の半径，π は円周率を表す。

粒子の密度が分散媒の密度より大きいとき，粒子は重力によって沈む。これを**沈降**という[*10]。粒子の沈降速度 u [m·s^{-1}] は**ストークスの式**

$$u = \frac{2r^2(\rho - \rho_0)g}{9\eta} \qquad 13-5$$

で与えられる。ここで，ρ は粒子の密度，ρ_0 は分散媒の密度，g [m·s^{-2}] は重力加速度を表す。ストークスの式から，粒子の半径が小さくなると，沈降速度は小さくなることがわかる。そして，コロイド粒子程度の大きさになると，ブラウン運動による移動距離と沈降による移動距離が近づき，粒子は沈まなくなる。これを**沈降平衡**という。

*10 プラスアルファ
粒子の密度が分散媒の密度より小さいとき，粒子は浮力によって浮上する。これも沈降の一種であり，沈降速度は負値となる（例題 13-4 参照）。

例題 13-4 牛乳は水分中に脂肪粒子が分散したエマルションである。25 ℃ の牛乳で，半径が 1 mm と 1 μm の脂肪粒子がブラウン運動で 1 秒間に移動する平均距離 $\overline{x}$ および沈降速度 u を求めよ。ただし，水分と脂肪粒子の密度はそれぞれ 1030 kg·m^{-3} および 930 kg·m^{-3}，水分の粘度は 2.50×10^{-3} Pa·s とする。

解答 式 13-4 から，半径 1 mm の脂肪粒子の拡散係数 D を求める。

$$D = \frac{(1.381 \times 10^{-23}) \times 298.15}{6 \times 3.14 \times (2.50 \times 10^{-3}) \times (1 \times 10^{-3})} = 8.74 \times 10^{-17} \text{ m}^2 \cdot \text{s}^{-1}$$

この値と式13-3から，半径1 mmの脂肪粒子がブラウン運動で1秒間に移動する平均距離$\overline{x}$を求める。

$$\overline{x} = \sqrt{2 \times (8.74 \times 10^{-17}) \times 1} = 13.2 \text{ nm}$$

一方，半径1 μmの脂肪粒子のDは8.74×10^{-14} m$^2\cdot$s^{-1}，$\overline{x}$は418 nmとなる。

半径1 mmの脂肪粒子の沈降速度uは式13-5から計算できる。

$$u = \frac{2 \times (1 \times 10^{-3})^2 \times (930 - 1030) \times 9.81}{9 \times (2.50 \times 10^{-3})}$$

$$= -87.2 \text{ mm} \cdot \text{s}^{-1}$$

一方，半径1 μmの脂肪粒子のuは-87.2 nm$\cdot$s^{-1}となる。

$\overline{x}$とuの値を比較すると，脂肪粒子の半径が1 mmでは沈降速度が速く，ブラウン運動の影響は無視できるが，脂肪粒子の半径が1 μmでは沈降速度よりブラウン運動の影響のほうが大きいことがわかる。

13-3 気体／液体表面・液体／液体界面の特性

13-3-1 表面張力

コップに水を入れるとき，コップの縁を越えてもすぐに水がこぼれることはなく，水面は盛り上がる。また，スペースシャトル内で空中に水滴を浮かべると，綺麗な球になる映像を見たことがあるだろう。これらの現象は水面に働く**表面張力**が表面

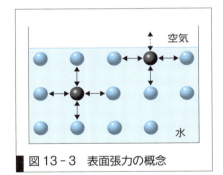

図 13-3　表面張力の概念

の面積を小さくしようとするために起きる。ここで，気体／液体間の表面張力の概念について考える。

水中と表面に存在する水分子を比較すると（図13-3），水中の水分子はあらゆる方向の水分子と相互作用する一方，表面の水分子は空気側に相互作用する相手がいないため，水中に比べて相互作用の数が減少し，エネルギー的に不利な状態にある。そこで，表面の水分子の数を少なくするために，表面の面積をできるかぎり小さくしようとする力が働く。これが表面張力の概念である。

表面張力の定義は2通りある。1つは単位長さ当たりの力，もう1つは単位面積当たりの表面エネルギーである。それぞれ単位はN・m^{-1}，

J·m^{-2} で表される。水の表面張力は 20 ℃ で 72.75 mN·m^{-1} である。

> **例題 13-5** 水道の蛇口（半径 0.5 cm）から水が 1 滴ずつ落ちている[*11]。20 ℃における，この水滴の重さを求めよ。
>
> **解答** 水滴に働く重力による下向きの力が蛇口の周囲に働く表面張力による上向きの力を上回ったとき，水滴は落ちる。水滴の重さを m [kg]，重力加速度を g，蛇口の半径を r，表面張力を γ [N·m^{-1}] とすると，次式が成り立つ。
>
> $$mg = 2\pi r \gamma$$
>
> したがって，水滴の重さ m は次式から求められる。
>
> $$m = \frac{2\pi r \gamma}{g} = \frac{2 \times 3.14 \times (0.5 \times 10^{-2}) \times (72.75 \times 10^{-3})}{9.81}$$
> $$= 0.233 \text{ g}$$

[*11] **Let's TRY!!**
落下する水滴は楕円形であるのに対し，スペースシャトル内の水滴は球形である。これについて，表面張力と表面積の関係から説明してみよう。

13-3-2 界面張力

液体／液体間の**界面張力**の概念も気体／液体間の表面張力と同じ考え方である。ただし，界面の場合，界面をはさんだ両側に分子が存在するため（図 13-4），相互作用する相手がいない表面に比べて，界面近傍の分子が損するエネルギーは小さい[*12]。したがって，一般的に空気／水表面張力より油／水界面張力のほうが小さくなる。また，界面を構成する 2 つの液体の親和性が高い，すなわち相互作用が大きいほど界面張力は小さくなる。水に対するいくつかの物質の界面張力を表 13-2 に示す。

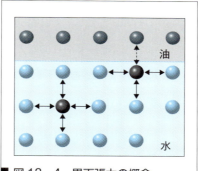

図 13-4 界面張力の概念

[*12] **+α プラスアルファ**
水と油が混ざらないのは水どうし，油どうしの相互作用が大きいために，同種の分子で集まろうとするからであり，水と油の間に反発力が働いているわけではない。したがって，小さいながらも水と油の間に相互作用は存在する。

表 13-2 水に対する界面張力 γ の値（20 ℃）

物質	空気	ヘキサン	ベンゼン	酢酸エチル
γ [mN·m^{-1}]	72.75	50.80	35.00	6.80

13-3-3 表面張力・界面張力の測定法

表面張力・界面張力測定法の基本は外力との力のつり合いを利用することである。表面張力測定で広く使用されている**ウィルヘルミー法**はプレート（おもに白金板）を液体に浸したときの重量増加 Δm を天秤で測定する方法である（図 13-5）。Δm は界面張力 γ による下向きの力で発生し，プレートの周囲長 l を用いると，次式が成り立つ。

$$\Delta m \cdot g = l \cdot \gamma \qquad 13-6$$

したがって，Δm を測定することによって，γ を求めることができる。ウィルヘルミー法は簡便で比較的精度よく表面張力を測定できる。また，プレートを液面に浸したまま測定するので，表面張力の時間変化を追跡することも可能である。

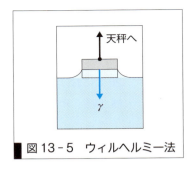

図 13-5 ウィルヘルミー法

タオルは繊維の間に小さな隙間がたくさんあり，タオルに触れた液体はその隙間に浸入し，吸収される。このように，小さな隙間に液体が吸収される現象を**毛管現象**という。表 13-3 に示した毛管上昇法は毛管現象を利用した方法で，半径 r の毛細管を密度 ρ の液体に浸したときに上昇した液面の高さ h から，次式を用いて表面張力 γ を計算できる[13]。

$$\gamma = \frac{rh\rho g}{2} \qquad 13-7$$

これらの方法のほかにも，表 13-3 に示すように，表面張力・界面張力測定法にはいろいろな種類があるが，それぞれ長所と短所が異なる。したがって，測定対象や目的などに応じて使い分けることが重要である。

[13] **工学ナビ** メスシリンダーやメスフラスコで液体の体積を計量するとき，液面と目の高さを合わせて，メニスカスの下端を読み取るように教わっただろう。メニスカスは表面張力に起因する毛管上昇の結果，生じている。

表 13-3 表面張力・界面張力測定法の例

測定法	毛管上昇法	リング法	懸滴法
測定図			
測定量	液面の高さ	張力	液滴形状

例題 13-6 半径 200 μm の毛細管をある液体（密度 791.2 kg·m^{-3}）に浸けたとき，液面の高さは 2.80 cm であった。液体の表面張力を求めよ。

解答 式 13-7 に数値を代入する。

$$\gamma = \frac{rh\rho g}{2} = \frac{200 \times 10^{-6} \times 2.80 \times 10^{-2} \times 791.2 \times 9.807}{2}$$
$$= 21.7 \text{ mN·m}^{-1}$$

13-3-4 界面過剰量

溶液の表面張力・界面張力は溶質の種類や濃度によってさまざまに変化する。溶媒に添加することによって，表面張力・界面張力を減少させる物質を界面活性物質，増加させる物質を界面不活性物質という。界面

活性物質のなかでも，著しく表面張力・界面張力を減少させる物質を**界面活性剤**という（図13-6）。

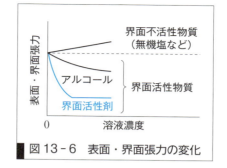

図 13-6　表面・界面張力の変化

界面活性物質は溶液内部から表面・界面に集まりやすい性質を持つ。この現象を**吸着**という。吸着した界面活性物質の量は**界面過剰量** Γ [mol·m^{-2}] と呼ばれ，次式から計算できる。

$$\Gamma = -\left(\frac{C}{RT}\right)\left(\frac{\partial \gamma}{\partial C}\right)_T \qquad 13-8$$

ここで，C は溶液の濃度を表す。界面活性物質の場合，偏微分 $\left(\frac{\partial \gamma}{\partial C}\right)_T$ は負となるため，Γ は正である*14。一方，界面不活性物質の場合，偏微分 $\left(\frac{\partial \gamma}{\partial C}\right)_T$ は正となるため，Γ は負である。したがって，前者を**正吸着**，後者を**負吸着**という。

*14　**Don't Forget!!**
偏微分 $\left(\frac{\partial \gamma}{\partial C}\right)_T$ は温度一定における表面張力・界面張力の溶液濃度依存性を意味する。すなわち，図13-6の曲線の傾きのことである。

13-4　液体／固体界面の特性

13-4-1　接触角

きれいなガラスに水を1滴置くと膜を張るように水は拡がっていく。一方，テフロン加工されたフライパンに水を1滴置くと丸くなる。このように，固体表面に対して液体の拡がり方はさまざまである。これを**濡れ性**という。濡れ性は固体表面と液体のなす角度である**接触角**によって表される。一般に，接触角が90°より小さいときは濡れやすい表面，接触角が90°より大きいときは濡れにくい表面といわれる*15。

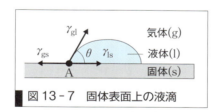

図 13-7　固体表面上の液滴

固体表面の上に液体を置いた場合（図13-7），系には気体／液体表面張力（γ_{gl}），気体／固体表面張力（γ_{gs}），液体／固体界面張力（γ_{ls}）が存在する。接触角を θ [°] とすると，A点における水平方向の力のつり合いは**ヤングの式**と呼ばれる次式で表される。

$$\gamma_{gs} = \gamma_{ls} + \gamma_{gl} \cos \theta \qquad 13-9$$

例題 13-7　テフロン加工されたフライパンに水を1滴置いたとき，接触角は 20 ℃ で 110°であった。このフライパンの表面張力を

*15　**Let's TRY!!**
水に対して濡れやすい表面を親水表面，濡れにくい表面を疎水表面という。光触媒として有名な酸化チタンは超親水性を示すことが知られており，自動車のミラーや建物の外壁に使用されている。これら実用例が酸化チタンの超親水性とどのように関係しているか調べてみよう。

$20.00\ \mathrm{mN \cdot m^{-1}}$ として，水とフライパンの間の界面張力を求めよ[※16]。

解答　20℃の水の表面張力と式13-9から計算する。
$$\gamma_{ls} = \gamma_{gs} - \gamma_{gl} \cos\theta = 20.00 - 72.75 \cos 110° = 44.88\ \mathrm{mN \cdot m^{-1}}$$

13-4-2 臨界表面張力

固体表面の濡れ性の指標として，接触角のほかに**臨界表面張力**がある。固体の種類に特有な臨界表面張力 γ_C は，それより小さい表面張力を持つ液体を置くと濡れ拡がることを意味する。したがって，臨界表面張力が小さい固体ほど，さまざまな液体をはじく可能性が高くなる。いくつかの物質に対する臨界表面張力を表13-4に示す。製品に撥水性を持たせる際にテフロンがよく用いられるのは，臨界表面張力が小さく，さまざまな液体に対して疎液性が高いためである[※17]。

表13-4　臨界表面張力の例

物質	$\gamma_C\ [\mathrm{mN \cdot m^{-1}}]$	物質	$\gamma_C\ [\mathrm{mN \cdot m^{-1}}]$
テフロン	18	ポリ塩化ビニル	39
ポリエチレン	31	PET	43

例題 13-8　テフロンの表面にエタノール ($\gamma = 22.39\ \mathrm{mN \cdot m^{-1}}$) およびエチレングリコール ($\gamma = 48.43\ \mathrm{mN \cdot m^{-1}}$) を1滴置いたときの接触角 θ はそれぞれ $27°$，$75°$ であった。この結果をもとに，テフロンの臨界表面張力 γ_C を求めよ。また，同じ表面に水 ($\gamma = 72.75\ \mathrm{mN \cdot m^{-1}}$) を1滴置いたときの接触角 θ を求めよ。

解答　γ の減少とともに θ は減少し，$\theta = 0°$ のときの γ が γ_C である。一般に $\cos\theta$ と γ は図13-8に示すように直線関係になる。この直線の式は $\cos\theta = -0.02428\gamma + 1.435$ と表される。この式に $\theta = 0°$ を代入すると，$\gamma_C = 17.92\ \mathrm{mN \cdot m^{-1}}$ となる。また，水の表面張力を代入すると，$\theta = 109°$ が得られる。

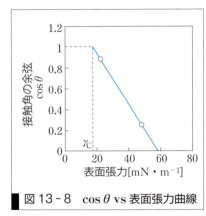

図13-8　$\cos\theta$ vs 表面張力曲線

[※16] テフロン加工されたフライパンは水をはじく（撥水性）だけでなく，油もはじく（撥油性）。油とフライパンの間の界面張力は小さく，0と近似してよい。油（たとえばアルカン）の表面張力を調べて，油を1滴置いたときの接触角を計算してみよう。

[※17] フライパンや傘などの撥水性を示す表面が微細な凹凸構造を持っている場合がある。表面に凹凸構造を持たせることによって何が起こるのか調べてみよう。

13-5 吸着平衡

13-5-1 物理吸着と化学吸着

気相や液相中の物質が表面や界面に集まる現象を**吸着**ということは前の節で学んだ。吸着は，ファンデルワールス力のような弱い力で集まる**物理吸着**と，化学結合のような強い力で集まる**化学吸着**に分けられる。物理吸着の場合，物質は弱い力で吸着しているため，たとえば加熱などすると脱着しやすく，可逆的な吸着といえる。活性炭やシリカゲルによる吸着は物理吸着である。一方，化学吸着の場合，物質と表面・界面が強く結合しているため，外界の条件を変化させても脱着は起こりにくく，不可逆的な吸着といえる。化学合成における固体触媒反応は化学吸着をともなっている。

13-5-2 吸着等温線

温度一定の条件で，気相中の物質の圧力と吸着量の関係を表す図を**吸着等温線**という。代表的な吸着等温線を図13-9に示す。

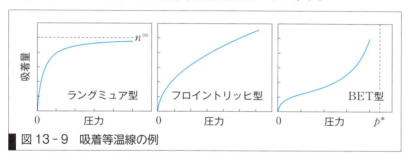

図13-9 吸着等温線の例

ラングミュア型は固体表面に1層のみの吸着を仮定した吸着等温線で，温度一定の条件で吸着量 n と圧力 p の関係を表す**吸着等温式**は飽和吸着量を n^∞ として次式で表される。

$$n = \frac{n^\infty Kp}{1 + Kp} \qquad 13-10$$

ここで，K は吸着と脱着の速度定数の比（平衡定数）である。

フロイントリッヒ型は不均質表面の吸着を表す吸着等温線で，吸着等温式は次式で表される。

$$n = ap^b \qquad 13-11$$

ここで，a と b は吸着物質や温度に依存する定数である。

BET型[18]はラングミュア型と異なる多層吸着を仮定した吸着等温線で，吸着等温式は次式で表される。

[18] 工学ナビ

化学反応に用いられる触媒の表面積や細孔分布を知ることは，触媒の性能を評価するうえで重要である。たとえば，不活性気体である窒素を用いて各種触媒に対する吸着量を測定し，吸着等温式を用いて解析すると，触媒の表面積や細孔分布を知ることができる。このとき，BET型吸着等温式がよく利用されている。

$$n = \frac{n^\infty K \frac{p}{p^*}}{\left(1 - \frac{p}{p^*}\right)\left(1 - \frac{p}{p^*} + K \frac{p}{p^*}\right)} \quad 13\text{-}12$$

ここで，K は温度に依存する平衡定数である。式 13-12 から，圧力 p が飽和蒸気圧 p^* に近づくと吸着量 n は発散することがわかる。

例題 13-9 シリカ 1 g に対する窒素の吸着実験を行った結果，1000 Pa で吸着量は 0.173 mmol であった。吸着等温線がラングミュア型の場合，飽和吸着量 n^∞ を求めよ。ただし，$K = 3.39 \times 10^{-3} \, \mathrm{Pa^{-1}}$ とする。

解答 式 13-10 を変形して数値を代入すればよい。

$$n^\infty = n + \frac{n}{Kp} = 0.173 + \frac{0.173}{3.39 \times 10^{-3} \times 1000}$$
$$= 0.224 \, \mathrm{mmol \cdot g^{-1}}$$

13-6 界面活性剤

13-6-1 界面活性剤の分類

図 13-6 に示したように，少量で著しく表面張力・界面張力を減少させる物質が界面活性剤である。界面活性剤分子は水を好む**親水基**と水を嫌う**疎水基**

図 13-10 界面活性剤の分子構造

からなる（図 13-10）。疎水基はおもに炭化水素からなり炭素数は 8～16 程度，親水基は帯電状態によって 4 種類に分類される（表 13-5）。

表 13-5 界面活性剤の分類

界面活性剤の種類	親水基の例
陽イオン界面活性剤	アンモニウム基 $-\mathrm{N^+H_3}$
陰イオン界面活性剤	カルボン酸基 $-\mathrm{COO^-}$
両性界面活性剤	ジメチルベタイン基 $-\mathrm{N^+(CH_3)_2CH_2COO^-}$
非イオン界面活性剤	ポリオキシエチレン基 $-\mathrm{O(CH_2CH_2O)_\mathit{j}H}$

[19] **Let's TRY!!** タンパク質や核酸を分離するポリアクリルアミドゲル電気泳動で SDS がよく用いられる。SDS-PAGE と呼ばれるこの方法で SDS がどのような役割を果たしているか調べてみよう。

例題 13-10 ドデシル硫酸ナトリウム（SDS）は身のまわりの洗剤製品や，タンパク質を分離する電気泳動で使用される[19]，代表的な界面活性剤である。SDS の化学式を示し，親水基と疎水基を答えよ。

解答 SDS の化学式は $\mathrm{CH_3(CH_2)_{11}OSO_3^-Na^+}$ である。親水基は硫酸基（$\mathrm{OSO_3^-}$），疎水基は炭素数 12 のドデシル基（$\mathrm{CH_3(CH_2)_{11}}$）である。なお，ナトリウム（$\mathrm{Na^+}$）は対イオンである

13-6-2 界面活性剤の特性

界面活性剤は1つの分子内に親水基と疎水基という相反する2つの性質を併せ持つことから2つの特性を示す(図13-11)。

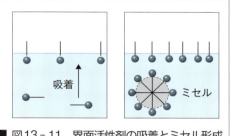

図13-11　界面活性剤の吸着とミセル形成

水に界面活性剤を溶解させると，疎水基は水を嫌うため，界面活性剤は表面へ移動し，疎水基を空気中に出す。すると空気／水表面では，親水基は水と，疎水基は空気と接触し，互いに好ましい状態になる。この現象も**吸着**の一例である。

界面活性剤の濃度を高くすると，吸着する界面活性剤の量が増える。しかし，表面の面積は有限であるため，いずれ吸着する場所を失う。そこでさらに界面活性剤を添加すると，今度は水中で界面活性剤分子が集まり，疎水基を内側に向けて分子集合体を作る。この分子集合体を**ミセル**と呼ぶ。ミセルでは水と接触する親水基の内側で疎水基が接触しているので，表面と同様に親水基と疎水基は互いに好ましい状態にある。

ミセル形成が始まる濃度を**臨界ミセル濃度（CMC）**という。ミセル形成の前後では溶液の性質が大きく異なり，図13-12に示すように種々の特性値に変化が現れる。この性質を利用して，臨界ミセル濃度を決定することができる。次項で述べるように，ミセルが存在することで

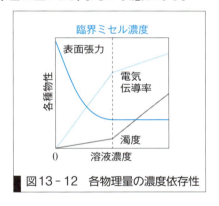

図13-12　各物理量の濃度依存性

界面活性剤の機能が十分に発揮されるため[20]，さまざまな界面活性剤の臨界ミセル濃度を正確に知ることは実用面において重要である。

13-6-3 可溶化

水溶液中にミセルが存在するとき，油のような水に不溶の物質が溶解する現象が起きる。これを**可溶化**という。ミセルの内部は疎水基が集まっているため，油のような疎水性物質を溶解することができる（図13-13）。すなわち，可溶化は水に溶解したように見えるが，実際には水溶液中のミセルの中に溶解していることになる。洗剤や化粧品の分野

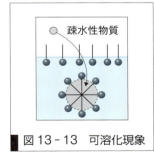

図13-13　可溶化現象

[20] 工学ナビ
ミセル形成において温度は重要である。イオン性界面活性剤はクラフト点と呼ばれる物質固有の温度を持ち，クラフト点より高い温度で初めてミセルが形成される。たとえば，クラフト点が20℃の界面活性剤を洗剤として使用する場合，冬のように水温が20℃より低いときはミセルが形成されず，洗剤が機能しなくなってしまう。

*21 Let's TRY!!
DDSでは，ミセルを作る界面活性物質として，生体適合性や安定性を考慮した高分子化合物が使われる。この高分子化合物がどのような構造か調べるとともに，DDSの研究がどこまで進んでいるのか調べてみよう。

にかぎらず，可溶化は応用範囲が広い。たとえば医薬分野では，水への溶解性が低い有機化合物からなる薬剤をミセルに可溶化させて標的部位へ運搬するドラッグデリバリーシステム（DDS）に利用されている[*21]。

WebにLink
演習問題の解答

演習問題 A 基本の確認をしましょう

13-A1 次に示す分散系をエーロゾル，エマルション，サスペンションに分類せよ。
（1）泥水　（2）雲　（3）バター　（4）ペンキ　（5）化粧品

13-A2 次に示す界面に働く界面張力はヘキサン／水界面の界面張力と比べて大きいか小さいか答えよ。
（1）デカン／水界面　　（2）ペルフルオロヘキサン／水界面
（3）ヘキサノール／水界面
（4）デカン／ペルフルオロヘキサン界面

13-A3 洗剤を溶かした水溶液の表面に直径 1.6 cm のリングを接触させ，上に引き上げたところ，リングが液面から離れた瞬間の張力は 8.0 mN であった。この水溶液の表面張力を求めよ。ただし，リングの管径はリングの直径に比べて無視できるほど小さいと仮定する。

13-A4 次に示す化学式で表される界面活性剤の名称を答えよ。
（1）$CH_3(CH_2)_{14}COO^-Na^+$　　（2）$CH_3(CH_2)_{11}N^+(CH_3)_3Br^-$
（3）$CH_3(CH_2)_9O(CH_2CH_2O)_5H$

演習問題 B もっと使えるようになりましょう

13-B1 鉄釘 1 本（0.7 g）からスチールウールおよび鉄粉を作った場合，比表面積は鉄釘の何倍になるか求めよ[*22]。簡単のため，鉄釘は長さ 3 cm，直径 2 mm の円柱，スチールウールは長さ 3 cm，直径 50 μm の円柱が集まったもの，鉄粉は 1 辺 50 μm の立方体が集まったものと仮定する。

*22 工学ナビ
釘は火を近づけても燃えないが，スチールウールは燃える。さらに鉄粉は空気中で自然発火する。これらの違いは，同じ材料であっても空気と接する面積が形状によって異なることに起因する。

13-B2 河川の水 2.00×10^{-13} m³ を採取し，顕微鏡で観察したところ，平均 13 個の粘土粒子（密度 2.70×10^3 kg·m⁻³）があった。この河川

の水 1 m³ を乾燥させると，1.50 kg の粘土が残った．粘土粒子はすべて同じ大きさの球形粒子と仮定して，粘土粒子の半径を求めよ．

13-B3 生クリームを作るために牛乳を遠心分離機にかけて水分と脂肪分を分離する過程で，牛乳中の脂肪粒子（直径 20 μm）は遠心分離によって互いに衝突・合一し，直径 50 μm へ変わっていた．遠心分離中は重力の 300 倍の力が加わっているとして，遠心分離中の脂肪粒子の沈降速度 u を求めよ（必要な定数は例題 13-4 を参照せよ）．

13-B4 25 ℃の条件下，ある界面活性剤の溶液濃度 C [mmol·dm⁻³] を変えながら表面張力 γ [mN·m⁻¹] を測定したところ，5.00 mmol·dm⁻³ < C < 10.00 mmol·dm⁻³ の濃度範囲では γ が次式に従うことがわかった．

$$\gamma = 0.052C^2 - 2.69C + 66.36$$

これを用いて，$C = 8.00$ mmol·dm⁻³ のときの界面過剰量 Γ を求めよ．

13-B5 ハスの葉の表面は凹凸構造を有しているため，水をよくはじく（ロータス効果）．この効果はウェンゼルの式で説明される．

$$\cos\theta' = r\cos\theta$$

ここで，θ' は凹凸表面での接触角，θ は平滑表面での接触角，r は凹凸表面の表面積 A' と平滑表面の表面積 A の比 $\left(\dfrac{A'}{A}\right)$ を表す．ある平滑表面（$A = 10$ cm²）に水を置くと，$\theta = 110°$ であった．この表面を凹凸処理したところ，$A' = 15$ cm² となった．この凹凸表面に水を置いたときの接触角 θ' を求めよ．

> **あなたがここで学んだこと**
>
> この章であなたが到達したのは
> - □ コロイドと界面の定義・特徴を説明できる
> - □ 表面張力・界面張力の定義を理解して，測定法・計算法を説明できる
> - □ 界面活性剤の種類と性質を説明できる
>
> 本章ではコロイドと界面の基礎的な内容を説明し，関係する現象を紹介してきた。そして，いくつか具体例を示したように，コロイド・界面の知識は応用範囲が広い。洗剤や化粧品，食品といった身のまわりのものから，DDS などの薬学分野，テフロンや光触媒による濡れ性の制御，半導体に代表されるミクロな世界での集積回路の加工，エマルションによる燃料回収などのエネルギー分野まで，多岐にわたる。とくに，将来のテクノロジーはますますミクロ化，ナノ化が進むと考えられるので，その領域で重要な役割を果たすコロイド・界面の知識をもとに，日本の技術力を支える人材としてさまざまな分野で活躍する日がくるかもしれない。

14章 量子化学の基礎

第5回ソルベー会議（1927年ベルギー） (PPS)

ニュートン力学を中心とした**古典物理学**は，多くの自然現象の謎を解明してきた。しかし，19世紀末，黒体放射，光電効果など，それだけでは説明できない現象が確認され，これらを説明するために「**量子力学**」が生み出された。上の写真は，生まれたての量子力学について議論された第5回ソルベー会議に参加した物理学者たちである。本章では，彼らによって量子力学がどのようにして生み出されたのかを簡単に紹介する。量子力学は，誕生から1世紀も経っていないが，科学技術の根幹を支える重要な役割を担っている。たとえば，フラッシュメモリへの情報記録や原子レベルの微細な構造が観察できる走査型トンネル顕微鏡（STM）の原理には，量子力学の知見が活かされている。有機分子の構造解析などに用いられる核磁気共鳴装置や赤外分光をはじめとした各種分光法も量子力学をもとにした技術から成り立っている。また，量子力学は電子のように大変小さな領域において有効であるため，原子の構造や化学結合といった化学分野の諸問題の理解にも利用され，「**量子化学**」という新たな分野が誕生した。化学を初めて学んだときに，覚え込んだ電子配置や電子雲の形などは，量子化学によって導き出されたものである。

● この章で学ぶことの概要

前半では，古典物理学で解明できなかった諸現象を紹介し，それらを説明するために導入された新たな概念によって量子力学が誕生していく経緯を見ていく。後半では，波動を用いてものの振る舞いを表現する波動関数やシュレーディンガー方程式の基本的な取り扱いを学んだあと，これらを用いて原子軌道や分子軌道を表す方法を学ぶ。

予習 授業の前にやっておこう!!

波長によって分類されている電磁波の名称[*1]（表14-1）を覚えておこう。また，**波長**λは，下記の式によって，**振動数**ν，**波数**$\tilde{\nu}$に変換できる[*2]。ここでcは真空中における光速である。

$$\nu = \frac{c}{\lambda}, \quad \tilde{\nu} = \frac{1}{\lambda} \qquad 14\text{-}1$$

表14-1　電磁波の分類

名称	波長
X線	約 1 pm – 4 nm
紫外線	約 4 nm – 380 nm
可視光	約 380 – 770 nm
赤外線	約 770 nm – 1 mm
マイクロ波	約 1 mm – 1 m
ラジオ波	約 1 m 以上

1. 波長 5.70×10^{-8} m の電磁波について，以下の問いに答えよ。
   (1) この電磁波の名称を記せ。　(2) 振動数と波数をそれぞれ求めよ。

2. 以下の微分，積分を求めよ。
   (1) $\dfrac{\mathrm{d}}{\mathrm{d}x} \sin x$　(2) $\dfrac{\mathrm{d}}{\mathrm{d}r} \mathrm{e}^{-2r}$　(3) $\displaystyle\int_0^2 (x^2 - 1)\,\mathrm{d}x$

WebにLink　予習の解答

14　1　量子論の誕生

14-1-1　エネルギー量子仮説

1. 黒体放射　製鉄所の溶鉱炉や陶芸の窯において，炎の色は，温度が上がると赤色からより波長の短い白色に変化していく。この色の変化から適度な温度を判断することが古来より職人技とされてきた[*3]。この波長と温度の関係は，**黒体**を用いて再現できる。黒体とは，あらゆる振動数の放射線を吸収し，かつ放出できる粒子（**振動子**）の集合体である。図14-1のようにピンホールが空いた小さな中空の箱は黒体のようにふるまい，ここから放射される光（**黒体放射**）の強度[*4]は，ある波長で極大をもって分布する。これを説明するため，古典的物理学に基づいて**ウィーンの法則**や**レイリー－ジーンズの法則**が導入されたが，それぞれ長波長側，低波長側で光強度の分布が一致しなかった（図14-2）。

図14-1　黒体としてふるまう小箱

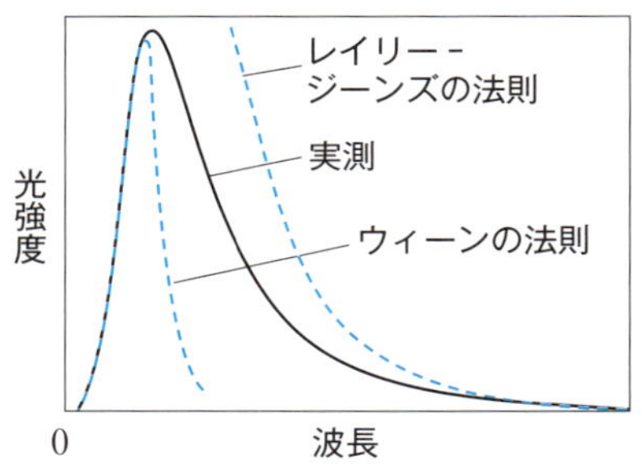

図14-2　黒体放射の強度分布

[*1] 工学ナビ
各電磁波は，X線回折，可視・紫外分光，赤外分光，マイクロ波分光，NMRなど各種測定法で活用されている。

[*2] ヒント
振動数の記号はν（ニュー），単位はHzもしくはs^{-1}である。波数の記号は$\tilde{\nu}$（ニュー・チルダ），単位はcm^{-1}（カイザー）である。m単位の波長を式14-1へ代入すると波数はm^{-1}単位で導出される。これをcm^{-1}単位とするときには$\dfrac{1}{100}$倍すること。

[*3] 工学ナビ
炎の色，すなわち光の波長を分光装置によって調べられるようになってから，より正確に溶鉱炉などの温度管理が可能となった。

2. エネルギー量子仮説 プランクは，黒体放射の光強度の分布が説明できる新たな理論式を考案し，**エネルギー量子仮説**（1900 年）を提唱した。そこでは，黒体放射にエネルギーの最小単位となるエネルギー量子 E が存在し，エネルギーはその整数倍となる飛び飛びの値 nE（n は正整数）しかとれないと仮定された[*5]。また，エネルギー量子 E は振動子の振動数 ν に比例するとされた[*6]。

$$E = h\nu \qquad 14-2$$

比例定数 h は，**プランク定数**（6.626×10^{-34} J·s）と呼ばれる値である。

> **例題 14-1** 振動数 60.0 MHz で振動する振動子のエネルギー量子（最小のエネルギー）を求めよ。
>
> **解答** 式 14-2 より
> $E = 6.626 \times 10^{-34} \times 60.0 \times 10^{6} ≒ 3.98 \times 10^{-26}$ J

14-1-2 光量子仮説

1. 光電効果 1887 年，ヘルツは，図 14-3 のような真空中にある負に帯電した陰極の金属に紫外線を当てると，陰極から陰極線が現れることを発見した。レーナルトは陰極線の正体が電子の流れであることを確認し，この現象を**光電効果**と名づけるとともに，以下の事実を突き止めた（1900 年）。

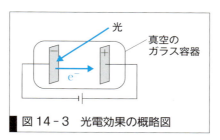

図 14-3 光電効果の概略図

① ある振動数（しきい値振動数）以上の光を当てないと，大きなエネルギーを持つはずの強い光であったとしても電子は放出されない。
② 光を強くしても，放出される電子の速さ，すなわち運動エネルギーは変わらなかった。その代わり，放出される電子の数が増加した。
③ 光の振動数 ν が増加すると，放出される電子の速度が増加した。

これらは，古典物理学からみると，光と電子の間でエネルギーが保存されていないこととなり，説明できない疑問として残された[*7]。

2. 光量子仮説 これらの問題は，従来，波として考えられていた光を粒子の性質も合わせ持つ**フォトン（光子）**としたアインシュタインの**光量子仮説**（1905 年）によって解決された。この仮説には，粒子について立てられたエネルギー量子仮説（式 14-2）が導入され，**フォトン 1 つのエネルギー E は光の振動数 ν に比例する**[*8]。よって，ν が大きくなると放出される電子により大きなエネルギーが与えられ，運動エネルギーも大きくなり，電子の速度が増加する。以上から，レーナルトの疑問

[*4] **+α プラスアルファ**
ここでいう強度は，単位時間に単位面積を通過する光のエネルギー，すなわちエネルギー密度を指す。同じ波長の光であれば，エネルギー密度が大きいほど明るくなる。

[*5] **ヒント**
このように値が飛び飛びになることを一般的に離散的であるという。また，最小単位をもとにその倍数となる値しかとれないような離散的な状態を，量子化された状態という。

[*6] **Don't Forget!!**
この関係は量子化学の最も大切な基礎事項の 1 つである。

[*7] **ヒント**
振動数がエネルギーに関係するという概念は当時存在していなかった。強い光を当てると，より大きな運動エネルギーを持つ電子が放出されると予想されていた。

[*8] **工学ナビ**
赤外線より振動数の大きい紫外線のほうがエネルギーは大きい。そのため，皮膚に紫外線が当たると化学反応が起こってメラニン色素が生成し，日焼けするが，赤外線では日焼けすることはない。

③が解決された。金属から電子を1個取り去るのに必要なエネルギーを**仕事関数** W とすると，$h\nu$ がこれを上回ったときのみ電子が放出されることになるため，疑問①を解決できる。上回ったエネルギーは，放出電子の運動エネルギー $\frac{1}{2}m_e v^2$ となる。

$$\frac{1}{2}m_e v^2 = h\nu - W \qquad 14\text{-}3$$

ここで，m_e は電子の質量（質量 9.109×10^{-31} kg），v は電子の速度である。この式の両辺を2倍すると次のようになる。

$$2 \times \left(\frac{1}{2}m_e v^2\right) = 2h\nu - 2W \qquad 14\text{-}4$$

これは，光の強度が2倍になると，照射されるフォトンの数が2つになり，同じ運動エネルギーを持った2つの電子が飛び出てくることを表しており，疑問②を解決したことになる。

例題 14-2 仕事関数 7.850×10^{-19} J の金の板に振動数 6.00×10^{15} s^{-1} の光を照射したときの放出電子の速度を求めよ*9。

解答 式 14-3 より

$$v = \sqrt{\frac{2}{m_e}(h\nu - W)}$$

$$= \sqrt{\frac{2 \times (6.626 \times 10^{-34} \times 6.00 \times 10^{15} - 7.850 \times 10^{-19})}{9.109 \times 10^{-31}}}$$

$$\simeq 2.65 \times 10^6 \text{ m}\cdot\text{s}^{-1}$$

*9 **＋α プラスアルファ**
仕事関数 W は，eV（電子ボルト，エレクトロンボルト）単位で示されることも多い。$1\text{ eV} = 1.602 \times 10^{-19}$ J として，SI 単位系の J 単位に変換してから計算に用いること。

14-1-3 ボーアの原子モデル

1. 原子スペクトル*10 ブンゼンとキルヒホッフは，熱した試料が発する光を分光し（波長ごとに分け），図 14-4 のような飛び飛びの波長の位置に明線が現れる**線スペクト**

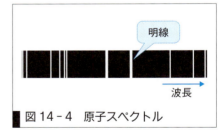

図 14-4 原子スペクトル

ルを発見した（1860 年）*11。これらの波長は試料に含まれる元素の種類によって決まっていることから**原子スペクトル**とも呼ばれる。1890 年リュードベリは原子スペクトルの波数 $\tilde{\nu}$ の数列を記述できる次の式を示した。

$$\tilde{\nu} = \frac{1}{\lambda} = R_H \left(\frac{1}{n_1^2} - \frac{1}{n_2^2}\right) \qquad 14\text{-}5$$

ここで，λ（ラムダ）は波長，R_H は**リュードベリ定数**（1.097×10^5 cm^{-1}），$n_1 = 1, 2, \cdots, n_2 = n_1 + 1, n_1 + 2, \cdots$ である。しかし，この式は数学

*10 **ヒント**
スペクトルは，情報を各成分に分け，それぞれの成分の大小を図示したものである。たとえば，図 14-2 のように横軸に波長をとって，各波長の強度を示したものをスペクトルと呼ぶ。

*11 **＋α プラスアルファ**
試料を熱するのではなく，あらゆる振動数の光を含んだ白色光を試料溶液に通過させると，各元素で特有の波長の光が吸収され，スペクトルには暗線が現れる。

的に数列を説明したに過ぎず，物理的な意味は古典物理によって解き明かすことはできなかった。

2. ボーアの原子モデル リュードベリの式を説明するために，ボーアは図14-5のように電子が同心円状の**軌道**を描く水素原子の**ボーア原子モデル**を提案した（1913年）。このモデルは次の4つの仮定からなる。

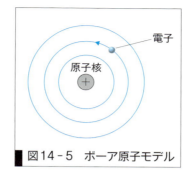

図14-5 ボーア原子モデル

仮定①：電子（質量 m_e）は原子核のまわりを半径 r，速度 v で等速円運動していると仮定する。原子核のまわりを回る電子の遠心力 F_C，原子核と電子の間に働くクーロン力 F_E はそれぞれ次のようになる。

$$F_C = \frac{m_e v^2}{r}, \quad F_E = \frac{e^2}{4\pi\varepsilon_0 r^2} \qquad 14-6$$

ここで e は電気素量（1.602×10^{-19} C），ε_0（イプシロン）真空の誘電率（8.854×10^{-12} J$^{-1}\cdot$C$^2\cdot$m^{-1}）である。等速円運動では $F_C = F_E$ となるので，これを変形すると運動エネルギーは次式となる。

$$\frac{1}{2}m_e v^2 = \frac{e^2}{8\pi\varepsilon_0 r} \qquad 14-7$$

これにポテンシャルエネルギー E_p を加えると全エネルギー E となる。

$$E = \frac{1}{2}m_e v^2 + E_p = \frac{1}{2}m_e v^2 - \frac{e^2}{4\pi\varepsilon_0 r} = -\frac{e^2}{8\pi\varepsilon_0 r} \qquad 14-8$$

よって，**全エネルギーは負の値で，半径に反比例する**ことがわかる。

仮定②：角運動量[*12] $L = m_e v r$ は量子化され，プランク定数の倍数 $\frac{nh}{2\pi}$ に等しいと仮定する。n は**量子数**と呼ばれ，ここでは正整数 $1, 2, 3, \cdots$ である。これらから，電子の速度 v は次式で表される。

$$v = \frac{nh}{2\pi m_e r} \qquad 14-9$$

これを式14-7に代入すると半径 r が導出できる。

$$r = n^2 \frac{\varepsilon_0 h^2}{\pi m_e e^2} \qquad 14-10$$

これは，電子の**軌道半径が飛び飛びの値をとる**ことを示している。$n=1$ のときの軌道は電子殻のK殻に，$n=2$ はL殻にそれぞれ相当する。さらに式14-10を式14-8へ代入すると全エネルギー E が導出できる。

*12
💡ヒント
回転運動では運動量 mv のベクトルは常に変化するため保存されない。mv と半径ベクトルを下図のように外積し，常にベクトルが一定となるようにしたものが角運動量 L である。

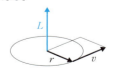

$$E = -\frac{e^2}{8\pi\varepsilon_0 r} = -\frac{1}{n^2}\frac{m_e e^4}{8\varepsilon_0^2 h^2} \qquad 14-11$$

この式から，**全エネルギーは量子数 n に依存している**ことがわかる[*13]。

仮定③：吸収もしくは放出されるフォトンのエネルギー $h\nu$ は，異なる軌道間のエネルギー差 ΔE に等しいと仮定する。量子数 n_1 と n_2 （$n_1 < n_2$）の軌道間のエネルギー差 ΔE は次式のようになる。

$$\Delta E = E_2 - E_1 = -\frac{1}{n_2^2}\frac{m_e e^4}{8\varepsilon_0^2 h^2} + \frac{1}{n_1^2}\frac{m_e e^4}{8\varepsilon_0^2 h^2}$$

$$= \frac{m_e e^4}{8\varepsilon_0^2 h^2}\left(\frac{1}{n_1^2} - \frac{1}{n_2^2}\right) \qquad 14-12$$

これが $h\nu = h\dfrac{c}{\lambda} = hc\tilde{\nu}$ と等しいので，波数 $\tilde{\nu}$ は次式で記される[*14]。

$$\tilde{\nu} = \frac{m_e e^4}{8\varepsilon_0^2 h^3 c}\left(\frac{1}{n_1^2} - \frac{1}{n_2^2}\right) \qquad 14-13$$

これは，リュードベリの式（式 14-5）と同じ形である。よって，ボーアの原子モデルを導入することで原子スペクトルの離散的な線スペクトルが説明できる。

仮定④：電子が円運動し続けると，常に誘導磁場を生じてエネルギーを放出し続けることになり，原子はしばらくするとエネルギーを失い，安定に存在できない。そこで，ボーアは，円運動している電子のエネルギーは失われることなく常に一定であると仮定した。しかし，どのようにして一定な状態を保つのか説明することはできなかった。

3. ド・ブロイ波 ド・ブロイは，運動する粒子は波として表すことができるとして，**ド・ブロイ波（物質波）**を提唱した（1924年）。運動量 p を持つ粒子のド・ブロイ波の波長は次式で表される。

$$\lambda = \frac{h}{p} = \frac{h}{mv} \qquad 14-14$$

ここで，m は粒子の質量，v は速度である。

ボーア原子モデルの電子にド・ブロイ波を導入して波として取り扱い，その波長を整数倍したものと軌道円周の長さが等しい定常波を形成させると仮定④の矛盾を解決することができる。

例題 14-3 光速の 80.0％ の速度で運動する電子のド・ブロイ波の波長を求めよ[*15]。

解答
$$\lambda = \frac{6.626 \times 10^{-34}}{9.109 \times 10^{-31} \times 2.998 \times 10^8 \times 80.0 \div 100}$$

$$\fallingdotseq 3.03 \times 10^{-12} \text{ m}$$

[*13] **Let's TRY!**
式 14-11 のエネルギー E は量子数 n とともにどのように変化するか。グラフにして確認しよう。また，式 14-10 の軌道半径 r は n とともにどのように変化するかグラフ化して確認しよう。
WebにLink

[*14] **Let's TRY!**
式 14-13 の定数項 $\dfrac{m_e e^4}{8\varepsilon_0^2 h^3 c}$ に数値を代入し，式 14-5 のリュードベリ定数に近い値となることを確認してみよう。
WebにLink

WebにLink
ド・ブロイ波長の式（式 14-14）の導出。

WebにLink
ド・ブロイ波の導入によりボーアの原子モデルの仮定④の矛盾を解決。

[*15] **工学ナビ**
質量が大きな物質のド・ブロイ波長は非常に短く，観測不可能である。ド・ブロイ波はミクロな系についてのみ有意である。

4. 不確定性原理 ド・ブロイ波の正確な波長がわかると，式 14−14 によって運動量が決定するが，粒子は空間的な広がりを持った波動として記述されるため，その位置を正確に定めることができなくなる。これを踏まえて，ハイゼンベルグは，粒子の正確な運動量と位置は同時に観測できないとする**不確定性原理**（1927 年）を提唱した。

x 軸上の 1 次元の運動について，運動量の不確かさを Δp，位置の不確かさを Δx とすると，不確定性原理において次式が成り立つ。

$$\Delta p\, \Delta x \geqq \frac{1}{2}\hbar \qquad 14-15$$

ここで，$\hbar = \dfrac{h}{2\pi}$ である[16]。質量は正確にわかっているものとすると，Δp は，速度の不確かさ Δv にのみ依存する。

$$\Delta p\, \Delta x = m\, \Delta v\, \Delta x \geqq \frac{1}{2}\hbar \qquad 14-16$$

Δx を小さくして位置を正確に観測しようとすると，Δv が大きくなり速度は正確に観測できないことがわかる[17]。ここで，速度はベクトル量であるので，運動の方向すなわち道筋を知ることができないことを表している。よって，電子の運動の軌跡を知ることは不可能であり，ボーアの原子モデルにおいて電子が円軌道を描くとした部分には修正が必要である。

[16] ヒント
$\hbar$ は，プランク定数を 2π で割ったもので，換算プランク定数もしくはディラック定数と呼ばれる。記号 $\hbar$ は，エイチ・バーと読む。

[17] ヒント
不確定性原理は，飛んでいるハエの写真を撮るとき，シャッター速度を速くすると羽が止まって写るので，その位置はよくわかるが，羽の運動の軌跡がわからなくなることによく似ている。

例題 14-4 水素原子における電子の速度の不確かさが光速の 1.00×10^{-4} ％であるとき，位置の不確かさは少なくともどれだけあるか。

解答 式 14−16 より

$$\Delta x \geqq \frac{\frac{h}{2\pi}}{2m\, \Delta v} = \frac{6.626 \times 10^{-34}}{4 \times \pi \times 9.109 \times 10^{-31} \times 2.998 \times 10^{8} \times 1.00 \times 10^{-6}}$$

$$\fallingdotseq 1.93 \times 10^{-7}\ \mathrm{m}$$

この値は，水素原子の半径よりもずっと大きいため，有意な位置情報は得られないことがわかる[18]。

[18] Let's TRY!!
質量 4.00 g の鉄球について，速度の不確かさ $0.100\ \mathrm{m \cdot s^{-1}}$ として位置の不確かさを求めよ。その結果から，質量が大きいとき不確定性原理の影響を考慮せよ。

WebにLink

14・2 シュレーディンガー方程式

14-2-1 波動関数

1. 波動関数の基礎 ド・ブロイによってあらゆる物質は波動として表せることが示された。よって，物質のふるまいは，波を表す関数（**波動関数**[19]）を用いて示すことができる。たとえば，1 次元空間における粒子の自由な運動は，次式のような簡単な波動関数で記述することができる。

$$\psi = A \sin Bx \qquad A, B : 定数 \qquad 14-17$$

[19] ヒント
波動関数を表す記号には，ψ，Ψ（プサイ）や ϕ，Φ（ファイ）がよく使用される。

*20 **ヒント**
関数 $\psi = f(x)$ において，1つの x に対して ψ の値が1つだけ定まるものを1価の関数という．2つ以上定まる場合は多価関数という．

ただし，波動関数に用いることができる関数は，連続であるもの，有限であるもの，1価[20]であるものにかぎられる．

例題 14-5 以下のうち，波動関数に用いることができるものはどれか．
(a) $\psi = \tan x \ (0 \leqq x \leqq 2\pi)$ (b) $\psi = x^2 \ (x \geqq 0)$
(c) $\psi = \pm\sqrt{x} \ (x \geqq 0)$ (d) $\psi = \sin x$

解答 (d) のみ可．(a) は不連続，(b) は x とともに無限大へ発散，(c) は2価であるためいずれも下図のように不適となる．

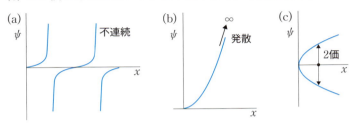

2. 存在確率 古典物理学では，ニュートンの運動方程式により運動の道筋を知ることができるが，波動関数 ψ にはこの情報が含まれていない．その代わり，波動関数 ψ を用いると，空間領域内に粒子を見出す確率（**存在確率**）を求めることができる．ボルンは，存在確率は $|\psi|^2 = \psi^*\psi$ で表される**確率密度**（単位体積当たりの存在確率）に比例するとした（1926年，波動関数の確率解釈）．ここで，ψ^* は ψ に含まれる複素数 i の符号を入れ替え，$-i$ とした**複素共役**[21]である．

*21 **ヒント**
複素共役な関係にある関数の例を以下に記す．
$\psi = 4ix$ と $\psi^* = -4ix$
$\psi = e^{-ix}$ と $\psi^* = e^{ix}$
$\psi = \cos\pi x$ と $\psi^* = \cos\pi x$
i を含まないときは，$\psi = \psi^*$ となる．

区間 $a \sim b$ で区切られた空間における存在確率 P は次式で表される．

$$P = \int_a^b |\psi|^2 d\tau \qquad 14{-}18$$

ここで，$d\tau$ は1次元空間ならば $d\tau = dx$，3次元空間ならば $d\tau = dxdydz$，**極座標**[22]ならば $d\tau = r^2\sin\theta\, dr d\theta d\phi$ である．

*22 **ヒント**
極座標 (r, θ, ϕ) とデカルト座標 (x, y, z) の関係を下に図示する．

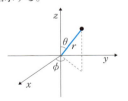

例題 14-6 x 軸上を $x = 0.00$ から 1.00 の範囲でのみ1次元の運動をする粒子の波動関数が $\psi = \sqrt{2}\sin 2\pi x$ で表されるとき，$0 \leqq x \leqq 0.100$ の空間領域における粒子の存在確率 P を求めよ[23]．

解答
$$P = \int_0^{0.100} \sqrt{2}\sin 2\pi x \cdot \sqrt{2}\sin 2\pi x\, dx$$
$$= 2\int_0^{0.100} \sin^2 2\pi x\, dx = 2\left[\frac{x}{2} - \frac{1}{8\pi}\sin 4\pi x\right]_0^{0.100}$$
$$= 0.100 - \frac{1}{4\pi}\sin 0.400\pi \fallingdotseq 0.0243$$

したがって，存在確率は 2.43% となる．

*23 **Don't Forget!!**
積分の公式を覚えておこう．
$\int \sin^2 ax\, dx = \dfrac{x}{2} - \dfrac{1}{4a}\sin 2ax$

3. 規格化　粒子が運動できる全空間を見渡せば粒子は必ず見つかるので，全空間について計算した存在確率 P は 100 %，すなわち 1 となる。

$$P = \int_{-\infty}^{+\infty} |\psi|^2 d\tau = 1 \qquad 14\text{-}19$$

この条件を満たしている波動関数は**規格化**されているという。なお，積分範囲は，$-\infty$ から $+\infty$ までとは限らない。次の例題のように粒子が運動できる範囲が限定されている場合，それが全空間となる。

> **例題 14-7**　x 軸上を $x = 0.00$ から 1.00 の範囲でのみ 1 次元の運動をする粒子について，規格化されていない波動関数 $\sin \pi x$ を規格化せよ。
>
> **解答**　規格化した波動関数を $N \sin \pi x$ とする。N は正の数である。粒子が運動できる全空間について存在確率を求めると以下のようになる。
>
> $$N^2 \int_{0.00}^{1.00} \sin^2 \pi x \, dx = 1$$
>
> $$N^2 \left[\frac{x}{2} - \frac{1}{4\pi} \sin 2\pi x \right]_{0.00}^{1.00} = 1$$
>
> $$N = \sqrt{2}$$
>
> よって規格化された波動関数は，$\sqrt{2} \sin \pi x$ となる。

14-2-2　シュレーディンガー方程式からわかること

波動関数 ψ に対して数学的な演算を指定した**演算子** $\widehat{O}$ [*24] を作用させると，観測可能な物理量 X を求めることができる。

$$\widehat{O}\psi = X\psi \qquad 14\text{-}20$$

このように演算子を作用させたとき，右辺にも左辺と同じ関数が登場するものを**固有値方程式**といい，用いた関数は**固有関数**，右辺にある固有関数以外の数値は**固有値**と呼ばれる。たとえば，1 次元の運動における運動量 p は，運動量演算子 $\widehat{p} = -i\hbar \dfrac{\partial}{\partial x}$ を固有関数となる波動関数に作用させる（1 回微分する）ことで得られる[*25]。

$$-i\hbar \frac{\partial}{\partial x}\psi = p\psi \qquad 14\text{-}21$$

1926 年，シュレーディンガーは，波動関数 ψ にエネルギー演算子 $\widehat{H}$（ハミルトニアン）を作用させることでエネルギー E が得られる**シュレーディンガー方程式**を提案した。

$$\widehat{H}\psi = E\psi \qquad 14\text{-}22$$

$\widehat{H}$ は微分演算子であるためシュレーディンガー方程式は微分方程式となる。この解を求めると，エネルギーのほかに波動関数も得られる[*26]。

[*24] **ヒント**
$\widehat{O}$ は，オーハットと読む。

[*25] **プラスアルファ**
ほかにも位置を求める演算子
$\widehat{x} = x \times$
角運動量を求める演算子
$\widehat{L}_x = -i\hbar \left(\widehat{y} \dfrac{\partial}{\partial z} - \widehat{z} \dfrac{\partial}{\partial y} \right)$
などがある。

[*26] **ヒント**
$\widehat{H}$ は，エイチハットと読む。ちなみに，シュレーディンガー方程式で用いることができる波動関数は，エネルギーを求めるためのものに限る。運動量など他の物理量を求めるためにはそれぞれに対応した波動関数を利用する必要がある。

14-2-3　1次元の箱の中の粒子

x 軸上を1次元的に運動する質量 m の粒子を考える。ただし，図14-6のように，$x < 0$，$x > L$ の領域にはポテンシャルエネルギー $E_p = \infty$ のポテンシャル障壁があり，粒子は $E_p = 0$ である $0 \leq x \leq L$ の範囲しか運動できない1次元の箱（井戸型ポテンシャル）が形成されているとする。この粒子のシュレーディンガー方程式は次式で表される[*27]。

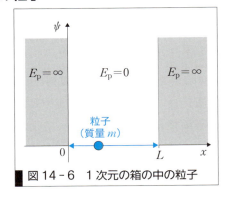

図14-6　1次元の箱の中の粒子

$$\left(-\frac{\hbar^2}{2m}\frac{d^2}{dx^2} + \widehat{E}_p\right)\psi = E\psi \qquad 14-23$$

ここで，$\widehat{E}_p$ はポテンシャルエネルギー演算子である。ポテンシャル障壁内に粒子は入り込めないため，$x < 0$，$x > L$ のときは $\psi = 0$ である。一方，$0 \leq x \leq L$ のときは $E_p = 0$ なので，式14-23の $\widehat{E}_p$ は省略できる。

$$-\frac{\hbar^2}{2m}\frac{d^2}{dx^2}\psi = E\psi \qquad 14-24$$

この2階微分方程式を次の3つの手順によって解く。

手順1. エネルギーの導出：式14-24の一般解は次式で表される。

$$\psi = A\cos kx + B\sin kx \qquad (A, B, k は定数) \qquad 14-25$$

これを式14-24の左辺に代入して微分すると，次式となる。

$$-\frac{\hbar^2}{2m}\frac{d^2}{dx^2}(A\cos kx + B\sin kx) = \frac{\hbar^2 k^2}{2m}(A\cos kx + B\sin kx) \qquad 14-26$$

これが，$E\psi$ と等しいのでエネルギーは次のようになる。

$$E = \frac{\hbar^2 k^2}{2m} \qquad 14-27$$

手順2. 境界条件：$0 \leq x \leq L$ における波動関数は，$x < 0$，$x > L$ のときの波動関数 $\psi = 0$ と連続でなければならないので，**境界条件** $\psi(0) = 0$，$\psi(L) = 0$ が成立する。$\psi(0) = 0$ を式14-25に適用すると A が決まる。

$$\psi(0) = A\cos 0 + B\sin 0 = 0 \qquad \text{したがって } A = 0 \qquad 14-28$$

よって，波動関数は次式で表される。

[*27] **プラスアルファ**
ここで考えている波動関数は時間によって節の位置が変化しない定常波である。そのため，この方程式は，時間に依存しないシュレーディンガー方程式と呼ばれる。

$$\psi(x) = B \sin kx \qquad 14-29$$

これに $\psi(L) = 0$ を適用すると，$B \neq 0$ なので次のように k の値が決まる。

$$\sin kL = 0$$

$$k = \frac{n\pi}{L} \quad (n \text{ は量子数 } 1, 2, 3, \cdots) \qquad 14-30$$

これを式 14-29, 14-27 にそれぞれ代入すると $\psi(x)$ と E が求まる。

$$\psi(x) = B \sin \frac{n\pi}{L} x \qquad 14-31$$

$$E = \frac{\hbar^2 k^2}{2m} = \frac{n^2 h^2}{8mL^2} \qquad 14-32$$

これにより，エネルギー E は離散的な値となることがわかる[*28, 29]。

手順 3. 規格化：式 14-31 の係数 B は，規格化（式 14-19）によって求めることができ，波動関数 $\psi(x)$ が決まる。

$$\psi(x) = \sqrt{\frac{2}{L}} \sin \frac{n\pi x}{L} \qquad 14-33$$

得られた波動関数が x 軸と交わる点（境界を除く）を節という（図 14-7）。節の数は量子数 n とともに変化し，それぞれ $n-1$ 個ずつ存在する。節では確率密度 $|\psi|^2$ も 0 となるため，粒子が存在しないことがわかる。これは，粒子がどの位置でも一様に存在できる古典物理学と大きく異なる。

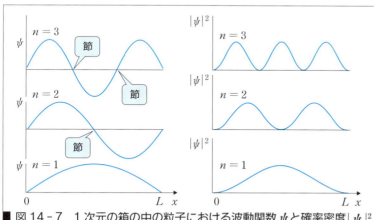

図 14-7　1 次元の箱の中の粒子における波動関数 ψ と確率密度 $|\psi|^2$

例題 14-8　1,3-ブタジエン分子の共役二重結合によって分子全体に広がる電子は，1 次元の箱の中の粒子とみなすことができる。波長 232 nm の光を用いると，この電子を基底状態[*30]から量子数 $n=2$ 状態に励起できた。分子の長さ（両末端の炭素原子間の距離）はいくらか。

[*28]
+α プラスアルファ

シュレーディンガー方程式の解からは，ド・ブロイ波の定義を証明できる。$0 \leq x \leq L$ において $E_p = 0$ なので，全エネルギーは運動エネルギーと等しい。

$$E = \frac{1}{2}mv^2 = \frac{(mv)^2}{2m} = \frac{p^2}{2m}$$

これが式 14-32 と等しいので

$$\frac{p^2}{2m} = \frac{\hbar^2 k^2}{2m}$$

したがって

$$p = k\hbar = \frac{n\pi}{L} \frac{h}{2\pi}$$

$L = \dfrac{n\lambda}{2}$ なので

$$p = \frac{2n\pi}{n\lambda} \frac{h}{2\pi} = \frac{h}{\lambda}$$

証明終わり。

[*29]
Let's TRY!

1 次元の箱の中の粒子について，量子数 n とともにエネルギーがどのように変化するか，グラフをかいて確かめよう。

WebにLink

[*30]
ヒント

最も低いエネルギー準位にあり，安定に存在できる状態を基底状態という。基底状態よりエネルギーが高い状態は励起状態といい，基底状態から励起状態に変化させることを励起という。

解答 エネルギー準位間のエネルギー差 ΔE は次式で表される。

$$\Delta E = E_{n+1} - E_n = (n+1)^2 \frac{h^2}{8m_e L^2} - n^2 \frac{h^2}{8m_e L^2} = (2n+1) \frac{h^2}{8m_e L^2}$$

これが $h\nu = \dfrac{hc}{\lambda}$ と等しいので分子の長さ L は次のようになる。

$$L = \sqrt{\frac{(2n+1)h\lambda}{8m_e c}} = \sqrt{\frac{3 \times 6.626 \times 10^{-34} \times 232 \times 10^{-9}}{8 \times 9.109 \times 10^{-31} \times 2.998 \times 10^8}}$$

$$\fallingdotseq 4.59 \times 10^{-10} \text{ m}$$

量子力学の系における最低エネルギーを**零点エネルギー**と呼ぶ。1次元の箱の中の粒子における零点エネルギーは，式 14-32 において $n=1$ のときの値であり，0 とならない。これは，粒子が静止せず，運動が常に残っていることを表しており，古典物理学にはみられない特徴である。

また，ポテンシャル障壁の高さと厚さが有限であるとき，波動がその障壁をしみ出す**トンネル効果**が確認されている (図 14-8)。この現象は走査型トンネル型顕微鏡 (STM) やフラッシュメモリなどに利用されている[*31]。

*31 **工学ナビ**
STM とフラッシュメモリのしくみを調べてみよう。

図 14-8 トンネル効果

14.3 原子軌道と分子軌道

14-3-1 水素型原子とそのエネルギー

図 14-9 のような電荷 Ze (Z は原子番号) を持つ原子核のまわりに電子が1つだけしかない**水素型原子**のシュレーディンガー方程式は以下のようになる[*32]。

$$\left\{ -\frac{\hbar^2}{2\mu}\left(\frac{\partial^2}{\partial x^2} + \frac{\partial^2}{\partial y^2} + \frac{\partial^2}{\partial z^2}\right) - \frac{Ze^2}{4\pi\varepsilon_0 r} \right\}\psi = E\psi \qquad 14\text{-}34$$

*32 **+α プラスアルファ**
水素型原子のシュレーディンガー方程式は，半径が変化する3次元回転と原子核-電子間のクーロンポテンシャルを考えて立てられている。

ここで，μ は計算を簡単にするために原子核 (質量 m_N) と電子 (質量 m_e) をまとめて1つの粒子として取り扱ったときの**実効質量** $\mu = \dfrac{m_e m_N}{m_e + m_N}$ である。この方程式からは，エネルギーが導出される (導出過程は省略)。

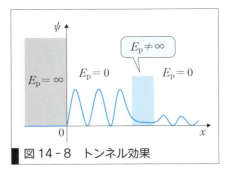

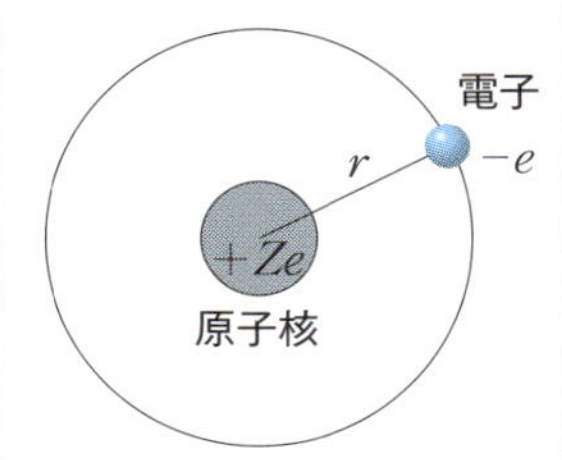

図 14-9 水素型原子

$$E = -\frac{Z^2 \mu e^4}{8\varepsilon_0^2 h^2 n^2} \qquad 14\text{-}35$$

ここで，n は**主量子数**と呼ばれ，$n = 1, 2, 3, \cdots$ の飛び飛びの値をとる

ため，エネルギーも離散的な値となる[*33]。また，Eは負の値であり，$n \to \infty$ のとき 0 に近づいていくことが式 14-35 からわかる。

14-3-2 量子数

式 14-34 のシュレーディンガー方程式からは波動関数が**主量子数** n，**方位量子数** l，**磁気量子数** m_l に依存することも導き出される[*34]。各量子数どうしの関係を表 14-2 に示す。n が同じ値となる軌道はエネルギーが等しく，それぞれ K, L, M 殻などの**殻**を形成する。l は原子核まわりにおける電子の 3 次元回転運動の角運動量量子数に相当し，$l < n$ を満たす 0 を含んだ正の整数である。$l = 0, 1, 2, \cdots$ の値は，それぞれ s, p, d, $\cdots$ の**副殻**に対応する。l は z 軸方向の成分のみが量子化されており，量子化された値は m_l で表される。m_l は $|m_l| \leq l$ を満たす整数である。また，同じエネルギーを持つ軌道が複数あるとき，それらは**縮退**しているという。縮退している軌道の数は**縮退度**と呼ばれ，水素型原子の場合は n^2 となる。

表 14-2　水素型原子における各量子数と縮退度

殻	副殻	主量子数 n	方位量子数 l	磁気量子数 m_l	縮退度
K	1s	1	0	0	1
L	2s	2	0	0	4
	2p		1	$-1, 0, +1$	
M	3s	3	0	0	9
	3p		1	$-1, 0, +1$	
	3d		2	$-2, -1, 0, +1, +2$	

14-3-3 波動関数と電子雲

極座標 r, θ, ϕ を用いて表した水素型原子の波動関数は，各座標軸の関数に分離できる。

$$\psi_{n,l,m_l}(r, \theta, \phi) = R(r)_{n,l} \, \Theta(\theta)_{l,m_l} \, e^{i m_l \phi} \qquad 14-36$$

$R(r)_{n,l}$ は原点からの距離 r に依存する**動径波動関数**，$\Theta(\theta)_{l,m_l} e^{i m_l \phi}$ は角度 θ, ϕ に依存する**方位波動関数**である。1s 軌道は次式で記される。

$$\psi_{1s} = \sqrt{\frac{Z^3}{\pi a_0^3}} \, e^{\frac{-Zr}{a_0}} = \frac{1}{2\sqrt{\pi}} R(r) \qquad 14-37$$

ここで，a_0 は**ボーア半径**[*35] である。方位波動関数の部分は定数となることから，1s 軌道は角度に依存せず，球対称となる。不確定性原理により電子の運動の道筋は観測できないが，波動関数から存在確率を求め，その高低を濃淡で示した**電子雲**を用いることで電子の軌道を表せる（図 14-10）。

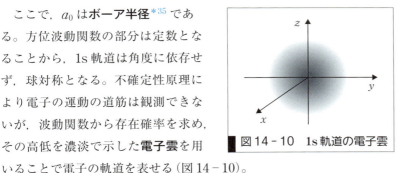

図 14-10　1s 軌道の電子雲

[*33] Let's TRY!!
式 14-35 を用いて，$Z = 1$ の原子について，主量子数 n_1 と n_2 $(n_1 < n_2)$ におけるエネルギー差を求めてリュードベリの式（式 14-5, 14-12）を導出しよう。
WebにLink

[*34] プラスアルファ
方位量子数 l は軌道角運動量量子数，磁気量子数 m_l は軌道磁気量子数とも呼ばれる。

[*35] ヒント
ボーア半径 a_0 は，基底状態における水素原子の半径として定義された長さである。

14-3-4 電子スピン

シュテルンとゲルラッハは，不均一磁場に銀の原子ビームを通すと2本に分裂することを見出した。銀原子は不対電子を1つしか持たないため，電子には磁気的性質の異なるものが2種類存在することを示している。これらを区別するために導入されたのが**スピン量子数** s である。電子の場合 $s = \frac{1}{2}$ となり，その成分である**スピン磁気量子数** m_s は，$-\frac{1}{2}, +\frac{1}{2}$ の値をとる[*36]。それぞれ α スピン，β スピンとして上向き，下向き矢印で図示される（図14-11）。古典物理学的には，電子スピンを電子の右回りと左回りの自転に置き換えて理解することができる。これは自転運動の角運動量が量子化されていることに相当している。以上の4つの量子数 n, l, m_l, m_s は，固有の軌道をとり，**パウリの排他原理**として広く知られている[*37]。

[*36] **ヒント**
スピン磁気量子数とスピン量子数は $|m_s| \leqq s$ の関係にある。

[*37] **+α プラスアルファ**
パウリの排他原理は，「同一の原子中では4つの量子数により規定される1つの状態にはただ1個の電子しか存在しない」というものである。

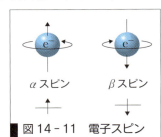

図14-11 電子スピン

14-3-5 分子軌道

電子が2個以上ある原子や分子のシュレーディンガー方程式は解析的に解くことが難しいため，解は近似的方法によって求められる。分子の波動関数を求める方法の1つに**分子軌道法（MO法）**がある[*38]。たとえば，水素分子イオン H_2^+ の波動関数 $\psi_{H_2^+}$ は，1電子が分子全体に広がっていると仮定し，既知のH原子の波動関数 ψ_A, ψ_B にそれぞれ係数 c_A, c_B をつけた1次式の足し合わせ（**一次結合**）で表される。

$$\psi_{H_2^+} = c_A \psi_A + c_B \psi_B \qquad 14-38$$

2つのH原子における電子の存在確率は等しいので，次式のようになる。

$$(c_A \psi_A)^2 = (c_B \psi_B)^2 \qquad 14-39$$

よって $c_A = \pm c_B$ となり，$N \equiv c_A$ とすると式14-38は次のようになる。

$$\psi_{H_2^+} = N(\psi_A + \psi_B) \quad （結合性） \qquad 14-40$$

$$\psi_{H_2^+} = N(\psi_A - \psi_B) \quad （反結合性） \qquad 14-41$$

結合性軌道では波動が強め合って結合を生成し，**反結合性軌道**では波動が打ち消し合って結合を不安定化させる（図14-12）。

[*38] **+α プラスアルファ**
MO法は Molecular Orbital Method の略。分子軌道を求める他の方法には，原子価結合法がある。

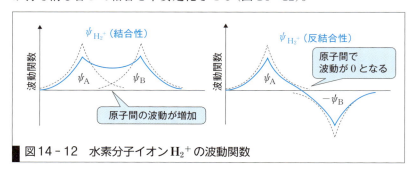

図14-12 水素分子イオン H_2^+ の波動関数

演習問題　A　基本の確認をしましょう

14-A1　リュードベリの式において $n_1 = 2$ のものをバルマー系列と呼ぶ。バルマー系列において $n_2 = 3$ のときの波数を求めよ。

14-A2　式 14-10 を用いて水素原子のボーア半径 a_0 を求めよ。

14-A3　水素型原子において，主量子数 $n = 6$ のときの波動関数の節の数と縮退度を求めよ。

演習問題　B　もっと使えるようになりましょう

14-B1　$0 \leqq x \leqq L$ の範囲のみ運動可能な 1 次元の箱の中の粒子について以下の問いに答えよ。
(1) 箱の長さ L が短くなるとエネルギーはどのように変化するか。
(2) 量子数 n を用いて確率密度が最大となる位置を記せ。
(3) $n = 2$ のとき，存在確率が極大値の $\frac{1}{2}$ になる位置はどこか。

14-B2　水素原子の 1s 軌道について，核の中心にあるボーア半径 a_0 の球内における電子の存在確率を求めよ[39]。

14-B3　基底状態の水素原子におけるイオン化エネルギーを求めよ[40]。

[39] **Don't Forget!!**
積分の公式を覚えておこう。
$$\int x^2 e^{ax} dx = e^{ax}\left(\frac{x^2}{a} - \frac{2x}{a^2} + \frac{2}{a^3}\right)$$

[40] **ヒント**
$n = \infty$ のときと，$n = 1$ のときのエネルギー差が原子 1 個のイオン化エネルギーである。1 mol 当たりのイオン化エネルギーを求めること。

あなたがここで学んだこと

この章であなたが到達したのは
- □ 古典物理学で説明できなかった現象と，それを理解するために新たに導入された概念を説明できる
- □ 波動関数やシュレーディンガー方程式を用いると，どのような事柄がわかるか説明できる
- □ 水素型原子の量子数やエネルギーなどの特徴を説明できる

　本章では，量子力学の成り立ちやその基礎となるシュレーディンガー方程式などを学びながら，原子軌道や分子軌道がどのようにして明らかにされたかを見てきた。これらは，化学結合などを根本から理解するために欠かせない知識である。また，将来，各種分光法（赤外，可視紫外分光法や NMR など）を利用するうえでも基礎となる知見である。

15章 原子核反応と放射線

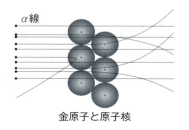
金原子と原子核

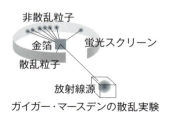
ガイガー・マースデンの散乱実験

放射線療法

　胸部X線(エックス線)写真でよく知られているX線は，放射線の一種である。放射線は，医療の分野に留まらず，物質の元素分析，タンパク質などの構造解析，新規物質の開発，宇宙の探索，車両・航空機・建造物などの内部亀裂などの検出，遺跡などから出土する遺品の鑑定にも利用される。また，放射線を作り出す原子核にかかわる反応は，原子力発電だけではなく，人類が利用している最大の自然エネルギー源でもある太陽においても常に起こっている重要な反応である。こうした放射線技術や原子核にかかわる反応は，人類が環境に配慮して持続的に発展を続けるために重要である。

　しかし，2011年の東日本大震災時に，東京電力㈱福島第一原子力発電所で起こった事故では，原子炉内で作られた放射性セシウム137(半減期30年)のような有害な放射性物質の大量放出などにより甚大な被害が生じた。このような事故を防ぎ，エネルギーや資源を有効かつ安全に利用するためには，エンジニアの高い技術力と倫理観が必要不可欠である。それらを涵養するためには，個々の技術者が，原子核反応と放射線に関して深く学ぶ必要がある。

● この章で学ぶことの概要

　この章では，原子核の構造を知り，放射線を作り出す原子核にかかわる反応，放射線の種類と性質を説明できるようになり，放射線を取り扱う技術を身につける。さらに，放射性元素の半減期の計算ならびに放射性物質の安定性・危険性を学ぶ。さらに，核分裂，核融合，核廃棄物の管理について学ぶ。放射線技術という高度な技術分野は，将来の研究者・技術者にとって，専門分野を超えて身につけておくべき知識である。

予習 授業の前にやっておこう!!

1. 天然の炭素には，質量数 12 の炭素原子と質量数 13 の炭素原子が存在する。それぞれの存在比を 98.90 %，1.10 % とする。質量数 13 の炭素原子の相対質量を 13.003 として，炭素の原子量を求めよ。有効数字を小数点以下 3 桁とする。

2. X 線管では，真空中で電子を加速して銅やタングステンなどの高融点の金属のターゲットに当てて，X 線を発生させる。陽極電圧が 2.00×10^4 V のとき，発生する X 線の波長 λ [m] を求めよ。必要ならば次の数値を用いよ。電気素量（電子の電荷の大きさに等しい）1.602×10^{-19} C，プランク定数 6.626×10^{-34} J·s，真空中の光速 2.998×10^8 m·s^{-1} [*1]。

3. 周期表を用いて，次の単体の元素記号と原子番号を調べよ。
   (1) 鉛　　(2) ウラン　　(3) ヨウ素　　(4) セシウム

4. 周期表を用いて，ウランよりも原子番号が 2 小さい物質の名称，元素記号，原子番号ならびに原子量を調べよ。

15　1　原子核と放射線

15-1-1 原子核の構成

原子核では，プラスの電気を帯びた**陽子**と電気的に中性な**中性子**が**核力**によって結びついている。これら粒子を総称して**核子**という。核力は，陽子どうしの電荷反発以上の強い引力である。陽子は，質量が 1.6726×10^{-27} kg，電荷が $e = 1.6022 \times 10^{-19}$ C（電気素量）を持つ。また，中性子は，質量が 1.6749×10^{-27} kg，電荷が 0 である。元素の**質量数**はその元素の核子の数である。陽子の数が原子番号であり，その元素の種類を決める。

[*1] +α プラスアルファ
ヴィルヘルム・レントゲンが，陰極線の研究中，装置から可視光とは違う何らかのものが出ており，蛍光紙に暗い線が表れたのに気付き，何かを"未知数"を表す「X」の文字を使い仮の名前として X 線と命名した。この名称は現在も広く利用されている。皆さんが新しい発見をした場合，その名称のつけ方も重要である。

[*2] +α プラスアルファ
この例題からも，原子の大きさに比べて，原子核がきわめて小さく，原子の中に原子核に比べて非常に大きな空間があることがわかる。

例題 15-1 ラザフォードの散乱実験から原子核の直径が，10^{-15} m 〜 10^{-14} m とわかった。原子の直径は 10^{-10} m である。原子核の直径を 10^{-15} m とし，原子の直径の原子核の直径に対する比率 r を求めよ。さらに，この比率が一定で原子核の直径が 10 cm ならば，原子の直径 D はいくらか[*2]。

解答 原子核の原子の直径に対する比率 r およびその場合の原子の直径 D は次のようになる。

$$r = \frac{10^{-10}}{10^{-15}} = 10^5, \quad D = 10 \times 10^{-2} \times 10^5 = 10^4 \text{ m}$$

15-1-2 同位体

天然のネオン中に2種類の異なる質量数を持つものが存在することをJ.J. トムソンが発見して以来，さまざまな元素のなかには何種類かの異なる質量数を持つ**同位体**（同位元素）[*3]の混合物であるものがあることが精密な質量分析により確かめられた。同位体は，原子番号も化学的性質もほとんど同じで，質量数の異なる元素である。図15-1に示す酸素のように，元素記号の左に質量数と原子番号を書く。また，水素の同位体($^2_1$H, $^3_1$H)にかぎり，**重水素**をDまたはd（デューテリウム），**三重水素**をT（トリチウム）で表す。同位体には放射性崩壊を起こす**放射性同位体**と放射性でない**安定同位体**の2種類が存在する。

[*3] Let's **TRY!!**
同位体と紛らわしい言葉として同素体がある。同素体とは何かを調べてみよう。
WebにLink

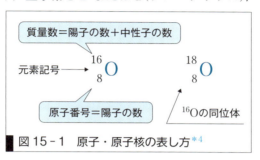

図15-1 原子・原子核の表し方[*4]

[*4] Don't **Forget!!**
原子の質量数は，元素記号の左上に，原子番号は，左下に書く。また，原子番号は，元素記号からわかるので省略する場合もある。

同位体の分離・精製は容易でなく，高度な技術が必要となる。その分離・精製には，遠心分離，レーザー分離，拡散分離，蒸留分離などがある。重水素を濃縮する場合，水の電気分解の速度差が利用されている。質量数が大きく同位体との化学的物性の差が小さい場合は，遠心分離などが利用される。

例題 15-2 ウランは，原子番号92の天然の放射性物質である。現在の地球にウランの約99.274%を占めている質量数238の^{238}Uと，核燃料や核兵器に利用される質量数235の^{235}Uが存在する。^{235}Uを濃縮して，その質量比を10%とした濃縮ウラン1 kg中に含まれる^{235}Uの原子の数はいくらか。ただし，陽子と中性子の質量を1.67×10^{-27} kgとする。

解答 原子量を質量数に等しいと考える。^{235}Uの1原子（核）の質量
$(^{235}$U$) ≒ 1.67 \times 10^{-27} \times 235 = 0.392 \times 10^{-24}$ kg・個$^{-1}$であり，10%濃縮ウラン1 kg中の^{235}Uの質量 $= 1 \times 0.10 = 0.10$ kgなので，^{235}Uの0.10 kg中の原子の数 $= 0.10 \div (0.392 \times 10^{-24})$ $= 2.6 \times 10^{23}$ 個となる。

^{235}Uの濃度が20%を超える場合，高濃縮ウランと呼ぶ。

15-1-3 核反応式

原子核が変わる反応を**核反応**という。ある元素の原子核が他の原子核に変化する場合，それを式で表したものを**核反応式**という。窒素の原子核に中性子を当てると，陽子と^{12}Cの同位体である^{14}Cができる。この反応を核反応式で示すと次のようになる[*5]。

[*5] Don't **Forget!!**
核反応の前後では，質量数の和と原子番号の和がそれぞれ一定。

$$^{14}_{7}\text{N} + ^{1}_{0}\text{n}(\text{中性子}) \longrightarrow ^{14}_{6}\text{C} + ^{1}_{1}\text{H}(\text{陽子}) \qquad 15\text{-}1$$

核反応の前後では，陽子，中性子のそれぞれの数の総和は変化しないので，質量数の和と原子番号の和がそれぞれ一定となる。

核反応式において，陽子は $^{1}_{1}\text{H}$，重陽子は $^{2}_{1}\text{H}$，中性子は $^{1}_{0}\text{n}$，電子は $^{0}_{-1}\text{e}$，陽電子は $^{0}_{+1}\text{e}$ で示す。

> **例題 15-3** ラドン $^{222}_{86}\text{Rn}$ は，原子番号 86 の元素でヘリウム原子を放出して，ポロニウム $^{218}_{84}\text{Po}$ になる。この反応を核反応式で示せ。
>
> **解答** この反応を核反応式で示すと次式となる。
>
> $$^{222}_{86}\text{Rn} \longrightarrow ^{218}_{84}\text{Po} + ^{4}_{2}\text{He}(\alpha\text{ 粒子})$$

15-2 放射線とその性質

15-2-1 放射能と放射線

放射性元素の原子核が核反応を起こし，そこから粒子線や電磁波の形で放出されるエネルギーのことを**放射線**という[*6]。

放射線には，**α線**（アルファ線），**β線**（ベータ線），**γ線**（ガンマ線），**X線**，**中性子線**，**陽子線**，**陽電子線**，**重粒子線**などがある。放射線は，その性質から大まかに電磁放射線と粒子放射線に大別できる。γ線とX線は，電磁放射線であり，電磁波の一種である。粒子放射線には，α線，β線，中性子線，陽子線，陽電子線，重粒子線などがある。また，構成の不安定性を持つ原子核がこれら放射線を出すことによって，他の安定な原子核に変化する現象を，**放射性崩壊**という。これら放射線を出す能力を**放射能**という。

1. α線 図 15-2 に示すように，α粒子は陽子 2 個と中性子 2 個からなるヘリウムの原子核 $^{4}_{2}\text{He}$（$^{4}\alpha$）であり，α粒子の流れがα線である。α線は ＋ の電荷を持ち，電場内で静電気力を受け，負極のほうに曲げられる。また，磁場内ではフレミングの左手の法則により粒子の動く方向が電流の方向と同じで，磁場の向きと垂直で，左向きの力を受ける[*7]。

2. β線 β線（β粒子）は高速の電子の流れで電荷 e^- を持つ。β線は負の電荷を持つため，電場内では静電気力を受けて，正極のほうに曲げられる。また，磁場内ではフレミングの左手の法則により粒子の動く方向が電流の方向と同じで，磁場の向きと垂直で，右向きの力を受け，α線と逆の方向に曲げられる。β線は，原子や分子からイオンや自由電子を生成する電離作用がα線よりも小さく，透過力がα線より大きい[*8]。

[*6] **Let's TRY!!**
ラザフォードは，外部刺激に対する現象の変化から，α線，β線，γ線などを発見した。このような観点から彼が発見した他の現象を調べてみよう。
Webにリンク

[*7] **Don't Forget!!**
α線は，ヘリウムの原子核 $^{4}_{2}\text{He}^{2+}$（$^{4}\alpha$）。

[*8] **Don't Forget!!**
β線は高速の電子の流れ。

3. γ線 γ線は電磁波であり，電荷を持たないので，外部の電場や磁場から力を受けず直進する。γ線は，電離作用がα線やβ線よりも小さく，透過力がα線やβ線よりも大きい[*9]。

*9 **Don't Forget!!**
γ線は電磁波であり，電荷を持たない。
α，β，γ線の放出で，より安定な核種になる。

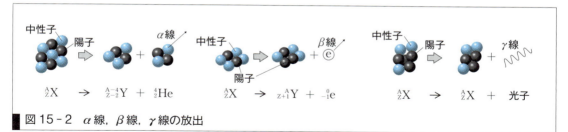

図15-2 α線，β線，γ線の放出

図15-3に示すように，電荷を持つα線とβ線は，その性質から電場や磁場の中で，放射方向が変化する。γ線の方向は，変わらない。

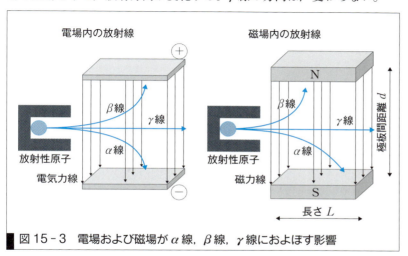

図15-3 電場および磁場がα線，β線，γ線におよぼす影響

例題 15-4 平行電極間にある静止した電子に $V = 100$ V の電位差を加えた場合の電子の速度 v を求めよ。ただし，電子の電荷 $e = 1.602 \times 10^{-19}$ C, 電子の質量を $m = 9.109 \times 10^{-31}$ kg とする[*10]。

解答 電気エネルギーがすべて電子の運動エネルギーに変換されたとすると，電子の速度 v は次式となる。

$$eV = \frac{1}{2}mv^2$$

$$v = \sqrt{\frac{2eV}{m}} = \sqrt{\frac{2 \times 1.602 \times 10^{-19} \times 100}{9.109 \times 10^{-31}}} = 5.93 \times 10^6 \text{ m·s}^{-1}$$

*10 **Don't Forget!!**
電子を1Vで加速したとき得られるエネルギーを 1 eV（エレクトロンボルト，電子ボルト）という。1 eV の 10^6 倍である 1 MeV オーダー（桁）のエネルギーで原子核反応ではエネルギーの授受が行われる。
$1 \text{ eV} = 1.602 \times 10^{-19}$ J となる。

例題 15-5 α線，β線，γ線を放出する放射性原子を図15-3のように平行電極 P, Q（間隔距離 $d = 0.010$ m, 長さ $L = 0.20$ m）の手前に設置し，電極の出口に x 軸に垂直にスクリーンを設置する。放

射線を x 軸に沿って入射する。電極 P, Q 間に一様な電場を生じる電圧 $V = 10000$ V をかける。α 粒子, β 粒子それぞれの電荷を $2e$, $-e$（$e = 1.602 \times 10^{-19}$C）とする。個々の放射線のエネルギーを $W = 6.30$ MeV（$= 1.01 \times 10^{-12}$J）として, 平面スクリーンに α 線, β 線, γ 線のそれぞれが当たる点の y 座標を求めよ。ただし, それぞれの座標は次式で与えられる[*11]。

$$y_\alpha = \frac{1}{2} \frac{eV}{dW} L^2, \quad y_\beta = -\frac{1}{4} \frac{eV}{dW} L^2, \quad y_\gamma = 0$$

解答 α 粒子, β 粒子の電荷ならびに装置の距離や電圧を上式に代入すると次のようになる。

$$y_\alpha = \frac{1}{2} \frac{1.602 \times 10^{-19} \times 10^4}{0.010 \times 1.01 \times 10^{-12}} \times 0.20^2 = 3.2 \times 10^{-3} \text{ m}$$

$$y_\beta = -\frac{1}{4} \frac{1.602 \times 10^{-19} \times 10^4}{0.010 \times 1.01 \times 10^{-12}} \times 0.20^2 = -1.6 \times 10^{-3} \text{ m}$$

$$y_\gamma = 0 \text{ m}$$

[*11] **Let's TRY!!** 例題 15-5 に示す電圧により α 線, β 線, γ 線が受ける影響を表す式を各粒子の質量と電荷に対する外部刺激の作用という観点で求めてみよう。WebにLink

15-2-2 放射性崩壊と崩壊系列

放射性崩壊には, 放射線である α 線の放出にともなう崩壊である **α 崩壊** と β 線の放出にともなう **β 崩壊** がある。γ 線だけを出す場合, 原子核そのものは同じで, 核内エネルギーを電磁波で放出しているだけで, 核の崩壊ではない。多くの放射性元素は安定な同位体にたどり着くまで一連の崩壊を次々に起こす。このような放射性崩壊の連鎖を**崩壊系列**または**放射性系列**と呼ぶ。崩壊を起こす**親核種**は放射性崩壊を経て, **娘核種**へ変化する。質量数は, α 崩壊で 4 減少し, β 崩壊では変化しない。そのため, 質量数を $4n$, $4n+1$, $4n+2$, $4n+3$ で表す 4 つの系列がある。n は 0 または自然数である。$4n$, $4n+1$, $4n+2$, $4n+3$ のそれぞれの系列を, トリウム系列, ネプツニウム系列, ウラン-ラジウム系列, アクチニウム系列と呼ぶ。最終的に安定化する終局元素は, ネプツニウム系列はビスマスであるが, 他は質量数 206, 207, 208 の鉛 (Pb) である[*12]。

[*12] **Let's TRY!!** トリウム系列にはどのような元素があるかを調べてみよう。WebにLink

例題 15-6 原子番号 92 のウラン 238 が α 崩壊して, 原子番号 90 のトリウム Th になる核反応式を完成せよ。

解答 $^{238}_{92}\text{U} \longrightarrow \ ^{234}_{90}\text{Th} + \ ^{4}_{2}\text{He}$

15-2-3 半減期

放射線を取り扱う場合, 放射性元素の自然崩壊の速さについて知ることは重要である。ある放射性同位体の原子は, 時間経過にともない確

率的に放射性崩壊して他の元素に変化する。崩壊前の放射性元素の原子数を N 個として，その半分 $\frac{N}{2}$ 個が放射性崩壊する時間をその放射性同位体の**半減期**と呼び，変数 $t_{1/2}$ [s] で表す（10 章の 10-2-4 項参照）。

放射性元素の原子数 N 個のうち微少量 dN 個が dt 時間に崩壊する，崩壊の速さは $-\dfrac{dN}{dt}$ で示される。原子核の崩壊は個々の原子核においてひとりでに任意に起こるので，単位時間に壊れる原子の数（崩壊の速さ）は，そのときに存在する放射性の原子の数に比例する（1 次反応）。

$$-\frac{dN}{dt} = \lambda N \qquad 15-2$$

ここで，λ は比例定数で，**崩壊定数**と呼ばれる。$t = 0$ のときに，N_0 個（初期値）とすると，上式を積分して次式を得る[*13,14]。

$$N = N_0 \exp(-\lambda t) \qquad 15-3$$

半減期 $t_{1/2}$ の放射性元素の原子の現在の数を N_0 個，半減期 $t_{1/2}$ の n 倍の時間 t 後の放射性原子の数を N 個とすると次式が得られる[*15]。

$$N = N_0 \times \left(\frac{1}{2}\right)^n \qquad 15-4$$

ただし，$n = \dfrac{t}{t_{1/2}}$ である。また，崩壊定数 λ は半減期 $t_{1/2}$ により次式で表される[*16]。放射性元素の原子の経時変化を図 15-4 に示す。

$$\lambda = \frac{1}{t_{1/2}} \ln 2 \qquad 15-5$$

大気中の $^{14}_{6}\text{C}$ の $^{12}_{6}\text{C}$ に対する割合はほとんど変化しないと考え，放射性崩壊の性質を利用して，遺跡の出土物や地層中に含まれる物質のできた年代を推定できる。その場合，$^{14}_{6}\text{C}$ を用いることが多い[*17]。

[*13] Let's TRY!!
式 15-3 を導出してみよう。
WebにLink

[*14] Don't Forget!!
$\ln N - \ln N_0 = \ln\left(\dfrac{N}{N_0}\right)$

[*15] Let's TRY!!
式 15-4 を導出してみよう。
$N = N_0 \times \left(\dfrac{1}{2}\right)^n$
WebにLink

[*16] Let's TRY!!
式 15-5 を導出してみよう。
WebにLink

[*17] Let's TRY!!
炭素の放射性崩壊を利用した年代測定において，大気中の $^{14}_{6}\text{C}$ の $^{12}_{6}\text{C}$ に対する割合がほとんど変化しないと考えられるのはなぜか。$^{14}_{6}\text{C}$ が，地球に降り注ぐ宇宙線に含まれる中性子と大気中の窒素原子核の衝突によって生じる量と，崩壊によって減少する量のつり合いから考えてみよう。
WebにLink

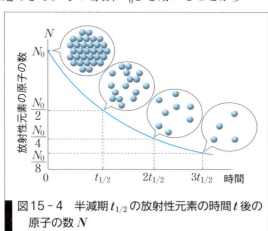

図 15-4 半減期 $t_{1/2}$ の放射性元素の時間 t 後の原子の数 N

例題 15-7 1 kg のラジウムは，400 年後におよそ何 kg 残っているか。また生成するラドンは何 kg か。ただし，ラジウムの半減期は 1600 年とする。さらに，**崩壊定数 λ [s^{-1}]** も求めよ。

解答 $\dfrac{t}{t_{1/2}} = \dfrac{400}{1600} = \dfrac{1}{4}$

$$N = N_0 \times \left(\dfrac{1}{2}\right)^n = 1 \times \left(\dfrac{1}{2}\right)^{\frac{1}{4}} = 0.841$$

約 0.84 kg が残り，崩壊するのは，0.16 kg である。

ラジウム $^{226}_{88}\mathrm{Ra}$ は α 崩壊してラドン $^{222}_{86}\mathrm{Rn}$ になるので，生成したラドンの質量は，$\dfrac{0.16 \times 222}{226} = 0.157 \fallingdotseq$ 約 0.16 kg

$$\lambda = \dfrac{1}{t_{1/2}} \ln 2 = \dfrac{0.693}{1600 \times 365.2422 \times 24 \times 60 \times 60} = 1.37 \times 10^{-11} \text{ s}^{-1}$$

例題 15-8 ある遺跡から発見された木材中の $^{14}_{6}\mathrm{C}$ について，次の問いに答えよ。ただし，$^{14}_{6}\mathrm{C}$ の半減期を 5730 年とする。

(1) 木材中の $^{14}_{6}\mathrm{C}$ は，5730 年後，11460 年後には，それぞれ最初の何 % となっているか。

(2) この木材の $^{14}_{6}\mathrm{C}$ の $^{12}_{6}\mathrm{C}$ に対する割合は，現在の木材の 16 分の 1 であった。この遺跡はおよそ何年前のものと考えられるか。

解答 (1) 木材中の $^{14}_{6}\mathrm{C}$ は，5730 年後と 11460 年後には，それぞれ最初の 50 % および 25 % となる。

(2) $\dfrac{N}{N_0} = \left(\dfrac{1}{2}\right)^{\frac{t}{5730}} = \dfrac{1}{16} = \left(\dfrac{1}{2}\right)^4$

$t = 5730 \times 4 = 22900$ 年

よって，約 23000 年前と考えられる。

15-2-4 放射能と放射線の測定単位

放射性元素はきわめて微量であり通常の化学的手法で分析することが難しい場合が多い。そのため，放射線や半減期を測定することによって，その量を分析している。放射能の強さを表す単位としては，**ベクレル**［Bq］と**キュリー**［Ci］がある[*18]。1 Bq は，1 秒間に 1 原子が 1 回崩壊する放射能の強さを表す。1 Ci は，ラジウム 1 g の放射能を表し，1 Ci = 3.7×10^{10} Bq である。

放射線照射により単位質量当たりの物質が吸収するエネルギー量を**吸収線量**という。物質 1 kg につき 1 J のエネルギーを吸収する吸収線量を 1 **グレイ**［Gy］という。同じ吸収線量でも放射線の種類などにより影響が異なる。放射線の影響を表すため，吸収線量に放射線の種類や放射線のエネルギーの係数を重みとして掛けた**等価線量**が用いられる。等価線量の単位として**シーベルト**［Sv］を用いる[*19]。

[*18] **Don't Forget!!**
これらの Bq と Ci は，単位時間当たり壊変する原子数で定義され，放射線を出す側に注目した単位である。

[*19] **Don't Forget!!**
シーベルト［Sv］は人体への影響を表す単位で，放射線を受けたほうに注目した単位である。

例題 15-9 崩壊定数 λ を持つ放射性同位体の原子が N 個ある場合，放射能 A [Bq] は λN であるとする。ラジウム $^{226}_{88}\text{Ra}$ の崩壊定数 λ を $1.37 \times 10^{-11}\,\text{s}^{-1}$ として，1 g のラジウムに含まれる原子の数 N を求め，その放射能 A [Bq] を求めよ[20]。

解答 原子量 226 のラジウム $^{226}_{88}\text{Ra}$ の原子の数 N は，アボガドロ数を N_A として，1 g の質量から次のように求まる。

$$N = N_A \times \frac{1}{226} = 2.66 \times 10^{21}\text{ 個}$$

ラジウム 1 g の放射能は，次のようになる。

$$A = \lambda N = 1.37 \times 10^{-11} \times 2.66 \times 10^{21} = 3.64 \times 10^{10}\text{ Bq}$$

[20] **Don't Forget!!**
$A = \lambda N$

15-2-5 放射能と放射線の検出器

放射能と放射線の検出器には種々のものが開発されているが，目的と測定する線種に応じて適切な検出器や器具を選ばなければならない。

① 空間線量を測定する場合：放射線は物質を電離する性質があり，電離放射線を受けたシンチレータから出た蛍光を光電子増倍管で測定するシンチレーション検出器を用いる。

② 表面汚染を検出する場合：ガイガー－ミュラー計数管（GM 計数管）を用いる。この計数管は，不活性ガスを封入した筒の中心部に電極を取りつけ陰陽両極に高電圧をかける。筒中を放射線が通過するたびに，不活性ガスが電離し陰極と陽極の間にパルス電流が流れる。この通電回数を積算して線量を求める。

③ 放射線を精密に測定する場合：半導体検出器を用いる。放射線が半導体検出器を通過するとき，放射線により電離した電子が電子－正孔対を作り出し，これを電場によって電極に集め，信号を出力する増幅器にて増幅し測定する[21]。

④ 個人の被曝線量を計測する場合：フィルムバッジを用いる。

[21] **Let's TRY!!**
半導体検出器が精密測定に適している理由を，信号を作り出すのに必要なエネルギー量の観点から説明せよ。また，シンチレーション検出器やガイガー－ミュラー計数管がどのようなものか調べてみよう。

15-3 放射性物質と放射線の利用

15-3-1 放射性物質の管理

放射性同位元素や放射線を作り出す装置は，公共の安全を確保するために，「放射性同位元素等による放射線障害の防止に関する法律」によって規制されている。この法律では，それらを使用する組織は，事業所ごとに放射線取扱主任者を 1 名以上選任して，原子力規制委員会に届け出なければならない。放射線取扱主任者免状は，原子力規制委員会が与える国家資格の免状である[22]。

[22] **Let's TRY!!**
放射線取扱主任者免状の取得方法をどのような機関が管理しているかという観点から調べてみよう。

15-3-2 放射線の利用

1. 工業分野での利用

① ラジオグラフィー：内部のヒビや破損を製品や素材を解体・分解せずに調べる方法を非破壊検査という。強い物質透過力を有している γ 線などの放射線を製品や素材に照射して写真フィルムや検出器で検出することで内部構造や破損箇所を知ることができる。放射線を用いたこのような検出方法をラジオグラフィーと呼ぶ。

② 分子鎖の間で結合・切断：プラスチックやゴムなど高分子有機材料に γ 線や電子線を照射すると，高分子構造によって分子鎖の間の結合や切断反応が起こり，材料に特殊な性質を付与できる。

2. 医療分野・農業分野での利用

① 検査：X線撮影や**コンピュータ断層撮影**（CT）などのX線を利用したものが病院などに普及している[*23]。陽電子検出を利用した**コンピュータ断層撮影技術ポジトロン断層法**（PET）も生体の機能を観察することができる。腫瘍組織での糖代謝レベルの上昇を検出しがんの診断に利用されるようになった。CTでは外部からX線を照射して全体像を観察しているのに対して，PETなどの核医学検査では生体内部の放射性トレーサーを観察しているという違いがある。

② 放射線療法（治療）：放射線を集中的に照射すると，がん細胞などを殺すことができる。脳腫瘍，皮膚がんなどの悪性腫瘍を治療するために，患部に放射線を照射し，がん細胞のDNAやRNAを破壊して細胞分裂を抑止し，アポトーシスをより強力に促進し，がん細胞を減らす治療が行われている。**重粒子線**（炭素イオン線），**陽子線**（水素イオン線）など，陽子を加速したものを利用する最新の治療法なども開発されている[*24,25]。

③ 農業分野の品種改良：生物の遺伝子に放射線を照射すると，突然変異を起こし，その形態や性質が変わる場合があり，放射線育種の品種改良である。γ 線を利用した放射線照射による品種改良は，農林水産省の放射線育種場のガンマーフィールドで行われている。

15-3-3 放射線障害とその防護

人体が放射線にさらされる**放射線被曝**には，放射線を外部から受ける外部被曝と，体内に取り込まれた放射性物質から受ける内部被曝がある。被曝線量が増加すると放射線誘発がんの発生率が増加するとの報告もあり，公共の安全のために，「放射性同位元素等による放射線障害の防止に関する法律」の遵守が放射線防護の観点から重要である[*26,27]。

[*23] **Let's TRY!!**
CT（コンピュータ・トモグラフィー）の利用分野を，医療分野と工業分野という観点で，調べてみよう。
WebにLink

[*24] **Let's TRY!!**
放射線照射で，がん細胞が死ぬメカニズムを，放射線によって発生する熱とがん細胞のDNA・アポトーシスの観点から調べてみよう。
WebにLink

[*25] **Don't Forget!!**
放射線によりDNAなどが損傷し，細胞ががん化する場合，分化，分裂の盛んな部位では放射線に対する感受性が他の部位と異なる。

[*26] **Don't Forget!!**
公共の安全ならびに個人の健康のために，「放射性同位元素等による放射線障害の防止に関する法律」の遵守が重要である。

[*27] **Let's TRY!!**
内部被曝の可能性の高い放射性物質について，体内吸収率に注目して調べてみよう。
WebにLink

15　4　核反応と核エネルギー

15-4-1　核反応

α線などの発見により核反応の研究が盛んになり，1914年にはα線を窒素に照射し原子核を変換する反応が発見された。

$$^{14}_{7}\text{N} + {}^{4}_{2}\text{He} \longrightarrow {}^{17}_{8}\text{O} + {}^{1}_{1}\text{H} \qquad 15-6$$

1932年のチャドウィックによる中性子の発見から核反応の研究がさらに盛んになる。ホウ素，ベリリウム，リチウムにα線を当てて中性子を発生させ核変換を行う核反応は有名である。また，＋の電荷を持つヘリウム原子核であるα線粒子に比べて，電荷を持たず電気的な斥力を受けない中性子は，ウランなどの重い元素の原子核に作用して核分裂を起こさせることができる[*28]。

例題 15-10　リチウム，ベリリウム，ホウ素のそれぞれにα線を当てた場合の核反応式を示せ。

解答　それぞれの核反応は，次式のようになる。

$$^{7}_{3}\text{Li} + {}^{4}_{2}\text{He} \longrightarrow {}^{10}_{5}\text{B} + {}^{1}_{0}\text{n}$$

$$^{9}_{4}\text{Be} + {}^{4}_{2}\text{He} \longrightarrow {}^{12}_{6}\text{C} + {}^{1}_{0}\text{n}$$

$$^{11}_{5}\text{B} + {}^{4}_{2}\text{He} \longrightarrow {}^{14}_{7}\text{N} + {}^{1}_{0}\text{n}$$

[*28] **Let's TRY!!**
中性子の発見から核変換が容易になった理由を次の観点から説明してみよう。陽子を含む原子核に衝突させる場合，＋荷電を持ったα粒子と荷電を持たない中性子の電荷による反発力の差に注目する。
WebにLink

15-4-2　核エネルギー

アインシュタインの**特殊相対性理論**によると，次式のように質量とエネルギーは等価であり，相互に変換できる[*29]。

$$E = mc^2 \qquad 15-7$$

ここで，E，m，cは，それぞれエネルギー，質量，真空中の光速度 ($c \fallingdotseq 2.998 \times 10^8 \text{ m·s}^{-1}$) である。実際に存在する原子核の質量は，核内にある陽子，中性子のそれぞれの核子の和より小さく，質量の減少量である**質量欠損** Δm がある。この質量欠損から作られるエネルギー Δmc^2 が原子核の結合エネルギーで，核子1個当たりの結合エネルギーが大きいほど核子の結びつきが強い。

[*29] **Don't Forget!!**
質量とエネルギーの等価性
$E = mc^2$

15-4-3　核分裂

^{235}U は中性子を1つ吸収すると，大変不安定になり，2つの原子核といくつかの高速中性子に**核分裂**する。**核分裂反応**の一例を次に示す[*30]。

$$^{235}_{92}\text{U} + {}^{1}_{0}\text{n} \longrightarrow {}^{95}_{39}\text{Y} + {}^{139}_{53}\text{I} + 2\,{}^{1}_{0}\text{n} \qquad 15-8$$

この反応では ^{235}U と中性子1個から，Y（イットリウム 95），I（ヨウ素 139）と2つの中性子が生成する。この過程の質量差がエネルギーに換

[*30] **Don't Forget!!**
ウランの核分裂反応式は，現在利用されている原子炉の運転原理・核廃棄物処理を考えるうえで重要である。

算される。$^{235}_{92}$U の核分裂反応で放出されるエネルギーは $^{235}_{92}$U 原子 1 個当たり約 200 MeV $= 3.2 \times 10^{-11}$ J となる。

　原子力発電では，核分裂時に発生する熱エネルギーで高温・高圧の水蒸気を作る。この蒸気の圧力で，蒸気タービンとそれに接続された発電機の主軸を回転させて発電する。原子炉内では，核分裂反応にともなう中性子を吸収する**制御棒**などによって反応速度を制御する。制御棒には，中性子を吸収しても放射性物質にならない炭化ホウ素，インジウム，カドミウム合金などが用いられる[*31]。

*31
Let's TRY!
制御棒を用いて原子炉を起動・停止させる方法を，中性子数の増減に注目して調べてみよう。
WebにLink

例題 15-11 $^{235}_{92}$U が中性子を 1 つ吸収して 2 つの原子核と 2 つの高速中性子に分裂する式 15-8 と異なる他の反応を考えよ。

解答 モリブデン Mo とランタン La を生じる核反応は次式となる。

$$^{235}_{92}\text{U} + ^{1}_{0}\text{n} \longrightarrow ^{95}_{42}\text{Mo} + ^{139}_{57}\text{La} + 2\,^{1}_{0}\text{n} + 7\,^{0}_{-1}\text{e}$$

15-4-4 核融合

　核分裂反応とは異なり，核種どうしが融合してより重い核種になる反応が**核融合**である。核融合では，原子核どうしが引き合う力である核力が反発するクーロン力を超えて 2 つの原子が融合する。太陽などの恒星で起こっている反応であるが，反応に必要な温度・圧力があまりにも高いため，核融合炉に関してはまだ実用化されていない。

例題 15-12 重水素原子 $^{2}_{1}$H 3 個からヘリウム原子 $^{4}_{2}$He 1 個を生成する核融合の核反応式を示せ。

解答 核反応は次式のようになる。

$$^{2}_{1}\text{H} + ^{2}_{1}\text{H} \longrightarrow ^{3}_{1}\text{H} + ^{1}_{1}\text{H}$$
$$^{2}_{1}\text{H} + ^{3}_{1}\text{H} \longrightarrow ^{4}_{2}\text{He} + ^{1}_{0}\text{n}$$

15-4-5 放射性廃棄物

　放射性物質を含む廃棄物は，**放射性廃棄物**と呼ばれ，その取り扱いは原子力基本法で規定される。通常の廃棄物は，環境基本法などで規定されるが，放射性物質は，廃棄物処理法に該当する産業廃棄物ではない。放射性廃棄物は，そこに含まれる放射性元素の半減期，放出される放射線量を考慮して処分しなければならない。放射性廃棄物の最終処分事業は原子力発電環境整備機構が担当している。

WebにLink
演習問題の解答

演習問題　A　基本の確認をしましょう

15-A1　次の核反応式を完成させよ。

(1) ラジウム $^{226}_{88}$Ra が α 崩壊してラドン $^{222}_{86}$Rn になる。

(2) 4個の水素原子 ^1_1H が反応して，ヘリウム ^4_2He と2個の陽電子 $^0_{+1}\text{e}$ を生じる。

15-A2 ラジウム $^{226}_{88}\text{Ra}$ はUがα崩壊をx回，β崩壊をy回起こして生成したものである。その出発物質は $^{238}_{92}\text{U}$ と $^{235}_{92}\text{U}$ のどちらか答えよ。また，x, yはそれぞれ何回か答えよ。

15-A3 ストロンチウム90 $^{90}_{38}\text{Sr}$ の崩壊定数λは，0.0239 year^{-1}である。半減期を求めよ。

15-A4 1.00 g のストロンチウム90 $^{90}_{38}\text{Sr}$ に含まれる原子の数 N を求め，その放射能 A [Bq] を求めよ。

15-A5 1.00 g のストロンチウム90 $^{90}_{38}\text{Sr}$ は，7年3か月後何g残っているか。また，その放射能 A [Bq] を求めよ。

15-A6 質量 1.00 g をエネルギーに換算すると何 MeV となるか求めよ。ただし，$1 \text{ eV} \fallingdotseq 1.602176 \times 10^{-19} \text{ J}$ とする。

15-A7 $^{235}_{92}\text{U}$ と中性子1個から，Mo（モリブデン95），La（ランタン139）と2つの中性子が生成する核分裂で得られるエネルギーを求めよ。$^{235}_{92}\text{U}$, $^{95}_{39}\text{Mo}$, $^{139}_{53}\text{La}$, ^1_0n（中性子）の質量は原子質量単位*32で 235.124 u，94.945 u，138.955 u，1.009 u である。

*32 ヒント

u は，原子質量単位といい，1 u は ^{12}C の質量の $\frac{1}{12}$ と定義される。
$1 \text{ u} = 1.66053886 \times 10^{-27}$ kg である（巻末の付表4参照）。

演習問題 B　もっと使えるようになりましょう

15-B1 ある遺跡から発見された木材中の $^{14}_6\text{C}$ の $^{12}_6\text{C}$ に対する割合が，現在の木材中の割合の x %$\left(\dfrac{x}{100} = \dfrac{N}{N_0}\right)$ であるとき，この遺跡のできた時期は，t年前である。$^{14}_6\text{C}$ の半減期を $t_{1/2}$ として，tをxと$t_{1/2}$で表す式を求めよ。さらに，異なる木材 A，B があり，それぞれの $^{14}_6\text{C}$ の $^{12}_6\text{C}$ に対する割合が，現在の木材中の割合の 6.25 % と 12.5 % であった。それぞれの木材はおよそ何年前のものと考えられるか。

15-B2 $^{238}_{92}\text{U}$ と $^{235}_{92}\text{U}$ の半減期をそれぞれ 45.0 億年，7.10 億年とする。$^{238}_{92}\text{U}$ に対して $^{235}_{92}\text{U}$ が現在存在している比率が 0.70 % であれば，45億年前の比率を求めよ。

15-B3 ウラン235を燃料として使用する原子炉において，毎秒 1.00×10^{-3} g のウラン235が核分裂で消費されている。この原子力発電所で得られる電力は何 kW か求めよ。ただし，ウラン235の原

子核 1 個の分裂で 2.00×10^8 eV のエネルギーが得られ，発電効率 η を 30.0 ％ とする。

15-B4 水素の原子核（陽子）$^1_1\mathrm{H}^+$（$= \mathrm{p}$）4 個が核融合し，$^4_2\mathrm{He}$ になるときに放出されるエネルギーを求めよ。陽子の質量は近似的に $m_\mathrm{p} = 1.007825$ u，生成するヘリウム $^4_2\mathrm{He}$ の質量 $M_\mathrm{He} = 4.00260$ u，$c = 3 \times 10^8$ m·s^{-1}，$1\,\mathrm{u} = \dfrac{1}{\dfrac{1000}{6.02 \times 10^{23}}}$ kg，$1\,\mathrm{MeV} = 1.602 \times 10^{-13}$ J，$1\,\mathrm{u} = 1.6605655 \times 10^{-27}$ kg，$1\,\mathrm{u} \times c^2 = 931.5045$ MeV $= 1.49 \times 10^{-10}$ J とする。

15-B5 太陽の放射エネルギーの観測値から，太陽の寿命の長さを推定せよ。ただし，計算には次の条件を利用するとよい。太陽は約 45 億年前に誕生した。太陽と地球の距離 r は 1.50×10^{11} m，1 秒間に 1.00 m^2 の面積で地球に到達する太陽の放射エネルギーは 1.36×10^3 J·m^{-2}·s^{-1}。また，太陽の質量 M を 1.99×10^{30} kg として，その質量の 10 分の 1 が中心部に存在している水素とする。陽子の質量は近似的に $m_\mathrm{p} = 1.007825$ u，生成するヘリウム $^4_2\mathrm{He}$ の質量 $M_\mathrm{He} = 4.00260$ u，$1\,\mathrm{u} = 1.66053886 \times 10^{-27}$ kg，$1\,\mathrm{u} \times c^2 = 931.5045$ MeV $= 1.49 \times 10^{-10}$ J とする。c は光速度である。

あなたがここで学んだこと

この章であなたが到達したのは
- □ 放射線の種類と性質を説明できる
- □ 放射性元素の半減期と安定性を説明できる
- □ 年代測定の例として，^{13}C による時代考証ができる
- □ 核分裂と核融合のエネルギー利用を説明できる
- □ 放射線の利用方法について説明できる

本章では核反応により発生する放射線ならびにその発生メカニズム，性質について学びながら，放射線の利用方法について考えてきた。高度な専門的知識を必要とする放射線技術は，新規物質の開発，宇宙の探索，工業での非破壊検査，過去の遺品などの年代測定，空港などのセキュリティ検査およびテロ防止，医療の検査，治療などにも利用されている。さらに，放射線を作り出す原子核にかかわる反応は，きわめて大きなエネルギーを供給でき，原子力発電や自然エネルギーの源でもある太陽においても起こっている。皆さんには，近い将来，この高度な放射線技術を駆使して，世界の研究をリードする存在になってほしい。

付録

付表 1　SI 基本物理量と SI 基本単位

付表 2　固有の名称を持つ SI 組立単位

付表 3　SI 接頭語

付表 4　基本物理定数

付表 5　ギリシャ文字

付表 6　圧力の単位の換算表

付表 7　エネルギーの単位の換算表

付表 8　標準生成エンタルピー ΔH_f°，標準生成ギブスエネルギー ΔG_f°，標準エントロピー S° (101.325 kPa，298.15 K)，定圧モル熱容量 $C_{p,m}$ [J·mol^{-1}·K^{-1}] $= a + bT + cT^2$（理想気体状態）

付表 9　水溶液中における標準電極電位 ϕ° [V] (25 ℃)

付表 1 　SI 基本物理量と SI 基本単位

基本物理量	量の記号	SI 単位の名称	SI 単位の記号
長さ (length)	l	メートル (metre)	m
質量 (mass)	m	キログラム (kilogram)	kg
時間 (time)	t	秒 (second)	s
電流 (electric current)	I	アンペア (ampere)	A
熱力学温度 (thermodynamic temperature)	T	ケルビン (kelvin)	K
物質量 (amount of substance)	n	モル (mole)	mol
光度 (luminous intensity)	I_v	カンデラ (candela)	cd

化学便覧基礎編改訂 5 版，丸善 (2004) より

付表 2 　固有の名称を持つ SI 組立単位

物理量	名称	記号	単位
周波数，振動数 (frequency)	ヘルツ (hertz)	Hz	s^{-1}
力 (force)	ニュートン (newton)	N	$m \cdot kg \cdot s^{-2}$
圧力 (pressure)，応力 (stress)	パスカル (pascal)	Pa	$m^{-1} \cdot kg \cdot s^{-2} = N \cdot m^{-2}$
エネルギー (energy)，仕事 (work)，熱 (heat)	ジュール (joule)	J	$m^2 \cdot kg \cdot s^{-2} = N \cdot m$
工率（仕事率）(power)	ワット (watt)	W	$m^2 \cdot kg \cdot s^{-3} = J \cdot s^{-1}$
電荷 (electric charge)	クーロン (coulomb)	C	$A \cdot s$
電位 (electric potential)，電圧 (voltage)	ボルト (volt)	V	$m^2 \cdot kg \cdot s^{-3} \cdot A^{-1} = J \cdot C^{-1}$
電気抵抗 (electric resistance)	オーム (ohm)	Ω	$m^2 \cdot kg \cdot s^{-3} \cdot A^{-2} = V \cdot A^{-1}$
コンダクタンス (electric conductance)	ジーメンス (siemens)	S	$m^{-2} \cdot kg^{-1} \cdot s^3 \cdot A^2 = \Omega^{-1}$
キャパシタンス，静電容量 (electric capacitance)	ファラド (farad)	F	$m^{-2} \cdot kg^{-1} \cdot s^4 \cdot A^2 = C \cdot V^{-1}$
磁束密度 (magnetic flux density)	テスラ (tesra)	T	$kg \cdot s^{-2} \cdot A^{-1} = V \cdot s \cdot m^{-2}$
磁束 (magnetic flux)	ウェーバ (webar)	Wb	$m^2 \cdot kg \cdot s^{-2} \cdot A^{-1} = V \cdot s$
インダクタンス (inductance)	ヘンリー (henry)	H	$m^2 \cdot kg \cdot s^{-2} \cdot A^{-2} = V \cdot A^{-1} \cdot s$
セルシウス温度 (Celsius temperature)	セルシウス度 (degree Celsius)	℃	$K, \theta[℃] = T[K] - 273.15$
光束 (luminous flux)	ルーメン (lumen)	lm	$cd \cdot sr$
照度 (illuminance)	ルクス (lux)	lx	$cd \cdot sr \cdot m^{-2}$
放射能 (radioactivity)	ベクレル (becquerel)	Bq	s^{-1}
吸収線量 (absorbed dose)	グレイ (gray)	Gy	$m^2 \cdot s^{-2} = J \cdot kg^{-1}$
線量当量 (dose equivalent)	シーベルト (sievert)	Sv	$m^2 \cdot s^{-2} = J \cdot kg^{-1}$
触媒活性 (catalytic activity)	カタール (katal)	kat	$mol \cdot s^{-1}$
平面角 (plane angle)	ラジアン (radian)	rad	$m \cdot m^{-1}$
立体角 (solid angle)	ステラジアン (steradian)	sr	$m \cdot m^{-1}$

化学便覧基礎編改訂 5 版，丸善 (2004) より

付表 3 SI 接頭語

10^{24}	Y	ヨタ (yotta)	10^{-1}	d	デシ (deci)
10^{21}	Z	ゼタ (zetta)	10^{-2}	c	センチ (centi)
10^{18}	E	エクサ (exa)	10^{-3}	m	ミリ (milli)
10^{15}	P	ペタ (peta)	10^{-6}	μ	マイクロ (micro)
10^{12}	T	テラ (tera)	10^{-9}	n	ナノ (nano)
10^{9}	G	ギガ (giga)	10^{-12}	p	ピコ (pico)
10^{6}	M	メガ (mega)	10^{-15}	f	フェムト (femto)
10^{3}	k	キロ (kilo)	10^{-18}	a	アト (atto)
10^{2}	h	ヘクト (hecto)	10^{-21}	z	ゼプト (zepto)
10	d	デカ (deca)	10^{-24}	y	ヨクト (yocto)

化学便覧基礎編改訂 5 版，丸善 (2004) より

付表 4 基本物理定数

ボーア半径 (Bohr radius)	$a_0 = \dfrac{4\pi\varepsilon_0 h^2}{m_e(2\pi e)^2}$	$5.291\,772\,108\,(18) \times 10^{-11}$ m
真空中の光速 (speed of light in vacuum)	$c,\ c_0$	$299\,792\,458$ m·s^{-1}
電気素量 (elementary charge)	e	$1.602\,176\,53\,(14) \times 10^{-19}$ C
ファラデー定数 (Farady constant)	$F = N_A e$	$9.648\,533\,83\,(83) \times 10^{4}$ C·mol^{-1}
重力の標準加速度 (standard acceleration of gravity)	g_n	$9.806\,65$ m·s^{-2}
プランク定数 (Planck constant)	h	$6.626\,069\,3\,(11) \times 10^{-34}$ J·s
ボルツマン定数 (Boltzmann constant)	k_B	$1.380\,650\,5\,(24) \times 10^{-23}$ J·K^{-1}
電子の静止質量 (electron rest mass)	m_e	$9.109\,382\,6\,(16) \times 10^{-31}$ kg
中性子の静止質量 (neutron rest mass)	m_n	$1.674\,927\,28\,(29) \times 10^{-27}$ kg
プロトンの静止質量 (proton rest mass)	m_p	$1.672\,621\,71\,(29) \times 10^{-27}$ kg
アボガドロ定数 (Avogadro constant)	$N_A,\ L$	$6.022\,141\,5\,(10) \times 10^{23}$ mol^{-1}
気体定数 (gas constant)	$R = N_A k_B$	$8.314\,472\,(15)$ J·K^{-1}·mol^{-1}
リュードベリ定数 (Rydberg constant)	R_∞	$1.097\,373\,156\,852\,5\,(73) \times 10^{7}$ m^{-1}
原子質量定数 (atomic mass constant)	$m_u = 1$ u	$1.660\,538\,86\,(28) \times 10^{-27}$ kg
真空の誘電率 (permittivity of vacuum)	$\varepsilon_0 = \dfrac{1}{\mu_0 c^2}$	$8.854\,187\,817 \times 10^{-12}$ F·m^{-1}
真空の透磁率 (permeability of vacuum)	μ_0	$4\pi \times 10^{-7}$ H·m^{-1}
ボーア磁子 (Bohr magneton)	μ_B	$9.274\,009\,49\,(80) \times 10^{-24}$ J·T^{-1}
核磁子 (nuclear magneton)	μ_N	$5.050\,783\,43\,(43) \times 10^{-27}$ J·T^{-1}

化学便覧基礎編改訂 5 版，丸善 (2004) より

付表 5　ギリシャ文字

A	α	アルファ (alpha)	I	ι	イオタ (iota)	P	ρ	ロー (rho)
B	β	ベータ (beta)	K	κ	カッパ (kappa)	Σ	σ	シグマ (sigma)
Γ	γ	ガンマ (gamma)	Λ	λ	ラムダ (lambda)	T	τ	タウ (tau)
Δ	δ	デルタ (delta)	M	μ	ミュー (mu)	Y	υ	ウプシロン (upsilon)
E	ε	イプシロン (epsilon)	N	ν	ニュー (nu)	Φ	ϕ	ファイ (phi)
Z	ζ	ゼータ (zeta)	Ξ	ξ	グザイ (xi)	X	χ	カイ (chi)
H	η	イータ (eta)	O	o	オミクロン (omicron)	Ψ	ψ	プサイ (psi)
Θ	θ	シータ (theta)	Π	π	パイ (pi)	Ω	ω	オメガ (omega)

化学便覧基礎編改訂 5 版，丸善 (2004) より

付表 6　圧力の単位の換算表

	Pa	bar	atm	Torr
Pa	1	10^{-5}	9.86923×10^{-6}	7.50062×10^{-3}
bar	10^5	1	0.986923	7.50062×10^2
atm	1.01325×10^5	1.01325	1	760
Torr	1.33322×10^2	1.33322×10^{-3}	1.31579×10^{-3}	1

化学便覧基礎編改訂 5 版，丸善 (2004) より抜粋

付表 7　エネルギーの単位の換算表

	J	cal	eV	kW·h	kgf·m
J	1	0.2390	6.242×10^{18}	2.778×10^{-7}	0.1020
cal	4.184	1	2.611×10^{19}	1.162×10^{-6}	0.4266
eV	1.602×10^{-19}	3.829×10^{-20}	1	4.450×10^{-26}	1.634×10^{-20}
kW·h	3.600×10^6	8.604×10^5	2.267×10^{25}	1	3.671×10^5
kgf·m	9.807	2.344	6.121×10^{19}	2.724×10^{-6}	1

付表 8　標準生成エンタルピー $\Delta H_\mathrm{f}^\circ$，標準生成ギブスエネルギー $\Delta G_\mathrm{f}^\circ$，標準エントロピー S°（101.325 kPa，298.15 K），定圧モル熱容量 $C_{p,\mathrm{m}}\,[\mathrm{J\cdot mol^{-1}\cdot K^{-1}}] = a + bT + cT^2$（理想気体状態）

物質	$\Delta H_\mathrm{f}^\circ$ [kJ·mol^{-1}]	$\Delta G_\mathrm{f}^\circ$ [kJ·mol^{-1}]	S° [J·mol^{-1}·K^{-1}]	a	$b \times 10^3$	$c \times 10^6$	範囲 [K]
CO (g)	−110.525	−137.152	197.565	26.5366	7.6831	−1.1719	300 – 1500
CO$_2$ (g)	−393.509	−394.359	213.63	26.748	42.258	−14.247	300 – 1500
H$_2$ (g)	0	0	130.575	29.062	−0.820	1.9903	300 – 1500
H$_2$O (l)	−285.83	−237.178	69.91	75.15			
H$_2$O (g)	−241.826	−228.6	188.723	30.204	9.933	1.117	298 – 1500
HCl (g)	−92.307	−95.299	186.799	28.167	1.8096	1.5468	300 – 1500
N$_2$ (g)	0	0	191.5	27.016	5.812	−0.289	300 – 1500
NH$_3$ (g)	−45.94	−16.43	192.67	24.77	37.501	−7.381	300 – 800
NO (g)	90.25	86.55	210.652	26.944	8.657	−1.761	300 – 1500
NO$_2$ (g)	33.18	51.29	239.95	42.93	8.54	6.74	298 – 1500
N$_2$O (g)	82.05	104.18	219.74	27.317	43.995	−14.941	298 – 1500
N$_2$O$_3$ (g)	83.72	139.41	312.17				
N$_2$O$_5$ (g)	11.3	115	355.6	143.1			
O$_2$ (g)	0	0	205.029	25.594	13.251	−4.205	273 – 1500
CH$_4$ (g)	−74.87	−50.79	186.14	14.146	75.496	−17.991	298 – 1500
C$_2$H$_2$ (g)	226.73	209.21	200.82	30.673	52.810	−16.272	298 – 1500
C$_2$H$_4$ (g)	52.47	68.40	219.21	11.841	119.667	−36.510	298 – 1500
C$_2$H$_6$ (g)	−83.8	−31.9	229.1	9.401	159.833	−46.299	298 – 1500
C$_3$H$_6$ (g)	20.0	62.4	266.6	13.611	188.765	−57.488	298 – 1500
C$_3$H$_8$ (g)	104.7	−24.4	270.2	10.083	239.304	−73.358	298 – 1500
CH$_3$OH (g)	−201.5	−162.8	239.7	14.859	104.822	−30.054	298 – 1000
C$_2$H$_5$OH (l)	−277.0	−174.0	160.1	111.4			
C$_2$H$_5$OH (g)	−235.2	−168.7	282.6	29.246	166.276	−49.898	298 – 1500
HCOOH (g)	−378.6	−350.9	248.6	25.863	88.951	−29.066	298 – 1500
C$_6$H$_6$ (l)	49.0	124.4	173.26	136.1			
C$_6$H$_6$ (g)	82.6	129.4	269.09	−0.9937	324.411	−109.262	298 – 1500
C$_6$H$_5$CH$_3$ (g)	50.4	122.5	320.55	3.0761	390.956	−129.241	298 – 1500

ただし，状態 (g)：気体，状態 (l)：液体，液体および N$_2$O$_5$ (g) の熱容量は 298.15 K の値である。

化学便覧基礎編 II 改訂 5 版，丸善（2004）・同改訂 4 版，丸善（1993）および化学工学便覧改訂 5 版，丸善（1988）より

付表 9 水溶液中における標準電極電位 $\phi°$ [V] (25 ℃)

電極	電極反応	$\phi°$ [V]	電極	電極反応	$\phi°$ [V]
$Li^+|Li$	$Li^+ + e^- = Li$	-3.045	$H^+|H_2|Pt$	$2H^+ + 2e^- = H_2$	0.0000
$K^+|K$	$K^+ + e^- = K$	-2.925	$Br^-|AgBr(s)|Ag$	$AgBr + e^- = Ag + Br^-$	0.0711
$Ba^{2+}|Ba$	$Ba^{2+} + 2e^- = Ba$	-2.92	$Sn^{4+}, Sn^{2+}|Pt$	$Sn^{4+} + 2e^- = Sn^{2+}$	0.15
$Ca^{2+}|Ca$	$Ca^{2+} + 2e^- = Ca$	-2.84	$Cl^-|AgCl(s)|Ag$	$AgCl + e^- = Ag + Cl^-$	0.2223
$Na^+|Na$	$Na^+ + e^- = Na$	-2.714	$Cl^-|Hg_2Cl_2(s)|Hg$	$Hg_2Cl_2 + 2e^- = 2Hg(l) + 2Cl^-$	0.26816
$Mg^{2+}|Mg$	$Mg^{2+} + 2e^- = Mg$	-2.356	$Cu^{2+}|Cu$	$Cu^{2+} + 2e^- = Cu$	0.340
$Al^{3+}|Al$	$Al^{3+} + 3e^- = Al$	-1.676	$OH^-|O_2|Pt$	$O_2 + 2H_2O + 4e^- = 4OH^-$	0.401
$Ti^{2+}|Ti$	$Ti^{2+} + 2e^- = Ti$	-1.63	$Cu^+|Cu$	$Cu^+ + e^- = Cu$	0.520
$Mn^{2+}|Mn$	$Mn^{2+} + 2e^- = Mn$	-1.18	$I^-|I_2(s)|Pt$	$I_2(s) + 2e^- = 2I^-$	0.5355
$Cr^{2+}|Cr$	$Cr^{2+} + 2e^- = Cr$	-0.90	$Fe^{3+}, Fe^{2+}|Pt$	$Fe^{3+} + e^- = Fe^{2+}$	0.771
$Zn^{2+}|Zn$	$Zn^{2+} + 2e^- = Zn$	-0.7626	$Hg_2^{2+}|Hg$	$Hg_2^{2+} + 2e^- = 2Hg(l)$	0.7960
$Fe^{2+}|Fe$	$Fe^{2+} + 2e^- = Fe$	-0.44	$Ag^+|Ag$	$Ag^+ + e^- = Ag$	0.7991
$Cd^{2+}|Cd$	$Cd^{2+} + 2e^- = Cd$	-0.4025	$Br^-|Br_2(l)|Pt$	$Br_2(l) + 2e^- = 2Br^-$	1.0652
$Co^{2+}|Co$	$Co^{2+} + 2e^- = Co$	-0.277	$H^+|O_2|Pt$	$O_2 + 4H^+ + 4e^- = 2H_2O$	1.229
$Ni^{2+}|Ni$	$Ni^{2+} + 2e^- = Ni$	-0.257	$Cl^-|Cl_2(g)|Pt$	$Cl_2(g) + 2e^- = 2Cl^-$	1.3583
$Sn^{2+}|Sn$	$Sn^{2+} + 2e^- = Sn$	-0.1375	$Mn^{3+}, Mn^{2+}|Pt$	$Mn^{3+} + e^- = Mn^{2+}$	1.51
$Pb^{2+}|Pb$	$Pb^{2+} + 2e^- = Pb$	-0.1263	$F^-|F_2(g)|Pt$	$F_2(g) + 2e^- = 2F^-$	2.87

ただし，状態(g)：気体，状態(l)：液体，状態(s)：固体である。

化学便覧基礎編Ⅱ改訂5版，丸善(2004)より

参 考 文 献

- [1] 秋貞，井上，杉原：「化学熱力学中心の基礎物理化学」，学術図書出版 (1995)
- [2] 荒井，岩井，迫口，長谷，東内，福地，三島：「工学のための物理化学」，朝倉書店 (2010)
- [3] 植松，多田，中野，廣瀬：「右脳式演習で学ぶ物理化学 — 熱力学と反応速度」，三共出版 (2004)
- [4] 小島：「科学技術者のための熱力学改訂版」，培風館 (1996)
- [5] 斎藤，小島，荒井：「例解演習化学工学熱力学」，日刊工業新聞社 (2010)
- [6] 柴田：「物理化学の基礎」，共立出版 (1999)
- [7] 白井：「入門物理化学」，実教出版 (1978)
- [8] 白井：「物理化学三訂版」，実教出版 (1999)
- [9] 千原，中村(訳)：「アトキンス物理化学第8版(上)・(下)」，東京化学同人 (2010)
- [10] 中村，平田，松原：「理科教養の物理化学」，朝倉書店 (1975)
- [11] 日本化学会編：「化学便覧基礎編Ⅰ・Ⅱ改訂5版」，丸善 (2004)
- [12] 細谷，湯田(訳)：「ムーア基礎物理化学(上)・(下)」，東京化学同人 (1985)

計算問題の解答

※本書の各問題の「詳しい解答例」は，本書の「WebにLink」で見ることができます。下記URLのキーワード検索で「PEL物理化学」を検索してください。
http://www.jikkyo.co.jp/

1 章

●予習
1. (1) 142　　(2) 3.13
2. (1) 24.9　　(2) 8.86

演習問題

1 - A1　略
1 - A2　$0.08206\ \text{L}\cdot\text{atm}\cdot\text{mol}^{-1}\cdot\text{K}^{-1}$
1 - A3　略
1 - A4　589 N，14.7 kPa，0.145 倍
1 - A5　略
1 - B1　46 ℃
1 - B2　$3.13\ \text{m}\cdot\text{s}^{-1}$

2 章

●予習
1. 略
2. 略

演習問題

2 - A1　略
2 - A2　略
2 - A3　略
2 - A4　立方最密構造：4 個，体心立方構造：2 個
2 - B1　略
2 - B2　0.00751 K 低下する
2 - B3　立方最密構造：74.0 %，体心立方構造：68.0 %
2 - B4　略

3 章

●予習
1. $\text{J}/\text{Pa} = \text{m}^3$ あるいは $\text{J} = \text{Pa}\cdot\text{m}^3$
2. $-694\ \text{N}$

演習問題

3 - A1　$6.91 \times 10^3\ \text{dm}^3$，7.81 kg
3 - A2　He：0.100 MPa，Ar：0.0750 MPa
3 - A3　$49.9\ \text{J}\cdot\text{mol}^{-1}\cdot\text{K}^{-1}$
3 - A4　590 K
3 - A5　最大確率速度 $1.16 \times 10^3\ \text{m}\cdot\text{s}^{-1}$，平均速度 $1.31 \times 10^3\ \text{m}\cdot\text{s}^{-1}$，根平均二乗速度 $1.42 \times 10^3\ \text{m}\cdot\text{s}^{-1}$
3 - A6　衝突頻度 $2.71 \times 10^9\ \text{s}^{-1}$，平均自由行程 483 nm
3 - B1　$1.18\ \text{g}\cdot\text{dm}^{-3}$
3 - B2　$u_{\max} = \sqrt{\dfrac{2RT}{M}}$，$\overline{u} = \sqrt{\dfrac{8k_B T}{\pi m}}$
3 - B3　66.6 kPa，38.0 kPa
3 - B4　273 K：0.006，2273 K：0.687

4 章

●予習
1. モル体積 $0.0245\ \text{m}^3\cdot\text{mol}^{-1} = 24500\ \text{cm}^3\cdot\text{mol}^{-1}$，密度 $0.00118\ \text{g}\cdot\text{cm}^{-3}$
2. メタンの密度 $0.000653\ \text{g}\cdot\text{cm}^{-3}$，プロパンの密度 $0.00180\ \text{g}\cdot\text{cm}^{-3}$
3. $0.0656\ \text{g}\cdot\text{cm}^{-3}$

演習問題

4 - A1　$59.1\ \text{kg}\cdot\text{m}^{-3}$
4 - A2　$64.1\ \text{kg}\cdot\text{m}^{-3}$
4 - A3　
理想気体の状態方程式：$4.15 \times 10^{-4}\ \text{m}^3\cdot\text{mol}^{-1}$，
ファン・デル・ワールス式：$2.24 \times 10^{-4}\ \text{m}^3\cdot\text{mol}^{-1}$，
ビリアル状態方程式：$2.79 \times 10^{-4}\ \text{m}^3\cdot\text{mol}^{-1}$，
対応状態原理：$2.45 \times 10^{-4}\ \text{m}^3\cdot\text{mol}^{-1}$
4 - B1　略
4 - B2　$Z_c = 0.375$
4 - B3　理想気体では $\kappa_T = \dfrac{1}{p}$，$\alpha = \dfrac{1}{T}$
$\kappa_T = \dfrac{1}{p}\left(1 - \dfrac{b}{V_m}\right)$，$\alpha = \dfrac{1}{T}\left(1 - \dfrac{b}{V_m}\right)$
4 - B4　理想気体：$5.62 \times 10^{-4}\ \text{m}^3\cdot\text{mol}^{-1}$，
ファン・デル・ワールス式：$4.25 \times 10^{-4}\ \text{m}^3\cdot\text{mol}^{-1}$，
対応状態原理：$4.44 \times 10^{-4}\ \text{m}^3\cdot\text{mol}^{-1}$
4 - B5　$4.33 \times 10^{-4}\ \text{m}^3\cdot\text{mol}^{-1}$

5 章

●予習
1. 2.45 kJ
2. 0.586 K
3. $8.314\ \text{J}\cdot\text{K}^{-1}\cdot\text{mol}^{-1}$
4. (1) $\dfrac{nR}{V}$　(2) $-\dfrac{nRT}{V^2}$

演習問題

5 - A1　$Q_p = \Delta H = 54.17\ \text{kJ}$
5 - A2　略

5 - A3 　(1) $-890.30 \text{ kJ·mol}^{-1}$
　　　　(2) $-174.26 \text{ kJ·mol}^{-1}$

5 - B1 　$W = -RT \ln \dfrac{V_2}{V_1} - a\left(\dfrac{1}{V_2} - \dfrac{1}{V_1}\right)$

5 - B2 　(1) 最終温度 300 K, 仕事 -5740 J, 熱量 5740 J, 内部エネルギー変化 0 J, エンタルピー変化 0 J
　　　　(2) 最終温度 119.4 K, 仕事 -2260 J, 熱量 0 J, 内部エネルギー変化 -2260 J, エンタルピー変化 -3760 J
　　　　(3) 最終温度 192 K, 仕事 -1350 J, 熱量 0 J, 内部エネルギー変化 -2240 J, エンタルピー変化 -2240 J

5 - B3 　$-51.49 \text{ kJ·mol}^{-1}$

6 章

●予習

1. 0 J
2. 131 K
3. $\Delta U_2 = W_2 = -1770$ J
4. 0 J

演習問題

6 - A1 　$\Delta S = nR \ln \dfrac{V_2}{V_1} + nC_{V,\text{m}} \ln \dfrac{T_2}{T_1}$

6 - A2 　略

6 - A3 　$-260 \text{ J·K}^{-1}\text{·mol}^{-1}$

6 - B1 　(1) 323.15 K　(2) 0.6540 J·K^{-1}

6 - B2 　0 J, 可逆過程

6 - B3 　-211 J, 不可逆過程

7 章

●予習

1. 略
2. 2.08 kJ
3. 体積モル濃度 7.89 mol·dm^{-3}, 質量モル濃度 10.5 mol·kg^{-1}

演習問題

7 - A1 　$\ln p = -\dfrac{3.35 \times 10^3}{T} + 15.5$, 27.9 kJ·mol^{-1}

7 - A2 　略

7 - A3 　モル分率で求めた溶解度 2.99×10^{-4}, 質量モル濃度で求めた溶解度 1.67×10^{-2} mol·kg^{-1}

7 - A4 　溶媒：2.23, 溶質：0.420

7 - A5 　(a) 23.4 Pa　(b) 0.215 K

7 - A6 　キシレン：0.243, 水：0.757

7 - B1 　$\dfrac{dP}{dT} < 0$ となるため, 凝固点が降下する。

7 - B2 　0.254 mol

7 - B3 　略

7 - B4 　略

7 - B5 　-0.0498 ℃

8 章

●予習

1. (1) $K_c = \dfrac{[\text{CH}_3\text{COOC}_2\text{H}_5][\text{H}_2\text{O}]}{[\text{CH}_3\text{COOH}][\text{C}_2\text{H}_5\text{OH}]}$

　　(2) $K_c = \dfrac{[\text{H}_2\text{O}][\text{Cl}_2]^2}{[\text{HCl}]^4[\text{O}_2]}$

2. (1) 左　(2) 右　(3) 右
3. 40.0 Ω

演習問題

8 - A1 　略

8 - A2 　1.87 cm

8 - A3 　(1) 0.03907 S·m^2·mol^{-1}　(2) 0.0453
　　　　(3) 1.68×10^{-5} mol·dm^{-3}

8 - A4 　2.18 mol

8 - A5 　3.64×10^{-8} mol·dm^{-3}

8 - B1 　セル定数：50.5 m^{-1}, $\kappa = 0.0169$ S·m^{-1}, $\Lambda = 1.69 \times 10^{-3}$ S·m^2·mol^{-1}

8 - B2 　$K_a = 2.34 \times 10^{-5}$ mol·dm^{-3}, pH = 2.73, $c = 4.68 \times 10^{-4}$ mol·dm^{-3}

8 - B3 　(1) pH = 3.08　(2) 0.0208
　　　　(3) 0.0392 mol·dm^{-3}

8 - B4 　1.79×10^{-5} mol·dm^{-3}, pH = 11.3

8 - B5 　(1) 9.08　(2) 5.25

9 章

●予習

1. 　$\begin{array}{ccc} 4 & 3 & 2 \\ 1-a & 1-\dfrac{3}{4}a & \dfrac{a}{2} \end{array}$

2. (1) -116 kJ·mol^{-1}　(2) -116 kJ·mol^{-1}

演習問題

9 - A1 　(1) $K_p = \dfrac{p_{\text{CO}_2} p_{\text{H}_2}}{p_{\text{CO}} p_{\text{H}_2\text{O}}}$　(2) $K_p = \dfrac{p_{\text{SO}_3}^2}{p_{\text{SO}_2}^2 p_{\text{O}_2}}$

　　　　(3) $K_p = \dfrac{p_{\text{NH}_3}^4 p_{\text{O}_2}^7}{p_{\text{NO}_2}^4 p_{\text{H}_2\text{O}}^6}$　(4) $K_p = \dfrac{p_{\text{CO}_2}^2}{p_{\text{CO}}^2}$

9 - A2 　0.531

9 - A3 　$x_{\text{NO}} = x_{\text{NO}_2} = 0.447$, $x_{\text{N}_2\text{O}_3} = 0.106$

9 - A4 　$x_{\text{NO}} = 0.272$, $x_{\text{NO}_2} = 0.636$, $x_{\text{N}_2\text{O}_3} = 0.0917$

9 - B1 　$x_{\text{NO}} = x_{\text{NO}_2} = 0.411$, $x_{\text{N}_2\text{O}_3} = 0.177$

9 - B2 　8.27×10^{-4}

9 - B3 　(1) 0.138 mol　(2) 0.192 mol

9 - B4　158 kJ·mol^{-1}，535 kPa

10 章

●予習
1. 0.1 mol
2. HI は 0.2 mol 減少し，H_2 と I_2 は 0.1 mol ずつ生成する。
3. H_2 は 0.02 mol/min，HI は 0.04 mol/min

演習問題

10 - A1　(1) 1.19×10^{-2} min^{-1}　(2) 43.0 min
　　　　(3) 11.8 %　(4) 58.3 min

10 - A2　(1) 0.06 mol　(2) 1.33 mol^{-1}·dm^3·min^{-1}
　　　　(3) [HI] = 0.0429 mol，[H_2] = [I_2] = 0.0286 mol

10 - B1　1 次反応，6.30×10^{-4} min^{-1}

10 - B2　20 % 反応の場合 11.2 min，50 % 反応の場合 45.0 min

10 - B3　[A] = 0.073 mol·dm^{-3}，[B] = 0.173 mol·dm^{-3}

10 - B4　22 min

10 - B5　(1) $k = 0.0625$ mol^{-1}·dm^3·min^{-1}
　　　　(2) 160 min　(3) 71.4 %

11 章

●予習
1. (1) 1 次反応　(2) 略
2. 2

演習問題

11 - A1　2

11 - A2　$r = k_1[A]$

11 - A3　112 s

11 - A4　52.9 kJ·mol^{-1}

11 - B1　(1) 1.34　(2) 0.090 mol·dm^{-3}
　　　　(3) 47.3 min

11 - B2　$r = \dfrac{k_2 k_3}{k_{-2}} \left(\dfrac{k_1}{k_{-1}}\right)^{\frac{1}{2}} [Cl_2]^{\frac{3}{2}}[CO]$

11 - B3　(1) 15 ℃ : 3.512×10^{-3} min^{-1}，
　　　　25 ℃ : 0.01436 min^{-1}
　　　　(2) 100 kJ·mol^{-1}　(3) 19.4 %

11 - B4　80.6 kJ·mol^{-1}

12 章

●予習
1. Li > Mg > Zn > Fe > Cu > Pt
2. (1) 還元　(2) 酸化　(3) 還元

演習問題

12 - A1　① 還元　② アノード　③ 酸化　④ 正極
　　　　⑤ 負極　⑥ 高い　⑦ 還元　⑧ 酸化　⑨ 陰極
　　　　⑩ 陽極　⑪ 還元

12 - A2　+0.160 V

12 - A3　(1) $H_2 + Cu^{2+} \rightarrow 2H^+ + Cu$，$E° = +0.340$ V
　　　　(2) $2Na + Ca^{2+} \rightarrow 2Na^+ + Ca$，$E° = -0.13$ V

12 - A4　$3Sn^{2+} + 2Al^{3+} \rightarrow 3Sn^{4+} + 2Al$，$-1.828$ V

12 - A5　(1) $Cu + 2H^+ \rightarrow Cu^{2+} + H_2$
　　　　(2) -0.346 V　(3) 6.68×10^4 J·mol^{-1}
　　　　(4) ΔG が正であり，自発的変化とならない

12 - A6　$E = 0.9254$ V，$\Delta G = -1.798 \times 10^5$ J·mol^{-1}
　　　　$\Delta H = -1.66 \times 10^5$ J·mol^{-1}，
　　　　$\Delta S = 46.3$ J·K^{-1}·mol^{-1}，

12 - A7　(1) -326.4 J·K^{-1}·mol^{-1}
　　　　(2) 1.917×10^3 J·K^{-1}·mol^{-1}
　　　　(3) 1.591×10^3 J·K^{-1}·mol^{-1}
　　　　(4) 自発的に起こる　(5) -474.4 kJ·mol^{-1}

12 - B1　略

12 - B2　(1) 5.30×10^{-38}　(2) 2.17×10^{30}

12 - B3　4.92×10^{-13}

12 - B4　(1) 1.082 V　(2) 1.066 V

12 - B5　0.717

12 - B6　4.34

12 - B7　95.7 %

13 章

●予習
1. (1) $FeCl_3 + 3H_2O \rightarrow Fe(OH)_3 + 3HCl$
　　(2) 0.01 mol
2. 5.20 cm

演習問題

13 - A1　エーロゾル：(2)，エマルション：(3)(5)，
　　　　サスペンション：(1)(4)

13 - A2　(1) 大きい　(2) 大きい　(3) 小さい
　　　　(4) 小さい

13 - A3　40 mN·m^{-1}

13 - A4　(1) ヘキサデカン酸ナトリウム（パルミチン酸ナトリウムともいう。いわゆるセッケンのこと）
　　　　(2) 臭化ドデシルトリメチルアンモニウム
　　　　(3) ペンタエチレングリコールデシルエーテル

13 - B1　スチールウール：39 倍，鉄粉：58 倍

13 - B2　1.27 μm

13 - B3　-1.64×10^{-2} m·s^{-1}

13 - B4　6.00 μmol·m^{-2}

13 - B5　121°

14 章

●予習

1. (1) 紫外線
   (2) $0.526\,\mathrm{s}^{-1}$, $1.75\times 10^7\,\mathrm{m}^{-1}\,(1.75\times 10^5\,\mathrm{cm}^{-1})$
2. (1) $\cos x$ (2) $-2\mathrm{e}^{-2r}$ (3) $\dfrac{2}{3}$

演習問題

14 - A1　$1.523\times 10^6\,\mathrm{m}^{-1}\,(1.523\times 10^4\,\mathrm{cm}^{-1})$

14 - A2　$5.292\times 10^{-11}\,\mathrm{m}$

14 - A3　節の数 5 個，縮退度 36

14 - B1　(1) エネルギー E は L の 2 乗に反比例して大きくなる。

　(2) $x=\dfrac{(2m-1)L}{2n}$　$m=1,2,3\ldots n$

　(3) $x=\dfrac{L}{8},\dfrac{3L}{8},\dfrac{5L}{8},\dfrac{7L}{8}$

14 - B2　0.323

14 - B3　$1312\,\mathrm{kJ\cdot mol^{-1}}$

15 章

●予習

1. 12.011
2. $6.20\times 10^{-11}\,\mathrm{m}$
3. (1) $_{82}\mathrm{Pb}$　(2) $_{92}\mathrm{U}$　(3) $_{53}\mathrm{I}$　(4) $_{55}\mathrm{Cs}$
4. トリウム　$_{90}^{232}\mathrm{Th}$

演習問題

15 - A1　(1) $_{88}^{226}\mathrm{Ra} + {}_{2}^{4}\mathrm{He} \to {}_{86}^{222}\mathrm{Rn}$

　(2) $4\,{}_{1}^{1}\mathrm{H} \to {}_{2}^{4}\mathrm{He} + 2\,{}_{+1}^{0}\mathrm{e}$

15 - A2　$_{92}^{238}\mathrm{U}$, $x=3$, $y=2$

15 - A3　29.0 年

15 - A4　6.69×10^{21} 個，$5.07\times 10^{12}\,\mathrm{Bq}$

15 - A5　$0.841\,\mathrm{g}$, $4.26\times 10^{12}\,\mathrm{Bq}$

15 - A6　$5.61\times 10^{26}\,\mathrm{MeV}$

15 - A7　$3.21\times 10^{-11}\,\mathrm{J}$

15 - B1　$t=\dfrac{t_{1/2}}{\log_{10}2}\times(2-\log_{10}x)$

　$6.25\,\%$：22920 年前，$12.5\,\%$：17190 年前

15 - B2　28 ％

15 - B3　$2.46\times 10^7\,\mathrm{W}=2.46\times 10^4\,\mathrm{kW}$

15 - B4　26.7 MeV

15 - B5　100 億年

索引

■ **人名**

Andrews. T.（トーマス・アンドリューズ）――57
Arrhenius, S.A.（スヴァンテ・アレニウス）――123,129,170
Avogadro, A.（アメデオ・アボガドロ）――31,43
Becquerel, A.H.（アンリ・ベクレル）――228
Bohr, N.（ニールス・ボーア）――209
Boltzmann, L.（ルートヴィッヒ・ボルツマン）――48,96
Born, M.（マックス・ボルン）――212
Boyle, R.（ロバート・ボイル）――41,42
Bunsen, R.（ロバート・ブンゼン）――208
Carnot, N.L.S.（ニコラ・カルノー）――90
Chadwick. J.（ジェームズ・チャドウィック）――231
Charles, J.（ジャック・シャルル）――41,43
Clapeyron, E.（エミール・クラペイロン）――33,108
Clausius, R.（ルドルフ・クラウジウス）――33,90,108
Curie, M.（マリ・キュリー）――228
Dalton, J.（ジョン・ドルトン）――44,112
Daniell, J.F.（ジョン・ダニエル）――176
de Broglie, L.（ルイ・ド・ブロイ）――210
Debye, P.J.W.（ピーター・デバイ）――131
Einstein, A.（アルベルト・アインシュタイン）――207,231
Faraday, M.（マイケル・ファラデー）――128,183,184
Gerlach, W.（ヴァルター・ゲルラッハ）――218
Gibbs, J.W.（ジョージア・ギブス）――98
Graham, T.（トーマス・グレアム）――190
Grätzel, M.（マイケル・グレッツェル）――182
Gray, L.H.（ルイス・グレイ）――228
Heisenberg, W.（ヴェルナー・ハイゼンベルク）――211
Helmholtz, H.L.F.（ヘルマン・フォン・ヘルムホルツ）――99
Henry, W.（ウィリアム・ヘンリー）――112
Hertz, H.R.（ハインリヒ・ヘルツ）――207
Hess, G.A.（ジェルマン・ヘス）――82
Hückel, E.A.A.J.（エーリヒ・ヒュッケル）――131
Joule, J.P.（ジェームズ・ジュール）――43,73
Kirchhoff, G.（グスタフ・キルヒホッフ）――85,208
Kohlrausch, F.W.G.（フリードリッヒ・コールラウッシュ）――123,126
Le Chatelier, H.L.（アンリ・ル・シャトリエ）――139
Lenard, P.（フィリップ・レーナルト）――207
Lewis, G.N.（ギルバート・ルイス）――131
Maxwell, J.C.（ジェームズ・マクスウェル）――50
Mayer, J.R.（ユリウス・フォン・マイヤー）――47,81
Nernst, W.H.（ヴァルター・ネルンスト）――96,179
Onnes, H.K.（ヘイケ・オネス）――55
Ostwald, F.W.（フリードリヒ・オストワルド）――123,129,154
Pascal, B.（ブレーズ・パスカル）――13
Pauil, W.E.（ヴォルフガング・パウリ）――218
Planck, M.K.E.L.（マックス・プランク）――96,207
Poisson.S.D.（シメオン・ポワソン）――81
Randall, M.（マール・ランダル）――131
Raoult, F.M.（フランソワ・ラウール）――111,123
Röntgen, W.C.（ヴィルヘルム・レントゲン）――222
Rutherford, E.（アーネスト・ラザフォード）――224
Rydberg, J.（ヨハネス・リュードベリ）――208
Schrödinger, E.（エルヴィン・シュレーディンガー）――213
Sievrt,R.M.（ロルフ・シーベルト）――228
Stern, O.（オットー・シュテルン）――218
Thomson, J.J.（ジョゼフ・トムソン）――223
Thomson,W.（ウィリアム・トムソンのちの Lord Kelvin（ケルビン卿））――13,90
van der Waals, J.D.（ヨハネス・ファン・デル・ワールス）――32,55,63
van't Hoff, J.H.（ヤコブス・ファント・ホッフ）――123,144
藤嶋昭――182
本多健一――182

■ **記号・数字**

°――83
|――176
‖――176
(g)――83
(l)――83
(s)――83
℃――19
α 線 (alpha ray)――224
α 崩壊――226
β 線 (beta ray)――224
β 崩壊――226
γ 線 (gamma ray)――224
Δ――82
∂――47
1 階常微分方程式――81
1 次反応 (first-order reaction)――151
2 次反応 (second-order reaction)――151
2 分子反応 (bimolecular reaction)――156
3 次反応 (third-order reaction)――151

A–Z

Bq ——— 228
C_{60} 分子結晶 ——— 39
cal ——— 17
Ci ——— 228
CMC ——— 201
CT ——— 230
DLVO 理論 (DLVO theory) ——— 192
eV ——— 225
Gy ——— 228
K ——— 19
MO 法 ——— 218
n 次反応の速度式 (n - order rate equation) ——— 158
PET ——— 230
pH ——— 132
SHE ——— 178
SI ——— 16
SI 基本単位 (SI fundamental unit) ——— 16
SI 基本物理量 (SI fundamental physical amount) ——— 16
SI 組立単位 ——— 16
SI 接頭語 ——— 16
Sv ——— 228
X 線 (X - ray) ——— 224

あ

アクチニウム系列 (actinium series) ——— 226
圧縮因子 (compressibility factor) ——— 61
圧平衡 (pressure equilibrium) ——— 20
圧平衡定数 (equilibrium constant in terms of pressure) ——— 140
圧力 (pressure) ——— 19
アノード (anode) ——— 183
アボガドロの原理 (Avogadro's principle) ——— 31,43
アレニウスの式 (Arrhenius equation) ——— 170
アレニウスの電離説 (Arrhenius theory of electrolytic dissociation) ——— 129
アレニウスプロット (Arrhenius plot) ——— 171
安定同位体 (stable isotope) ——— 223
アントワン式 (Antoine equation) ——— 109

イオン移動度 (ionic mobility) ——— 127
イオン化傾向 (ionization tendency) ——— 176
イオン強度 (ionic strength) ——— 131
イオン交換膜法 (ion exchange membrane method) ——— 185
位置エネルギー (potential energy) ——— 23
一次結合 (linear combination) ——— 218
一次電池 (primary battery) ——— 180
一面心格子 (one face - centered lattice) ——— 36
一般化線図 (generalized diagram) ——— 65
陰極 (cathode) ——— 183
引力パラメータ (attractive parameter) ——— 59

ウィーンの法則 ——— 206
ウィルヘルミー法 (Wilhelmy method) ——— 195
宇宙 (cosmos) ——— 88
ウラン−ラジウム系列 ——— 226
運動エネルギー (kinetic energy) ——— 22

エーロゾル (aerosol) ——— 191
液化 (liquefaction) ——— 28
液晶 (liquid crystal) ——— 38
液相線 (liquid line) ——— 115
液体 (liquid) ——— 28,33
エネルギー (energy) ——— 22
エネルギー等分配の法則 (law of equipartition of energy) ——— 48
エネルギー特性値 (energy property) ——— 17
エネルギー保存則 (energy conservation law) ——— 88
エネルギー量子仮説 (energy quantum hypothesis) ——— 207
エマルション (emulsion) ——— 191
エレクトロンボルト ——— 225
演算子 (operator) ——— 213
エンタルピー (enthalpy) ——— 79
エントロピー (entropy) ——— 93

オストワルドの希釈律 (Ostwald's dilution law) ——— 129
オズワルドの分離法 ——— 154
親核種 (parent nuclide) ——— 226
温度 (temperature) ——— 19

か

ガイガー−ミュラー計数管 (Geiger - Muller counter) ——— 229
外界 (surroundings) ——— 18
回転運動 (rotational motion) ——— 48
開放系 (open system) ——— 18
界面 (interface) ——— 190
界面過剰量 (surface excess quantity) ——— 197
界面活性剤 (surfactant) ——— 197
界面活性物質 (surface active agent) ——— 196
界面張力 (interfacial tension) ——— 195
界面不活性物質 (surface inactive agent) ——— 196
解離圧 (dissociation pressure) ——— 147
化学吸着 (chemisorption) ——— 199
化学電池 (chemical cell) ——— 180
化学平衡 (chemical equilibrium) ——— 138
化学ポテンシャル (chemical potential) ——— 102,106
化学量論係数 (chemical stoichiometric coefficient) ——— 82
可逆過程 (reversible process) ——— 76
可逆電池 (reversible cell) ——— 177
可逆反応 (reversible reaction) ——— 164
殻 (shell) ——— 217
角運動量 (angular momentum) ——— 209
拡散係数 (diffusion coefficient) ——— 193
拡散電気二重層 (diffuse electric double layer) ——— 192
核子 (neucleon または nuclear particle) ——— 222
核反応 (nuclear reaction) ——— 223
核反応式 (nuclear reaction equation) ——— 223
核分裂 (nuclear fission) ——— 231
核分裂反応 (nuclear fission reaction) ——— 231
核融合 (nuclear fusion) ——— 232
確率密度 (probability density) ——— 212
確率密度関数 (probability density function) ——— 51
核力 (nuclear force) ——— 222

加水分解 (hydrolysis) ─── 133
加水分解定数 (hydrolysis constant) ─── 134
ガス吸収 (gas absorption) ─── 112
数密度 (number density) ─── 59
加成性 (additivity) ─── 44
カソード (cathod) ─── 183
活性化エネルギー (activation energy) ─── 169
活性化状態 (activated state) ─── 169
活性錯合体 (activated complex) ─── 169
活性分子 (activated molecule) ─── 169
活量 (activity) ─── 113, 130
活量係数 (activity coefficient) ─── 113
過程 (process) ─── 74
可溶化 (solubilization) ─── 201
ガラス (glass) ─── 35
仮臨界値 (pseudo-critical value) ─── 70
カルノーサイクル (Carnot cycle) ─── 90
カルノーサイクルの効率 (efficiency of Carnot cycle) ─── 92
過冷却 (supercooling) ─── 34
還元 (reduction) ─── 176
還元電位 (reduction potential) ─── 178
換算プランク定数 ─── 211
緩衝溶液 (buffer solution) ─── 134
完全結晶 (perfect crystal) ─── 96
完全弾性衝突 (perfectly elastic collision) ─── 45
擬1次反応 (pseudo first-order reaction) ─── 154
気化 (vaporization) ─── 28
規格化 (normalization) ─── 213
基準特性値 (standard property) ─── 17
気相線 (vapor line) ─── 115
気体 (gas) ─── 28, 31
気体定数 (gas constant) ─── 32, 43
気体電極 (gas electrode) ─── 177
気体分子運動論 (kinetic theory of gases) ─── 45, 80
基底状態 (groundstate) ─── 215
起電力 (electromotive force) ─── 177
軌道 (orbit) ─── 209

ギブスエネルギー (Gibbs energy) ─── 98
ギブスの相律 (Gibbs's phase rule) ─── 107
ギブス-ヘルムホルツの式 (Gibbs-Helmholtz equations) ─── 101
擬平衡状態 (pseudo equilibrium state) ─── 168
逆浸透 (reverse osmosis) ─── 119
吸収線量 (absorbed dose) ─── 228
吸着 (adsorption) ─── 197, 199, 201
吸着等温式 (adsorption isotherm equation) ─── 199
吸着等温線 (adsorption isotherm) ─── 199
キュリー (記号 Ci) ─── 228
境界 (boundary) ─── 18
境界条件 (boundary condition) ─── 214
凝固 (solidification) ─── 28, 34
凝固点 (freezing point) ─── 28
凝固点降下 (freezing-point depression) ─── 117
凝固点降下定数 (freezing-point constant) ─── 119
凝縮 (condensation) ─── 33
凝縮性気体 (condensed gas) ─── 60
競争反応 (competition reacrion) ─── 166
共通イオン効果 (comon-ion effect) ─── 134
強電解質 (strong electrolyte) ─── 124, 126
共沸混合物 (azeotropic mixture) ─── 116
共沸組成 (azeotropic composition) ─── 116
極座標 (spherical polar coordinates) ─── 212
巨視的 (macroscopic) ─── 15, 45
キルヒホッフの式 (Kirchhoff's equation) ─── 85
均一系触媒 (homogeneous catalyst) ─── 172
金属電極 (metal electrode) ─── 177
金属・難溶塩電極 ─── 177
クラウジウス-クラペイロンの式 (Clausius-Clapeyron equation) ─── 33, 108

クラウジウスの原理 (Clausius's principle) ─── 90
グレイ (記号 Gy) ─── 228
系 (system) ─── 18
結合性軌道 (bonding orbital) ─── 218
結晶 (crystal) ─── 35
結晶系 (crystal system) ─── 36
ゲル (gel) ─── 192
原子スペクトル (atomic spectrum) ─── 208
原子炉 (reactor) ─── 231
光子 (photon) ─── 207
格子定数 (lattice constant) ─── 36
高次反応 (higher-order reaction) ─── 151
光電効果 (photoelectric effect) ─── 207
効率 (efficiency) ─── 92
光量子仮説 (hypothesis of photon) ─── 207
コールラウッシュのイオン独立移動の法則 (Kohlrausch's law of the independent migration of ions) ─── 127
コールラウッシュの平方根の法則 (Kohlrausch square root law) ─── 126
固化 (solidification) ─── 28
国際単位系 (SI) (system of international unit) ─── 16
黒体 (black body) ─── 206
黒体放射 (black body radiation) ─── 206
固体 (solid) ─── 28, 35
古典物理学 (classical physics) ─── 205
固有関数 (eigenfunction) ─── 213
固有値 (eigenvalue) ─── 213
固有値方程式 (eigenvalue equation) ─── 213
孤立系 (isolated system) ─── 18
コレステリック液晶 (cholesteric liquid crystal) ─── 38
コロイド分散系 (colloidal dispersion) ─── 190
コロイド粒子 (colloidal particle) ─── 190
コンピュータ断層撮影 (computed tomography : CT) ─── 230

根平均二乗速度（root mean square velocity）——47

■ さ

最大確率速度（most probable velocity）——51
最密充塡構造（close-packed structure）——36
作業物質（working substance）——90
サスペンション（suspension）——191
酸化（oxidation）——176
酸化還元電極（oxidation-reduction electrode）——177
三斜晶（triclinic crystal）——36
三重水素（tritium）——223
三重点（triple point）——29
三方晶（trigonal crystal）——29
シーベルト（記号 Sv）——228
色素増感太陽電池（dye-sensitized solar cell）——182
示強因子（intensive factor）——18
磁気量子数（magnetic quantum number）——217
軸仕事（shaft work）——24
試行錯誤法（trial and error method）——159
仕事（work）——21,75
仕事関数（work function）——208
実効質量（reduced mass）——216
実在気体（real gas）——32
質量欠損（mass defect）——231
質量作用の法則（law of mass action）——138
質量数（mass number または atomic mass number）——222,223
質量モル濃度（molality）——106
弱電解質（weak electrolyte）——124,126
斜方晶（orthorhombic crystal）——36
シャルルの法則（Charles's law）43
自由エネルギー（free energy）——98
周期表（atomic period table）——16
自由空間（free space）——58
重水素（deuterium）——223
自由度（degree of freedom）——48,107
柔粘性結晶（plastic crystal）——38,39

重粒子線（heavy particle beam または heavy ion beam）——224,230
ジュールの法則（Joule's law）——43,80
縮退（degeneracy）——217
縮退度（degree of degeneracy）——217
出現確率（appearance probability）——96
主量子数（principal quantum number）——216
シュルツ-ハーディの法則（Schulze-Hardy rule）——192
シュレーディンガー方程式（Schrodinger equation）——213
準静的過程（quasi-static process）——74
昇華（sublimation）——106
昇華圧曲線（sublimation pressure curve）——29
昇華曲線（sublimation curve）——29
昇華点（sublimation point）——28
蒸気圧（vapor pressure）——15,33,61,106
蒸気圧曲線（vapor pressure curve）——29
蒸気圧降下（vapor-pressure depression）——117
状態式（equation of state）——32
状態図（phase diagram）——29,108
状態方程式（equation of state）——58
状態量（quantity of state）——17,74
衝突直径（collision diameter）——51,57
衝突頻度（collision frequency）——51
衝突理論（collision theory）——170
蒸発（vaporization）——33,106
蒸発エンタルピー（enthalpy of vaporization）——109
蒸発曲線（vaporization curve）——29
蒸発熱（heat of vaporization）——109
蒸留（distillation）——115
触媒（catalyst）——171
触媒作用（catalyst action）——171
示量因子（extensive factor）——17
親液コロイド（lyophilic colloid）——192
人工透析（dialysis）——119
親水基（hydrophilic group）——200

浸透（osmosis）——117,119
浸透圧（osmotic pressure）——117,119
振動運動（vibrational motion）——48
振動エネルギー（vibrating energy）——23
振動子（oscillator）——206
振動数（frequency）——206
水蒸気蒸留（steam distillation）——117
水素イオン指数（hydrogen-ion exponent）——132
水素型原子（hydrogenic atom）——216
ストークス-アインシュタインの関係式（Stokes-Einstein relation）——193
ストークスの式（Stokes equation）——193
スピン磁気量子数（spin magnetic quantum number）——218
スピン量子数（spin quantum number）——218
スペクトル（spectrum）——208
スメクチック液晶（smectic liquid crystal）——38
正吸着（positive adsorption）——197
正極（positive pole）——177
制御棒（control rod）——232
生成系（system of formation）——82
成分（component）——106
正方晶（tetragonal crystal）——36
積分型の速度式（integrated rate equation）——155
積分法（integrated method）——155
接触角（contact angle）——197
全圧（total pressure）——44
遷移状態理論（transition-state theory）——170
線スペクトル（line spectrum）——208
全微分（total differential）——47
相（phase）——106
相対平均速度（relative mean velocity）——51
相転移（phase transition）——106
相平衡（phase equilibrium）——106
疎液コロイド（lyophobic colloid）——192

束一的性質 (colligative properties) ——117
速度定数 (rate constant) ——151
疎水基 (hydrophobic group) ——200
素反応 (elementary reaction) ——167
素反応群 (elementary reaction groups) ——167
素粒子分散系 (dispersion system of elementary particle) ——190
ゾル (sol) ——192
存在確率 (existence probability) ——212

■ た

対イオン (counterion) ——192
第一種永久機関 (perpetual engine of the first kind) ——86
対応状態原理 (corresponding state principle) ——64
第3ビリアル係数 (third virial coefficient) ——62
第三法則エントロピー (third-law entropy) ——97
体心格子 (body-centered lattice) ——36
体心立方構造 (body-centered cubic structure) ——36
体積モル濃度 (molarity) ——106
第二種永久機関 (perpetual engine of the second kind) ——90
第2ビリアル係数 (second virial coefficient) ——62
太陽電池 (solar battery) ——182
タイライン (tie line) ——115
対臨界値 (reduced value) ——63
ダニエル電池 (Daniell cell) ——176
単位格子 (unit lattice) ——36
単位胞 ——36
単極電位 (single electrode potential) ——177
単斜晶 (monoclinic crystal) ——36
単純格子 (simple lattice) ——36
断熱変化 (adiabatic change) ——80
単分子反応 (unimolecular reaction) ——156
逐次反応 (consecutive reaction) ——162
中間相 (midle phase) ——38
中性子 (neutron) ——222

中性子線 (neutron radiation) ——224
超臨界流体 (super critical fluid) ——58
沈降 (sedimentation) ——193
沈降平衡 (sedimentation equilibrium) ——193
定圧変化 (isobaric change) ——78
定圧モル熱容量 (molar heat capacity at constant pressure) ——20,47,79
抵抗率 (resistivity) ——125
定常状態 (steady state) ——167
定常状態近似法 (steady-state approximation) ——167
底心格子 (base-centered lattice) ——36
ディスコチック液晶 (discotic liquid crystal) ——38
定積熱容量 (heat capacity at constant volume) ——44
定積変化 (iso-volumetric change) ——78
定積モル熱容量 (molar heat capacity at constant volume) ——20,44,78
ディラック定数 (Dirac constant) ——211
てこの原理 (lever rule) ——115
デバイ-ヒュッケルの極限法則 (Debye-Hückel limiting law) ——132
デバイ-ヒュッケルの理論 ——131
電位差 (potential difference) ——177
転移熱 (heat of transition) ——109
電解液 (electrolyte solution) ——176
電解質 (electrolyte) ——124
電解製錬 (electrolysis refining) ——186
電解めっき (electroplating) ——186
電気素量 (elementary charge) ——184
電気伝導率 (electric conductivity) ——125
電気分解 (electrolysis) ——183
電気めっき (electroplating) ——186
電極 (electrode) ——176
電極電位 (electrode potential) ——177
電極反応 (electrode reaction) ——177

電気量 (quantity of electricity) ——184
電子雲 (electron cloud) ——217
電磁放射線 (electromagnetic radiation) ——224
電子ボルト (electron volt) ——225
電池 (cell) ——176
電池図 (電池式) ——176
電離 (electrolytic dissociation) ——124
電離度 (degree of dissociation) ——124,129
電離平衡 (ionization equilibrium) ——124
電流効率 (current efficiency) ——185
電量計 (coulometer) ——185
同位体 (同位元素 ; isotope) ——223
等温線 (isothermal line) ——60
等温変化 (isothermal change) ——80
等価線量 (equivalent dose) ——228
動径波動関数 (radial wave function) ——217
特殊相対性理論 (special theory of relativity) ——231
ド・ブロイ波 (物質波)(de Broglie wave) ——210
トムソンの原理 (Thomson's principle) ——90
トリウム系列 (thorium series) ——226
ドルトンの法則 (Dalton's law) ——44,112
トンネル効果 (tunneling effect) ——216

■ な

内部エネルギー (internal energy) ——23,47,77
流れ系 (flow system) ——18
二次電池 (secondary battery) ——181
ニュートン力学 (Newtonian mechanics) ——205
濡れ性 (wetting) ——197
熱 (heat) ——20
熱化学方程式 (thermochemical equation) ——83
熱機関 (heat engine) ——90
熱源 (heat source) ——90

251 索引

熱の仕事当量 (mechanical equivalent of heat) ―― 17
熱平衡 (thermal equilibrium) ― 19
熱容量 (heat capacity) ―― 20
熱力学第一法則 (first law of thermodynamics) ―― 73,77
熱力学第三法則 (third law of thermodynamics) ―― 96
熱力学第二法則 (second law of thermodynamics) ―― 90
熱力学第零法則 (zeroth law of thermodynamics) ―― 19
熱力学特性値 (thermodynamic characteristic property) ―― 17
ネプツニウム系列 (neptunium series) ―― 226
ネマチック液晶 (nematic liquid crystal) ―― 38
ネルンストの式 (Nernst equation) ―― 179
ネルンストの熱定理 (Nernst's heat theorem) ―― 96
燃料電池 (fuel cell) ―― 181
濃度平衡定数 (equilibrium constant in terms of concentration) ―― 140

■ は

バイオ電池 (biofuel cell) ―― 183
パウリの排他原理 (Pauli exclusion principle) ―― 218
波数 (wavenumber) ―― 206
波長 (wavelength) ―― 206
波動関数 (wave function) ―― 211
ハミルトニアン (Hamiltonian) ―― 213
反結合性軌道 (antibonding orbital) ―― 218
半減期 (half-life) ―― 158,227
半電池 (half cell) ―― 177
半電池反応 (half cell reaction) ―― 177
半導体検出器 (semiconductor detector) ―― 229
半透膜 (semipermeable membrane) ―― 119
反応エンタルピー (enthalpy of reaction) ―― 169
反応系 (system of reaction) ―― 82
反応次数 (reaction order) ―― 151

反応速度 (rate of reaction) ―― 150
反応速度式 (reaction rate equation) ―― 151
反応熱 (heat of reaction) ―― 82
反応の選択率 (selectivity of reaction) ―― 166
非凝縮性気体 (non-condensed gas) ―― 60
微視的 (microscopic) ―― 15,45
微視的状態の総数 (microscopic state) ―― 96
非晶 (非晶質) (amorphous) ―― 35
非流れ系 (nonflow system) ―― 18
比熱 (specific heat) ―― 20
比熱容量 (specific heat capacity) ―― 20
非破壊検査 (non-destructive test) ―― 230
被曝 (exposure) ―― 229
比表面積 (specific surface area) ―― 191
微分型の速度式 (differential rate equation) ―― 153
微分法 (differential method) ― 153
標準エントロピー (standard entropy) ―― 97
標準化学ポテンシャル (standard chemical potential) ―― 110
標準起電力 (standard electromotive force) ―― 178
標準状態 (standard state) ―― 31
標準水素電極 (standard hydrogen electrode) ―― 178
標準生成エンタルピー (standard enthalpy of formation) ―― 83
標準生成ギブスエネルギー (standard Gibbs energy of formation) ―― 99
標準生成熱 (standard heat of formation) ―― 83
標準電極電位 (standard electrode potential) ―― 178
標準反応熱 (standard heat of reaction) ―― 83
標準沸点 (normal boiling point) ―― 106
表面 (surface) ―― 190
表面張力 (surface tension) ―― 194
ビリアル状態方程式 (virial equation of state) ―― 61

頻度因子 (frequency factor) ―― 170
ファラデー定数 (Faraday constant) ―― 178,184
ファラデーの法則 (Faraday's law) ―― 184
ファン・デル・ワールス式 (van der Waals equation) ―― 32,59
ファント・ホッフ因子 (van't Hoff factor) ―― 129
ファント・ホッフの式 (van't Hoff equation) ―― 144
フォトン (光子) (photon) ―― 207
不可逆過程 (irreversible process) ―― 76
不確定性原理 (uncertainty principle) ―― 211
負吸着 (negative adsorption) ― 197
負極 (negative pole) ―― 177
不均一系触媒 (heterogeneous catalyst) ―― 172
不均一反応 (heterogeneous reaction) ―― 145
副殻 (subshell) ―― 217
複素共役 (complex conjugate) ―― 212
物質収支 (mass balance) ―― 163
物質の三態 (three state of matter) ―― 28
物質波 (substance wave) ―― 210
沸点 (boiling point) ―― 28,33,106
沸点上昇 (boiling point elevation) ―― 117
沸点上昇定数 (boiling point elevation constant) ―― 118
物理吸着 (physical adsorption) ―― 199
物理電池 (physical cell) ―― 182
部分平衡仮定 (partial equilibrium assumption) ―― 168
部分モルギブスエネルギー (partial molar Gibbs energy) ―― 102
フラーレン (fullerene) ―― 39,183
ブラウン運動 (Brownian motion) ―― 193
ブラベ格子 (Bravais lattice) ―― 36
プランク定数 (Plank constant) 207
分圧 (partial pressure) ―― 44
分散系 (dispersed system) ―― 190
分散質 (dispersoid) ―― 190
分散媒 (dispersion medium) ― 190

分子間ポテンシャル (intermolecular potential) ——57
分子間ポテンシャルエネルギー (intermolecular potential energy) ——23
分子軌道法（MO法）(molecular orbital method) ——218
分子サイズパラメータ (molecular size parameter) ——59
分子内運動エネルギー ——23
分子分散系 ——190
分別蒸留 (fractional distillation) ——115
平均イオン活量 (mean activity) ——130
平均イオン活量係数 (mean activity coefficient) ——130
平均自由行程 (mean free path) ——52
平均速度 (mean velocity) ——51
平衡状態 (equilibrium state) ——165
平衡定数 (equilibrium constant) ——140
平衡定数 (equilibrium constant) ——165
閉鎖系 (closed system) ——18
並進運動 (translational motion) ——48
並進運動エネルギー (translational energy) ——23
併発反応 (supervention reaction) ——166
ベクレル（記号 Bq）——228
ヘスの法則 (Hess's law) ——82
ヘルムホルツエネルギー (Helmholtz energy) ——99
ベルリン型ビリアル状態方程式 (Berlin type virial equation of state) ——62
ヘンダーソン-ハッセルバルヒの式 ——135
偏微分 (partial derivative) ——47
ヘンリーの法則 (Henry's law) ——112
ポアソンの式 (Poisson's equation) ——81,92
ボイル-シャルルの法則 (Boyle-Charles's law) ——43
ボイル温度 (Boyle temperature) ——62

ボイルの法則 (Boyle's law) ——42
方位波動関数 (azimuthal wave function) ——217
方位量子数 (azimuthal quantum number) ——217
崩壊系列 (decay chain decay series) ——226
崩壊定数 (decay constant) ——227
放射性系列 (radioactive series) ——226
放射性元素 ——224
放射性同位体 (radioisotope) ——223
放射性廃棄物 (radioactive waste) ——232
放射性崩壊 (radioactive decay) ——224,226
放射線 (radiation) ——224
放射線障害 (radiation injuries) ——230
放射線被曝 (radiation exposure) ——230
放射線療法 (radiotherapy) ——230
放射能 (radioactivity) ——224
飽和液 (saturated liquid) ——61
飽和蒸気 (saturated vapor) ——61
ボーア原子モデル (Bohr atomic model) ——209
ボーア半径 (Bohr radius) ——217
ポジトロン断層法 (positron emission tomography：PET) ——230
ボルツマン定数 (Boltzmann constant) ——48,96
ボルツマン分布 (Boltzmann distribution) ——50

■ ま
マイヤーの関係式 (Mayer's relation) ——47,81
マクスウェルの関係式 (Maxwell relations) ——101
マクスウェルの等面積則 ——61
マクスウェル-ボルツマン速度分布 (Maxwell-Boltzmann distribution of velocity) ——50
水のイオン積 (ion product of water) ——132
ミセル (micelle) ——201
無限希釈におけるモル伝導率 ——126
娘核種 (daughter nuclide) ——226

無電解めっき (electroless plating) ——186
面心格子 (face-centered lattice) ——36
面心立方構造 (face-centered cubic structure) ——36
毛管現象 (capillarity) ——196
モル蒸発熱 (molar heat of vaporization) ——33
モル伝導率 (molar conductivity) ——126
モル熱容量 (molar heat capacity) ——20
モル濃度 (molar concentration) ——106
モル分率 (mole fraction) ——44,106
モル密度 (mole density) ——59
モル融解熱 (molar heat of fusion) ——34

■ や
ヤングの式 (Young's equation) ——197
融解 (fusion) ——28,34,106
融解曲線 (fusion curve) ——29
有機薄膜太陽電池 (organic thin film solar cell) ——183
融点 (melting point) ——28
誘導特性値 (derivative property) ——17
輸率 (transport number) ——128
溶液 (solution) ——33,106
溶解度 (solubility) ——112
溶解度積 (solubility product) ——135,179
陽極 (anode) ——183
陽子 (proton) ——222
陽子線 (proton beam) ——224,230
溶質 (solute) ——106
陽電子線 (electron beam) ——224
溶媒 (solvent) ——106

■ ら
ライデン型ビリアル状態方程式 (Leiden type virial equation of state) ——61
ラウールの法則 (Raoult's law) ——111
力学的平衡 (dynamic equilibrium) ——20

理想気体 (ideal gas) —— 32,42,56
理想気体の状態方程式 (equation of state for ideal gas) —— 32,43
理想希薄溶液 (ideal-dilute solution) —— 112
理想溶液 (ideal solution) —— 111
律速段階 (rate-determining step) —— 167,168
律速段階近似法 (rate-determining step approximation) —— 167,168
立方最密構造 (cubic close-packed structure) —— 36
立方晶 (cubic crystal) —— 36
粒子放射線 (particle radiation) —— 224
流動エネルギー (flow energy) —24
リュードベリ定数 (Rydberg constant) —— 208
量子化学 (quantum chemistry) —— 205

量子数 (quantum number) —— 209
量子力学 (quantum mechanics) —— 205
菱面体晶 (rhombohedral crystal) —— 36
臨界圧縮因子 (critical compressibility factor) —— 64
臨界圧力 (critical pressure) —— 30,57
臨界温度 (critical temperature) —— 30,57
臨界凝集濃度 (critical aggregation concentration) —— 192
臨界定数 (critical constant) —— 30,57
臨界点 (critical point) —— 29,57
臨界表面張力 (critical surface tension) —— 198
臨界ミセル濃度 (critical micelle concentration) —— 201

臨界モル体積 (critical molar volume) —— 30,57
ルシャトリエの原理 (Le Châterier's principle) —— 139
励起 (exitation) —— 215
励起状態 (exited state) —— 215
零点エネルギー (zero-point energy) —— 216
レイリー-ジーンズの法則 (Rayleigh-Jeans law) —— 206
連続反応 (sequence reaction) —— 162
六方最密構造 (hexagonal close-packed structure) —— 36
六方晶 (hexagonal crystal) —— 36
露点 (dew point) —— 28

●本書の関連データがwebサイトからダウンロードできます。
https://www.jikkyo.co.jp/ で
「物理化学」を検索してください。

提供データ：WebにLink, 問題の解答

■監修

PEL編集委員会

■編著　（主担当章）

福地賢治（ふくちけんじ）　宇部工業高等専門学校名誉教授（1・4章）

■執筆

樫村奈生（かしむらなお）　苫小牧工業高等専門学校准教授（3・7章）

中林浩俊（なかばやしひろとし）　高知工業高等専門学校教授（10・11章）

河村秀男（かわむらひでお）　新居浜工業高等専門学校教授（5・6章）

二階堂満（にかいどうみつる）　一関工業高等専門学校教授（8章）

髙田知哉（たかだともや）　千歳科学技術大学准教授（9章）

三島健司（みしまけんじ）　福岡大学准教授（15章）

髙田陽一（たかたよういち）　宇部工業高等専門学校准教授（13章）

山根大和（やまねひろかず）　北九州工業高等専門学校教授（12章）

田中晋（たなかすすむ）　米子工業高等専門学校准教授（14章）

渡辺哲也（わたなべてつや）　佐世保工業高等専門学校教授（2章）

■協力

西本真琴（にしもとまこと）　和歌山工業高等専門学校准教授

松山清（まつやまきよし）　久留米工業高等専門学校准教授

●表紙デザイン・本文基本デザイン──エッジ・デザイン・オフィス
●DTP制作──ニシ工芸株式会社

Professional Engineer Library

物理化学

2015年11月10日　初版第1刷発行
2024年11月10日　　　第5刷発行

- ●執筆者　福地賢治　ほか10名（別記）
- ●発行者　小田良次
- ●印刷所　中央印刷株式会社
- ●発行所　実教出版株式会社
〒102-8377
東京都千代田区五番町5番地
電話［営　　業］(03)3238-7765
　　［企画開発］(03)3238-7751
　　［総　　務］(03)3238-7700
https://www.jikkyo.co.jp/

無断複写・転載を禁ず

© K. Fukuchi 2015

ISBN978-4-407-33726-6　C3043

Printed in Japan